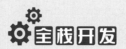

Java
游戏服务器架构实战

王广帅 / 编著

人民邮电出版社

北 京

图书在版编目（CIP）数据

Java游戏服务器架构实战 / 王广帅编著. -- 北京：
人民邮电出版社，2020.9
ISBN 978-7-115-54047-8

Ⅰ. ①J… Ⅱ. ①王… Ⅲ. ①游戏程序-程序设计②
JAVA语言-程序设计 Ⅳ. ①TP317.6②TP312.8

中国版本图书馆CIP数据核字(2020)第085416号

内 容 提 要

为了帮助服务器开发人员更好地理解服务器框架的设计与开发，本书从零开始，详细阐述游戏服务器设计与开发的流程和技术点，包括网络通信、分布式架构设计、内部RPC通信、数据管理、多线程管理，并从实践的角度出发，配合详细的源码，帮助广大游戏服务器开发人员，或正在考虑从事游戏服务器开发的人员，更加系统地学习服务器架构的设计与开发。

本书实用性强，既可以帮助想从事服务器开发的人员快速学习相关知识，又可以帮助服务器开发人员向架构师进阶。

◆ 编　著　王广帅
　　责任编辑　张天怡
　　责任印制　王　郁　马振武

◆ 人民邮电出版社出版发行　北京市丰台区成寿寺路11号
　　邮编　100164　电子邮件　315@ptpress.com.cn
　　网址　https://www.ptpress.com.cn
　　大厂回族自治县聚鑫印刷有限责任公司印刷

◆ 开本：787×1092　1/16
　　印张：23.25
　　字数：424千字　　　　　　　2020年9月第1版
　　印数：1-2 000册　　　　　　2020年9月河北第1次印刷

定价：79.00元

读者服务热线：(010)81055410　印装质量热线：(010)81055316
反盗版热线：(010)81055315
广告经营许可证：京东市监广登字 20170147 号

前言 Foreword

为什么要写这本书

随着互联网的发展和人们生活水平的提高，人们对文化娱乐的需求也越来越高，网络游戏已经成为人们娱乐生活中非常重要的一部分，而游戏服务器开发一直是网络游戏开发的核心。很多从事计算机编程的人都希望能快速融入游戏服务器开发的行业中。Java 是一种非常流行的服务器编程语言，随着 Spring 的出现，已经形成了一个完善的 Java 开发生态系统。目前市场上大多数服务器开发的图书都是关于 Web 服务器开发的，而游戏服务器开发的图书相对较少，系统讲述使用 Java 语言开发服务器的图书更少。

对于想要从事游戏服务器开发的人员来说，系统了解游戏服务器开发流程、架构设计是很有必要的。在一些游戏服务器开发的技术讨论群中，经常看到一些新进入游戏服务器行业的人员重复提出一些开发问题，也有一些从事游戏服务器开发几年的人，提出如何从业务开发人员转向游戏服务器架构师以及如何更好地设计分布式架构等问题。

因此，为了帮助更多的开发人员更好地从事游戏服务器开发，本书由浅入深，理论结合实践，系统阐述游戏服务器开发相关知识。

本书有何特色

1. 项目附带完善的源码，提高学习效率

为了便于读者理解本书内容，提高学习效率，本书从零开始，循序渐进地阐述游戏服务器开发流程，并在附赠资源里提供实践项目源码。

2. 涵盖 Java 开发的各种热门技术

本书涵盖 Maven、Spring Boot、Spring Cloud、Netty、TestNG 和 Spring Shell 等热门技术及 Kafka 消息中间件、MongoDB 数据库等核心内容。

3. 注重实际应用和解决问题的方案

由于游戏服务器开发是一个综合技术的应用，本书以项目的实际应用为目标，着重讲

解解决问题的思路和解决方案，这样可以让读者更快速地理解各个模块的内容。

4．项目完整，稍加修改即可使用

本书提供了完整的实践项目，开发人员根据自己的需求，稍加修改即可使用。

5．提供完善的技术支持和售后服务

本书提供了专门的技术支持邮箱（291123097@qq.com），以及 QQ 交流群（398808948）。读者可通过这两种方式获取配套源码，在阅读本书过程中有任何疑问也可通过这两种方式获得帮助。

适合阅读本书的读者

- 想从事游戏服务器开发工作的 Web 开发人员。
- 想从事游戏服务器开发工作的 Java 开发人员。
- 目前从事游戏服务器开发的人员。
- 想成为游戏服务器架构师的游戏开发人员。
- 游戏服务器架构师。

阅读本书的建议

没有游戏服务器开发经验的读者，建议从第 1 章顺次阅读并演练每一个实例。

有一定服务器开发经验的读者，可以根据实际情况有重点地选择阅读各个模块和项目案例。

编者

目录

第1章 游戏服务器架构总体设计 01

1.1 游戏服务器架构设计的意义 01
- 1.1.1 良好的架构设计有助于团队协作开发 01
- 1.1.2 良好的架构设计有助于避免 bug 的产生 02
- 1.1.3 良好的架构设计有助于制定合理的项目开发周期计划 02
- 1.1.4 良好的架构设计有利于测试 03

1.2 游戏服务器架构分类 03
- 1.2.1 单体游戏服务器架构 03
- 1.2.2 分布式游戏服务器架构 05

1.3 游戏服务器架构基本模块 06
- 1.3.1 网络通信长连接与短连接 06
- 1.3.2 网关 07
- 1.3.3 服务消息交互——消息中间件 08
- 1.3.4 业务处理框架 09
- 1.3.5 测试模块 11

1.4 本章总结 11

第2章 服务器项目管理——Maven 12

2.1 Eclipse 中配置 Maven 工具 12
- 2.1.1 Maven 下载与配置 12
- 2.1.2 Maven 环境变量配置 13
- 2.1.3 Maven 常用命令示例 15

2.2 搭建 Maven 仓库中心 16
- 2.2.1 安装 Nexus 16
- 2.2.2 在 Maven 中配置私服 19
- 2.2.3 添加非开源依赖 Jar 包 21

2.3 创建 Maven 项目 21
- 2.3.1 创建父项目 22
- 2.3.2 创建子项目 23

2.4　本章总结 23

第3章　数据库选择与安装 24

3.1　数据持久化——MongoDB 24
　　3.1.1　为什么使用 MongoDB 24
　　3.1.2　安装 MongoDB 25
3.2　内存型数据库——Redis 28
　　3.2.1　为什么使用 Redis 28
　　3.2.2　安装 Redis 29
　　3.2.3　使用 Redis 缓存需要注意的事项 30
3.3　本章总结 32

第4章　游戏服务中心开发 33

4.1　游戏服务中心的作用 33
　　4.1.1　游戏服务中心提供游戏外围服务 33
　　4.1.2　游戏服务中心方便动态扩展 34
4.2　游戏服务中心开发准备 34
　　4.2.1　根据需求设计架构 34
　　4.2.2　Spring Cloud 简介 36
　　4.2.3　安装 Spring Tool 插件 37
　　4.2.4　添加公共 pom 依赖 38
4.3　用户登录注册功能开发 40
　　4.3.1　创建游戏服务中心项目 41
　　4.3.2　网络通信数据格式定义 43
　　4.3.3　添加数据库操作 45
　　4.3.4　实现登录注册 50
　　4.3.5　全局异常捕获处理 55
　　4.3.6　登录注册测试 56
　　4.3.7　实现角色创建 57
　　4.3.8　角色创建测试 59
4.4　本章总结 60

第5章　Web 服务器网关开发 61

5.1 Consul 服务注册中心 61
5.1.1 Consul 简介 61
5.1.2 安装 Consul 62

5.2 Web 服务器网关功能开发 63
5.2.1 Spring Cloud Gateway 简介 63
5.2.2 创建 Web 服务器网关项目 64
5.2.3 网关路由信息配置 66
5.2.4 测试 Web 服务器网关请求转发 68

5.3 统一验证请求权限 69
5.3.1 在 Web 服务器网关进行权限验证的必要性 69
5.3.2 网关全局过滤组件——GlobalFilter 71
5.3.3 GlobalFilter 实现权限验证 72
5.3.4 测试网关权限验证 74

5.4 请求负载均衡 76
5.4.1 负载均衡组件——Spring Cloud Ribbon 76
5.4.2 自定义负载均衡策略 77
5.4.3 负载均衡策略配置 80

5.5 网关流量限制 81
5.5.1 常见的限流算法 81
5.5.2 添加 Web 服务器网关限流策略 83
5.5.3 Web 服务限流测试 86

5.6 HTTPS 请求配置 86
5.6.1 HTTPS 简介 86
5.6.2 HTTPS 证书申请 87
5.6.3 网关服务配置 HTTPS 证书 89
5.6.4 测试 HTTPS 访问 90

5.7 服务错误异常全局捕获 92
5.7.1 默认全局 Web 异常捕获 92
5.7.2 自定义全局 Web 异常捕获 93
5.7.3 异常捕获测试 95

5.8 本章总结 96

第6章 游戏服务器网关开发 97

6.1 游戏服务器网关管理 97
6.1.1 游戏服务器网关必须支持动态伸缩 97
6.1.2 游戏服务器网关项目搭建与配置 99
6.1.3 游戏服务器网关信息缓存管理 101
6.1.4 游戏服务器网关负载均衡策略 105
6.1.5 测试游戏服务器网关信息 107

6.2 客户端与游戏服务器网关通信开发 109
6.2.1 客户端项目创建 109
6.2.2 网络通信数据粘包与断包 117
6.2.3 网络通信协议制定 119
6.2.4 客户端消息编码与解码开发 121
6.2.5 游戏服务器网关消息编码与解码开发 124
6.2.6 使用 Netty 实现游戏服务器网关长连接服务 127

6.3 请求消息参数与响应消息参数对象化 130
6.3.1 请求与响应消息封装 130
6.3.2 客户端与游戏服务器网关通信测试 137

6.4 消息体对象序列化与反序列化 139
6.4.1 消息体使用 JSON 序列化与反序列化 140
6.4.2 消息体使用 Protocol Buffers 序列化与反序列化 142

6.5 消息自动分发处理 146
6.5.1 消息自动分发设计 147
6.5.2 消息自动分发开发 148

6.6 网络通信安全 152
6.6.1 连接认证 152
6.6.2 通信协议加密和解密 154
6.6.3 游戏服务器网关流量限制 158

6.7 网络连接管理 159
6.7.1 连接管理 159
6.7.2 连接心跳检测 163
6.7.3 消息幂等处理 167

6.8 本章总结 168

第7章 游戏服务器网关与游戏业务服务数据通信 169

7.1 游戏服务器网关与游戏业务服务通信定义 169
7.1.1 游戏服务器网关消息转发 169
7.1.2 定义消息通信模型 170
7.1.3 Spring Cloud Bus 消息总线 173
7.1.4 消息总线通信层——Kafka 174
7.1.5 消息总线消息发布订阅测试 178

7.2 游戏服务器网关与游戏业务服务通信实现 178
7.2.1 消息序列化与反序列化实现 179
7.2.2 游戏服务器网关消息负载均衡 181
7.2.3 游戏服务器网关消息转发实现 185
7.2.4 游戏服务器网关监听接收响应消息 189
7.2.5 添加游戏业务服务项目 190
7.2.6 游戏服务接收并响应网关消息 193

7.3 游戏服务器网关与游戏服务通信测试 195
7.4 本章总结 197

第8章 游戏业务处理框架开发 198

8.1 游戏服务器中的多线程管理 198
8.1.1 线程数量的管理 198
8.1.2 游戏服务线程池分配 200

8.2 Netty 线程池模型 200
8.2.1 Netty 线程模型的核心类 201
8.2.2 获取线程池执行结果 202

8.3 客户端消息处理管理 205
8.3.1 借鉴 Netty 的消息处理机制 205
8.3.2 客户端消息事件处理框架模型 209
8.3.3 实现自定义 MultithreadEventExecutorGroup 213
8.3.4 实现 GameChannel 217
8.3.5 实现 GameChannelPipeline 220
8.3.6 实现 AbstractGameChannelHandlerContext 222
8.3.7 实现客户端消息处理与消息返回 224

8.3.8　GameChannel 空闲超时处理 228
8.4　不同游戏用户之间的数据交互 **236**
　　8.4.1　多线程并发操作数据导致的错误或异常 237
　　8.4.2　在功能设计上避免用户数据之间的直接交互 239
　　8.4.3　在架构设计上解决用户数据之间的直接交互 239
　　8.4.4　GameChannel 事件自动分发处理 243
8.5　本章总结 **245**

第9章　游戏用户数据管理 **246**

9.1　游戏用户数据异步加载 **246**
　　9.1.1　加载游戏数据的时机 246
　　9.1.2　异步加载游戏数据实现 247
9.2　游戏数据持久化到数据库 **250**
　　9.2.1　游戏数据持久化方式 250
　　9.2.2　异步方式持久化数据的并发问题 251
　　9.2.3　数据定时异步持久化实现 253
9.3　Player 对象的封装与使用 **256**
　　9.3.1　直接操作 Player 对象的弊端 256
　　9.3.2　实现 Player 对象数据与行为分离 258
9.4　本章总结 **260**

第10章　RPC 通信设计与实现 **261**

10.1　游戏模块服务划分 **261**
　　10.1.1　游戏服务需不需要微服务化 261
　　10.1.2　游戏服务模块进程划分规则 263
10.2　RPC 通信实现 **264**
　　10.2.1　自定义 RPC 设计 264
　　10.2.2　负载均衡管理 268
　　10.2.3　创建竞技场服务项目 274
　　10.2.4　RPC 请求消息的发送与接收 281
　　10.2.5　RPC 响应消息的发送与接收 290

10.2.6　RPC 请求超时检测 292
10.3　本章总结 **293**

第11章　事件系统的设计与实现 294

11.1　事件系统在服务器开发中的重要性 294
11.1.1　什么是事件系统 294
11.1.2　事件系统可以解耦模块依赖 295
11.1.3　事件系统使代码更容易维护 296
11.2　事件系统的实现 296
11.2.1　自定义基于监听接口的事件系统 297
11.2.2　自定义基于注解的事件系统 299
11.2.3　Spring 事件系统应用 304
11.3　根据事件实现的任务系统 306
11.3.1　任务系统需求 307
11.3.2　面向过程的任务系统实现 308
11.3.3　面向对象的事件触发式任务系统实现 309
11.4　本章总结 314

第12章　游戏服务器自动化测试 315

12.1　游戏服务器自动化测试的重要性 315
12.1.1　单元测试使代码更简洁 315
12.1.2　单元测试保证方法的代码正确性 321
12.1.3　自动化测试保证代码重构的安全性 323
12.2　游戏服务器自动化测试的实现 323
12.2.1　TestNG 框架简介 324
12.2.2　Spring Boot 单元测试配置 325
12.2.3　方法单元测试案例实现 329
12.2.4　服务器集成测试实现 336
12.2.5　使用 TestNG 配置文件区分不同的测试环境 340
12.3　本章总结 342

第13章　服务器开发实例——世界聊天系统 343

13.1 单服世界聊天系统实现 343
13.1.1 添加客户端命令 344
13.1.2 服务器实现消息转发 348
13.1.3 单服世界聊天测试 349

13.2 分布式世界聊天系统实现 352
13.2.1 分布式世界聊天系统设计 352
13.2.2 创建单独的聊天项目 354
13.2.3 实现聊天消息的发布与转发 356
13.2.4 分布式世界聊天服务测试 359

13.3 本章总结 360

第1章 游戏服务器架构总体设计

在设计开发软件系统的时候，我们首先想到的就是系统架构设计。游戏服务器也是一个庞大的软件系统，需要花费适当的时间进行架构设计和开发，这样做的目的是实现系统的易维护性、稳定性、可扩展性及实用性。本章涉及的知识点如下。

- 了解游戏服务器架构设计的意义。
- 了解基本的游戏服务器的架构分类。
- 了解基本架构每个模块的主要功能。

1.1 游戏服务器架构设计的意义

架构即规则，架构的设计其实也是规则的设计。俗话说："无规矩不成方圆"。游戏服务器架构设计就是为整个游戏服务器开发制定规则，让开发团队在这个规则下，快速、正确地完成任务。因此，我们需要知道架构设计的意义，明其理，方能行其事。

1.1.1 良好的架构设计有助于团队协作开发

众所周知，在一个游戏服务器开发团队中，不同成员的专业能力、思考能力、学习能力、沟通能力各不相同。那么团队成员如何在短时间内提升能力，如何尽快融入项目开发呢？相互协作是最重要的一种方式。

游戏服务器架构设计的目的就是统一规则、划分模块、定义职责，使团队中的人能各司其职、有条不紊地完成工作，使团队协作更加紧密、协调。游戏服务器架构是团队协作的基础，譬如高楼之基。如果没有这个基础，人员再多，也是无处下手，无所适从。即使勉强堆砌，后期亦可能推倒重建，就像一个没有规划的城市一样，随意搭建的结果一定是混乱不堪。因此失败的案例数不胜数。其根本原因就是没有设计好前期架构，导致后面越开发代码越乱，整个项目变得臃肿，而在时间上又不允许重建架构。

  一个良好的游戏服务器架构设计，应该有其明确的脉络，反映出一种设计思想。架构设计包含如网络如何通信、数据如何缓存、如何持久化到数据库、如何添加新的业务功能而不影响旧功能，以及如何保证线程安全等问题。架构设计让整个系统有一个明确的层次、统一的风格、清晰的接口定义和调用规则，而没有重复的代码。架构设计的目的就是制定一些规则，让所有团队成员都遵守这些规则。在这个基础上团队成员就可以迅速地实现并行开发业务功能，并保证功能的正确性，减少返工现象，缩短项目开发周期。

1.1.2　良好的架构设计有助于避免 bug 的产生

  架构设计也是经验的总结。一般来说，一个成功的商业化游戏服务器项目，它的架构都是由从事游戏服务器开发多年、经验丰富的人设计开发的。通过经验的总结，把容易出错的公共部分使用架构来规避，并且通过严密的测试，最终实现消除隐患。

  比如涉及网络通信的问题，有的开发人员在设计的时候，只考虑接收客户端的消息，并且实现正常返回消息即可，而没有考虑到多线程处理消息，导致数据不一致，出现一些莫名其妙的问题。特别是以 Web 服务作为服务器的时候，因为 Web 服务底层接收的消息会被放到一个固定大小的线程池中，所以每个 HTTP 请求在 Controller 中处理的时候，都可能在不同的线程里面。如果出现并发请求，就有可能导致数据错误。

  在架构设计中可以提交预知并解决这个问题。比如给同一个用户请求的消息加锁或者把请求消息分配到固定的消息队列中，由另外的线程按顺序取出消息并处理。这样在处理业务的时候，就不需要担心请求并发问题了，防止开发业务时考虑不周而产生 bug。

1.1.3　良好的架构设计有助于制定合理的项目开发周期计划

  在项目开发的过程中，时间是最宝贵的。游戏产品开发是一个长期的过程，但是也有严格的周期限制。在整个开发过程中，功能开发和测试会占用很大一部分时间，而架构设计是实现功能快速开发的基础。

  架构设计必须从项目的全局来考虑和衡量。架构设计的完成不是一蹴而就的，在项目开发过程中，由于新需求的出现，需要不断地修改或扩展架构，慢慢使其完善。良好的架构设计，需要预知项目哪些功能是公共的、是可以在架构中实现的，这样可以减少重复代码，提前为不同的业务开发提供服务。

架构设计的层次是否明确，接口定义是否清晰，引用是否方便，开发人员是否关注底层接口等，这些都会对业务功能的开发有直接的影响。正所谓"磨刀不误砍柴工"，打好了基础，可以保证功能的正确性和扩展性，在此基础上制定出合理的项目开发周期计划，也不会因为一些不可预知的原因，导致后期由于需求的调整而返工或重建架构，使开发计划能按期执行。

1.1.4 良好的架构设计有利于测试

实践是检验真理的唯一标准。在软件开发过程中，测试通过模拟真实的软件运行环境，来确定功能是否正确，所以测试是保证代码质量的一种重要手段。在游戏服务器开发过程中，测试是必不可少的步骤。测试一般包括单元测试、系统集成测试、压力测试、自动化测试等。为了便于对代码进行测试，架构中必须提供必要的功能支持。

单元测试可以测试单个方法是否能正常运行；系统集成测试可以测试多个模块或类组成的功能是否能正常运行；压力测试可以测试系统吞吐量和并发量，找到系统的瓶颈点或共享资源的边界；自动化测试有助于减少重复测试，加快测试进度。比如在服务器修改或优化了代码，这段代码会不会对别的功能造成影响？会不会导致其他功能出现新的bug？想要知道结果，一种方式是测试人员把所有功能都重新手动测试一遍；另一种方式是执行原来功能的自动化测试用例。显而易见，后者更加方便快捷。

测试也是架构的一部分，特别是游戏服务器架构。由于游戏功能较为复杂，涉及的类非常多，所以在设计游戏服务器架构的时候要充分考虑测试的实用性、准确性、方便性。

1.2 游戏服务器架构分类

目前游戏服务器开发过程中，使用的架构基本模型有两大类：单体架构和分布式架构，分布式架构也叫微服务架构。不同的架构适用于不同的游戏类型，可以根据自己的游戏类型选择架构。

1.2.1 单体游戏服务器架构

单体游戏服务器架构，即运行一个游戏服务实例为游戏提供服务，游戏所有的功能实现都集中在同一个服务之中，游戏客户端通过网络直接连接游戏服务器，与服务器直接进行数据交互。很明显的是，这种架构同一个服务器支持的同时在线用户数量有限。如果用户数量接近或超过单体游戏服务器的承载量，就需要部署新的服务器，也叫作分区分服，即一个区一个服务器。每个区的同时在线人数设置一定上限，而且各个区中的游戏用户是隔离的且不会产生任何交互，单体游戏服务器架构如图 1.1 所示。

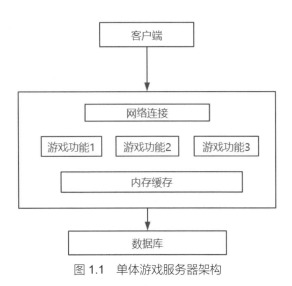

图 1.1　单体游戏服务器架构

这种架构的优点如下。

- 易于开发：开发人员不需要进行太多的设计，就可以快速开发业务功能，而且不会有过多的异步调用。
- 易于测试：由于所有的功能都在一起，不需要依赖其他的接口，测试起来非常容易。
- 易于部署：由于所有的功能都在一起，部署时只需要启动一个进程即可，更新服务时只需要简单更新一个运行包即可。
- 易于维护：由于代码层次明确，所有模块在同一个项目中，修改时容易发现错误，可以快速改正。

但是缺点也是显而易见的。

- 安全性差：由于客户端与游戏服务器直接连接，暴露了服务器的地址和端口，如果遇到攻击就无回还余地。
- 灵活性差：由于所有的功能堆积在一起，团队在开发中可能会产生冲突，导致代码提交延迟，需要花费时间解决冲突。
- 没有伸缩性：所有服务都在一个进程，承载量有限，毫无伸缩性，不能扩展。
- 体验性差：修改一个功能的 bug，必须重启服务，使所有用户下线。

由此可见，单体游戏服务器架构适合一些功能不多的小游戏或同时在线用户数量有限的游戏，这类游戏一般在运营的时候是分区分服的。注册人数或同时在线人数达到一定限度时，就开新的区服（游戏区服务器），这样会导致一些旧的区服的用户会越来越少，为了节约资源，后期会进行合服操作，即把不同区服的用户数据合并到一个数据库里面，不同区服的用户客户端连接到同一个服务器。

1.2.2 分布式游戏服务器架构

分布式游戏服务器架构中，服务器不是一个单一进程，而是由 N 个进程组成集群对外提供服务。该架构具有良好的扩展性，可以实现负载均衡、动态伸缩，设计该架构需要对游戏服务器功能进行整体分析和功能模块划分。

分布式游戏服务架构可以对模块进行解耦，把一些功能比较独立或比较耗时的任务单独拆分出来，做成功能单一的服务，部署在不同的物理服务器上面，提升服务器的服务能力。分布式服务的概念首先是在 Web 服务中提出来的，这样可以用更多的服务器提供更多的服务。分布式游戏服务器架构如图 1.2 所示。

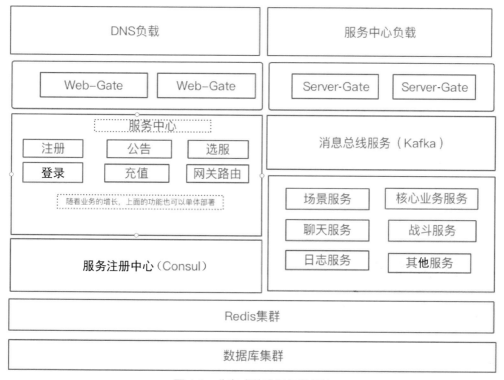

图 1.2 分布式游戏服务器架构

分布式游戏服务器架构的优点有很多，具体如下。

- 架构灵活，扩展性强，添加新的服务基本上不会影响其他的服务。
- 便于负载均衡，如果某个服务压力过大，可以同时启动多个服务实例，分担服务压力。
- 若某个功能出现 bug，对其他模块影响小，可以修复之后快速重启进程。
- 提高系统运行效率，不同的模块可以被并行访问。

也有一些缺点，具体如下。
- 架构设计难度增加，分布式游戏服务器架构涉及多进程服务，对架构设计能力要求比较高。
- 服务治理与维护困难，增加运维难度。
- 涉及的技术方案多，增加学习成本。
- 增加不同服务间的接口通信，即增加了业务功能开发量。

由此可见，分布式游戏服务器架构适用于一些要求在线人数比较多、并发量大、功能多且复杂的游戏，因此对整个团队的技术能力要求也比较高。随着业务量的增加，分布式游戏服务器架构已成为理想架构的目标，很多服务器架构都是从单体游戏服务器架构慢慢转化为分布式游戏服务器架构的。

1.3 游戏服务器架构基本模块

正所谓"万变不离其宗"，不管什么样类型的游戏服务器架构，都是由一些基本功能模块组成的，比如网络通信、网关功能、消息交互、业务处理、测试模块等。只有把这些基础模块做好，才能在此基础之上扩展，满足不同的游戏需求。

1.3.1 网络通信长连接与短连接

网络通信最基本的要求就是客户端和服务器通过互联网进行通信。网络通信有两种方式，一个是长连接，一个是短连接。长连接是指，客户端与服务器一旦建立好连接之后，就维护这个连接，并保证这个连接不断开。长连接的优点是客户端每次发送请求都不用重新建立连接，有请求可以立即发送，从而节省消息发送的时间。而且长连接通信是双向的，服务器也可以主动给客户端发送消息，比如向其他客户端转发另一个客户端发送的聊天消息，或主动告知客户端一些数据状态的变化。而长连接的缺点是会一直占用计算机资源（内存、文件句柄、网络 I/O）。

在 Linux 操作系统上，每一个长连接会占用一个 Socket 句柄，可以使用命令 ulimit –n 查看当前系统支持的最高 Socket 句柄数，不同系统的默认值不一样，有的是 1 024，有的是 65 535。可以使用 root 身份，使用命令修改最高的 Socket 句柄数：ulimit –n 2048（将最高句柄数修改为 2 048）。由于单台服务器的资源是有限的，所以单台服务器支持的客户端长连接的数量也是有限的。

短连接是指客户端与服务器建立好连接，一次请求返回之后，这个连接就会断开，不需要维持连接。短连接的优点是连接断开之后资源就会释放，不再占用服务器资源，可以为更多的客户端提供服务。短连接的缺点是每次请求都需要等待建立新的连接，请求发送会慢一些，HTTP 就是常用的短连接协议之一。

在游戏服务器的开发中，这两种方式是混合使用的，可相互弥补各自的不足，发挥各自的优点。如图 1.2 所示，既有 Web-Gate，又有 Server-Gate。Web-Gate 是 Web 服务器网关，用于接收所有的 HTTP 请求。在游戏服务中，客户端的一些功能与服务器的交互频率非常低，比如用户注册、登录、公告等，所以没有必要使用长连接。而且 HTTP 是通用的协议，有很多现成的成熟框架可以使用，可节省开发成本，比如 Web 服务器网关，负载均衡，消息转发等。

而用户进入游戏之后，在玩游戏的过程中会与服务器频繁地交互数据，这个时候需要关注的就是消息响应速度了。速度越快，游戏越流畅，用户体验就越好。因此长连接是最好的选择，进入游戏时，连接就建立好了，不用每次发送消息都建立新的连接，有请求可以立即发送，节省等待时间。

这里说的长连接是基于 Socket 封装的 TCP。它是一种安全可靠、有序的数据流协议，目前被很多游戏开发人员采用。另外一种 UDP 不在本书的讨论范围之内，有兴趣的读者可以自行学习。

1.3.2 网关

网关就是网络通信的第一关，是服务器上所有服务的大门。它负责与外界联系，并且可以"辨正邪，识真伪"，保证内部服务收到的都是合法消息，限制请求流量，防止请求超载。如图 1.2 所示，因为我们有两种不同的通信方式，长连接通信和短连接通信，所以这里我们定义了两种不同的网关，用于处理不同协议的请求。

网关基本的职责主要有以下几点。

- 权限验证。保证请求合法。

- 数据加密解密。保证数据安全,防止消息被修改。
- 消息路由。分发客户端消息到指定的服务。
- 负载均衡。当请求过大,负责分流到多个服务处理。
- 请求流量控制。将请求流量控制在一定范围内,防止流量过大,导致服务器崩溃。
- 如果是长连接,管理长连接,使用心跳检测保证连接正常或关闭空闲连接。
- 支持不同的协议,将收到的客户端消息使用统一的协议发送到业务服务。

网关像一个过滤器,检测并拦截一切非法请求。如果收到非法请求,在网关就会将其处理掉,而不会让它穿透到业务服务那里。这样在做业务服务开发的时候,特别是在做分布式服务时,就不用每个服务再去做请求检测了,只关注业务功能开发即可。

网关也像一个路由器,负责客户端请求消息的转发和服务器响应消息的返回。这样不管网关后面有多少个业务服务,客户端只需要与网关建立一条连接即可和所有业务服务通信。

网关又像一个阀门,控制客户端请求的频率,防止请求过载导致服务崩溃。这主要是针对一些恶意客户端用户,防止它们使用连发工具,绕开客户端代码的正常防护,对服务器发送大量无用的请求,造成资源浪费。还有恶意者获取服务器的 IP 地址和端口之后,通过某种手段建立大量的空闲连接(只是建立连接,而不发送任何消息),导致连接长时间被占满,使用户连接不上服务器。网关通过连接空闲检测,关闭空闲连接,以节约服务器资源给用户使用。

心跳检测是指在客户端与服务器都没有数据交互的情况下,一般由客户端每隔一定时间向服务器发送一个连接检测包,检测长连接是否正常。如果长时间未收到任何消息,或在一定时间内收到的都是心跳消息,说明当前客户端的连接是空闲的,没有用户在操作了,这时,服务器可以主动断开连接,回收服务器资源。

网关也可以对客户端不同的协议进行统一转化。比如一个游戏,刚开始是使用 Unity 开发的手机 App 客户端,使用的通信协议是 ProtoBuffer,后来又想使用 H5 重新开发一个版本,H5 使用 JSON 格式通信,对于业务功能来说都是一样。所以可以在网关处把接收到的不同客户端的消息统一转化为一种格式,然后再转发到业务服务,这样业务服务不需要任何改动,就可以支持不同的客户端类型。

1.3.3　服务消息交互——消息中间件

消息中间件是一类成熟的网络通信组件,它很好地屏蔽了网络的底层通信细节,比如网络连接建立、消息编码解码、消息发布与监听等。它具有高性能、低耦合、发布/订阅、异步性、流量控制、最终一致性等一系列功能，既支持单点部署，又支持集群部署。也有一些 RPC，以它为通信基础，实现业务服务之间异步调用，使用起来非常方便。

目前市场上有很多消息中间件产品，比如 ActiveMQ、Kafka、RabbitMQ、RocketMQ，它们都能提供消息中间件的基本服务，特别是在分布式服务器架构中，它们扮演着重要的角色。但是在项目中应该使用哪一个呢？可以依据以下几点。

- 消息中间件的使用场景。
- 能不能满足当前需求，比如性能、稳定性、多客户端支持等。
- 在目前系统中，哪个使用起来更加方便。

基于以上原则，本书选择了 Kafka，因为目前 Spring Cloud Bus 可以直接整合 Kafka，使用起来更加方便，而且 Kafka 通信延迟相对比较低，且支持高并发。

内部服务之间，消息中间件就是一个消息中枢，负责所有交互消息的传输。利用消息中间件的低耦合和订阅发布性，一个服务想要给另一个服务发消息，就不需要知道对方的任何信息，不需要和对方建立连接，只需要把消息发布出去，谁对消息有兴趣谁就去订阅，这样大大降低了内部服务之间网络通信的复杂性。

如图 1.2 所示，网关和业务服务之间的通信就是这种模式。网关接收到客户端的请求之后，只需要根据某些规则，将消息发布出去，负责处理这些消息的服务会主动监听这些消息的发布情况。这样网关和业务服务只需要和消息中间件通信就可以了，而网关与业务服务之间是没有关联的。就算这个时候没有启动业务服务，消息也不会丢失，且被缓存在消息中间件之中。等业务服务启动之后，可以继续处理消息。

利用消息中间件的最终一致性，可以把一些该服务不需要及时处理的消息先发送到消息中间件的消息队列中，保证消息不会丢失，然后由另一个服务再处理这些消息。比如数据库更新的时候会有网络 I/O，在等待数据库操作返回的时候，会卡住当前线程，导致当前线程被挂起而不能处理后面的消息。这时就可以把更新数据库操作封装为事件，先异步发送到消息中间件的消息队列中，由另外一个服务不停地从消息队列中取出事件，然后更新数据库。这样就能增加业务消息的吞吐量，提高 TPS 处理速度，实现数据的异步更新。

1.3.4 业务处理框架

业务处理框架是为了便于业务功能开发，对影响业务功能开发的公共部分进行架构规划,尽量让开发人员专心于功能设计与开发,并提供底层的基础支持。一般有 3 个模块。

1. 消息管理

游戏用户操作的过程,对服务器来讲就是修改游戏数据。在服务器架构中,网络层的数据接收和请求的业务处理会在不同的线程中,一个游戏用户的数据只有一份,用户有可能同时修改这份数据,这就有可能出现多线程操作共享数据的问题。解决这个问题的一种方式是对数据修改进行加锁。但是由于游戏用户数据很多,导致需要对服务器发送大量并发请求,多线程执行加锁代码时,为了获取执行权和保存线程执行状态,会导致 CPU 大量的上下文切换(指 CPU 从正在执行的线程切换执行另一个线程),反而减少了服务器的消息处理的吞吐量,使性能下降。而且如果控制不好加锁,也容易出现死锁的现象。

另一种方式是不加锁,让同一个用户的数据按顺序处理。一种实现方法是把同一个用户的请求先放到一个队列中,不同的用户的请求可以分到不同的队列中,再对每个队列固定启动一个对应的线程处理队列中的消息。这样可以避免加锁引起 CPU 产生大量的上下文切换,也保证同一个用户的数据,都在同一个线程中处理,避免并发修改共享数据。

2. 线程管理

在游戏服务器中,线程是一种非常珍贵且重要的资源,也是处理并发的唯一手段。但并不是说线程越多越好,线程太多,也会使 CPU 产生大量的上下文切换,使线程处理业务的能力下降。要合理地规划线程的使用,才能使线程的利用率最大化。

对线程的合理分配,可以更好地优化服务器的性能。比如分配专门的线程池处理游戏业务,另外分配专门的线程池负责数据的操作,把耗时操作隔离到固定的线程中,减少对业务线程的卡顿,增加业务消息的吞吐量。因此在游戏服务开发中,不能随意地创建线程,一定要有规则和标准。

3. 数据缓存与持久化

在业务服务中,所有的操作都是依赖于数据。数据存储于数据库,但是把数据缓存在内存之中,可以避免操作数据时查询数据库而浪费时间。因此游戏数据什么时候加载到内存,如何将内存中的数据更新到数据库之中,也是架构要解决的问题。这样可以把数据的管理统一化,业务开发中只需要操作内存的数据即可,即使不了解数据库相关的知识也能很快开发业务。

1.3.5 测试模块

测试模块主要包括单元测试和系统集成测试，单元测试可以使用目前流行的测试架构，比如 TestNG、JUnit 4 等。单元测试不仅可以保证代码的正确性，而且有利于代码的设计，因为一个方法如果不方便测试，说明这个方法设计不合理，需要优化，比如方法太长，或方法中嵌套太多，或者代码有重复导致重复测试等。因此它也是一种优化代码的手段。

系统集成测试是一种功能测试方案，它在单元测试的基础上，保证多个类组成的系统功能的正确性。它的测试方式一般是模拟真实的游戏客户端，操作正常的游戏流程，测试功能的正常性。

还有一种压力测试是建立在系统集成测试的基础之上的。系统集成完成之后，就可以启动 N 个客户端，向服务器发送大量并发的请求进行压力测试。压力测试需要做的是额外统一一些测试参数，比如请求超时数量、丢失数量、CPU 使用率、内存使用率、硬盘使用率等。

1.4 本章总结

本章主要介绍了良好的服务器架构设计的意义及单体架构和分布式构架的区别，并简单介绍了服务器架构设计中的基本组件及单体游戏服务器架构和分布式游戏服务器架构的区别。在架构设计之初，就应该从全局的角度来衡量一个架构，让架构的设计符合需求。

第2章 服务器项目管理——Maven

Apache Maven 是最常用的 Java 项目管理工具之一。它制定了标准的 Java 项目结构，方便于依赖和引用其他的 Jar 包，管理单元测试、打包流程、版本发布，也提供了各种开源的功能插件，提高项目的开发和管理效率。本章主要学习的内容如下。

- Apache Maven 的配置。
- 本地 Maven 仓库中心的搭建。
- 创建 Maven 项目。

2.1 Eclipse 中配置 Maven 工具

在将项目源码导入 Eclipse 之前，需要先配置 Maven，这样源码导入 Eclipse 之后，它会自动下载源码项目依赖的 Jar 包，不然项目会因为找不到依赖的 Jar 包而报编译错误。

2.1.1 Maven 下载与配置

（1）在 Apache Maven 官网选择对应的版本和操作系统的 Maven 安装包（压缩包），如表 2.1 所示。

表 2.1 选择对应的版本和操作系统

版本	操作系统
apache-maven-3.6.0-bin.zip	Windows 操作系统
apache-maven-3.6.0-bin.tar.gz	Linux 或 macOS 操作系统

本书使用的是当前最新的版本，如果官网已更新版本，读者可以到历史版本库中查找本书所用版本，也可以下载最新的版本，差别不是很大。

（2）将下载好的Maven压缩包解压，打开Eclipse，选择菜单→Window→Preferences，在左边选择框中打开Maven→Installations→Add，然后选择Installation home到解压的Maven根目录，如图2.1所示。

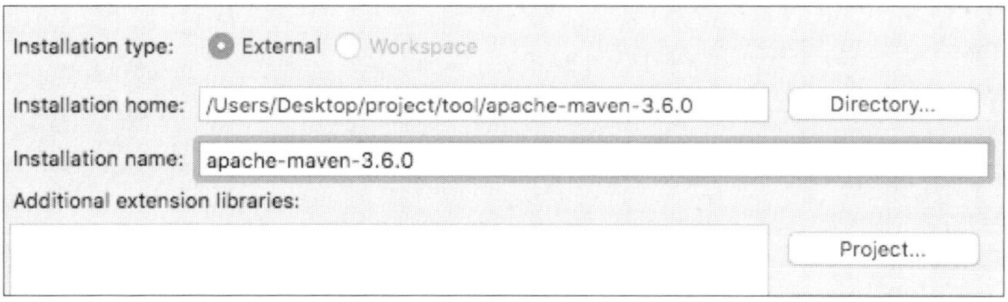

图2.1　Eclipse 配置Maven

（3）单击"确定"按钮之后，再在左边选择Maven→User Settings，然后在右边界面分别选择Global Settings和User Settings，选择Maven根目录下面的conf/settings.xml文件，如图2.2所示。

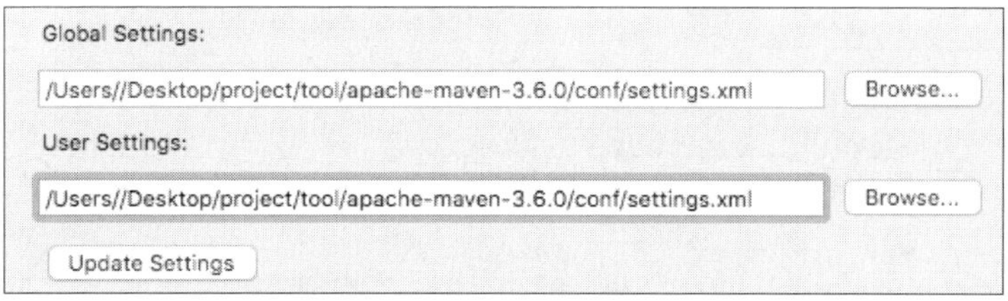

图2.2　Maven User Settings 配置

如果Maven的conf/settings.xml文件被修改了，需要单击图2.2所示的Update Settings按钮更新配置。最后单击Apply按钮即可。

2.1.2　Maven 环境变量配置

如果想在命令窗口中直接使用mvn命令，就需要配置Maven的环境变量，否则只能进入Maven的bin目录才可以使用mvn命令或指定mvn的全路径。不同的系统要选择下载对应的Maven安装包，Maven的环境变量配置如下。

1．macOS 操作系统配置 Maven 环境变量

使用vi ~ /.bash_profile打开配置文件，然后在配置文件尾部添加Maven的路径，如

下面配置所示。

```
# Maven 所在的目录
MAVEN_HOME=/Users/project/tool/apache-maven-3.6.0
# Maven bin 所在的目录
PATH=$PATH:$MAVEN_HOME/bin
export MAVEN_HOME
export PATH
```

然后按 Esc 键，输入 :wq 保存并退出，再执行 source ~/.bash_profile 命令，使配置生效。然后重新打开命令窗口，执行 mvn-v 命令，如果输出了 Maven 信息，表示配置成功。

2．Linux 操作系统配置 Maven 环境变量

使用 vi /etc/profile 命令，打开编辑配置文件，在配置文件的尾部添加如下配置。

```
#set Maven environment
export MAVEN_HOME=/home /apache-maven-3.6.0
export PATH=$MAVEN_HOME/bin:$PATH
```

然后按 Esc 键，输入 :wq 保存并退出，再执行 source /etc/profile 命令，使配置生效，执行 mvn-v 命令，如果输出了 Maven 信息，表示配置成功。

3．Windows 操作系统配置 Maven 环境变量

这里以 Windows 10 为例。单击左下角开始图标→设置图标，打开窗口之后，在搜索文本框中输入"环境变量"，如图 2.3 所示。

图 2.3　搜索环境变量

然后单击"编辑系统环境变量",打开一个小窗口,然后单击右下方的"环境变量(N)"按钮,在环境变量面板下方的系统变量中单击"新建",添加 Maven 配置,如图 2.4 所示。

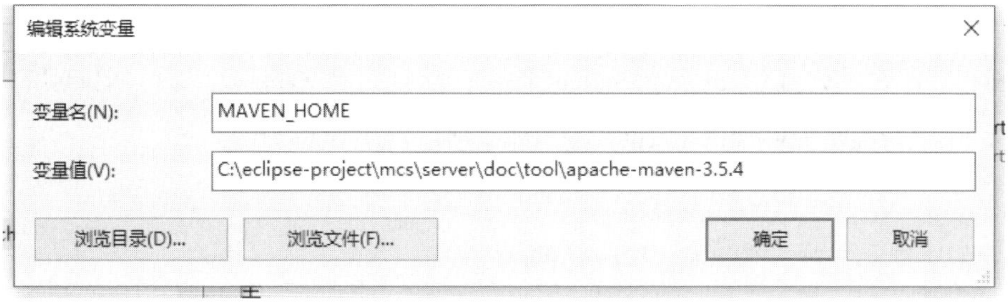

图 2.4　配置 Maven 环境变量

然后单击所有面板的"确定"按钮即可。再打开一个新的 Windows 命令窗口,输入 mvn -v,如果输出 Maven 的版本信息,表示配置成功。

2.1.3　Maven 常用命令示例

在平时的开发中,有一些常用的 Maven 命令,这里以项目源码为例,简单列举几个常用的命令。首先在命令窗口中打开 my-game-server 目录,执行如下命令。

(1)执行单元测试,如果单元测试成功,将项目打包成可运行的 Jar 包。

```
mvn clean package   //clean 表示清理 target 目录,将旧文件删除
```

(2)跳过单元测试,直接打包成可运行的 Jar 包。

```
mvn clean package  -Dmaven.test.skip=true
```

(3)多线程执行 mvn 命令。

```
mvn clean package  -Dmaven.test.skip=true   -T 3    // 指定 3 个线程
```

(4)打包并安装到本地仓库中心。

```
mvn clean install  -Dmaven.test.skip=true
```

(5)打包指定的项目。

```
mvn clean package -am -pl my-game-client
```

这个命令表示只打包 my-game-client 项目,而且它会先将这个项目所依赖的项目打包,然后再执行打包 my-game-client。输出如下所示。

```
[INFO] my-game-server 0.0.1-SNAPSHOT ....................... SUCCESS [  0.266 s]
[INFO] my-game-common .................................... SUCCESS [  7.437 s]
[INFO] my-game-network-param ............................. SUCCESS [  1.462 s]
[INFO] my-game-client 0.0.1-SNAPSHOT ..................... SUCCESS [  1.549 s]
```

更多的命令使用方法可以使用 mvn-help 命令查看。

2.2 搭建 Maven 仓库中心

在 Maven 的默认配置中,使用的是开源的 Maven 仓库中心,项目中引用的所有第三方包必须存在于开源的 Maven 仓库中心里面,否则就下载不到,也添加不到项目里面。还有在团队开发过程中,某个成员可能负责开发某个模块给大家公用,这时候也需要一个版本管理。

另一方面,由于开源的 Maven 仓库中心在公共网络中,如果网络环境不好,搭建新的开发环境时第一次下载依赖 Jar 包会非常慢。那么有没有办法解决这些问题呢?搭建自己的局域网 Maven 仓库中心(也叫 Maven 私服)即可。

2.2.1 安装 Nexus

(1)在 Nexus 官网,选择对应自己操作系统的安装包下载,如图 2.5 所示。

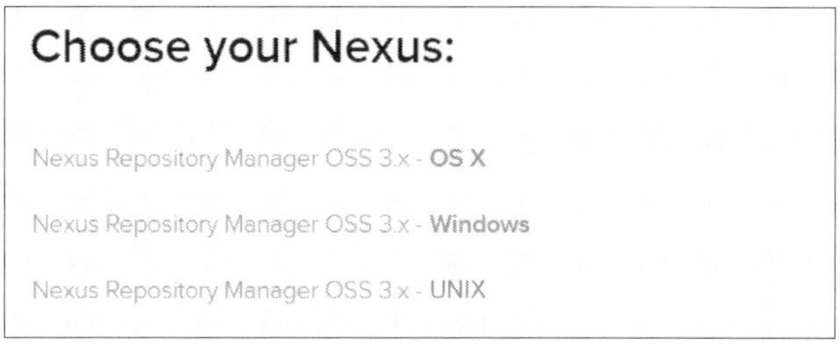

```
Choose your Nexus:

Nexus Repository Manager OSS 3.x - OS X
Nexus Repository Manager OSS 3.x - Windows
Nexus Repository Manager OSS 3.x - UNIX
```

图 2.5　Nexus 安装包

这里我们选择 UNIX 系统安装包，安装在 Linux CentOS 7 操作系统上面，本书下载的安装包是 nexus-3.15.2-01-unix.tar.gz。

（2）将安装包上传到 Linux 操作系统安装目录里面，可以随便创建一个目录，然后解压 tar -xvf nexus-3.15.2-01-unix.tar.gz，进入 nexus-3.15.2-01，如下所示。

```
nexus-3.15.2-01/system/org/tukaani/xz/1.8/xz-1.8.jar
nexus-3.15.2-01/system/org/yaml/snakeyaml/1.18/snakeyaml-1.18.jar
nexus-3.15.2-01/system/settings.xml
nexus-3.15.2-01/system/uk/org/lidalia/sysout-over-slf4j/1.0.2/
sysout-over-slf4j-1.0.2.jar
sonatype-work/nexus3/clean_cache
sonatype-work/nexus3/log/.placeholder
sonatype-work/nexus3/orient/plugins/studio.zip
sonatype-work/nexus3/tmp/.placeholder     // 解压成功
[root@localhost test]# ls    // 查看解压成功之后的文件夹
nexus-3.15.2-01  nexus-3.15.2-01-unix.tar.gz  sonatype-work
[root@localhost test]# cd nexus-3.15.2-01      // 成功进入 Nexus-3.15.2-01
[root@localhost nexus-3.15.2-01]# ls   // 查看 Nexus 文件
bin  deploy  etc  lib  NOTICE.txt  OSS-LICENSE.txt  PRO-LICENSE.txt  public  system
[root@localhost nexus-3.15.2-01]#
```

（3）启动 Nexus 服务。因为 Nexus 是使用 Java 语言开发的，所以需要提前安装好 JDK 环境，并配置好环境变量，请读者自行配置。本书使用的是 JDK 1.8。进入 ../nexus-3.15.2-01/bin，执行 Nexus 命令 ./nexus start，默认端口是 8081，输出如下所示。

```
[root@localhost nexus-3.15.2-01]# cd bin/
[root@localhost bin]# ./nexus start
WARNING:  *****************************************************
```

```
    WARNING: Detected execution as "root" user.  This is NOT
recommended!
    WARNING: *************************************************
    Starting nexus
    [root@localhost bin]# ps -aux|grep nexus
    root      5668   272  6.3 7186984 1030840 pts/0 Sl   23:16    0:49
/home/jdk/jdk1.8.0_201/bin/java -server -Dinstall4j.jvmDir=/
home/jdk/jdk1.8.0_201 -Dexe4j.moduleName=/home/nexus/test/
nexus-3.15.2-01/bin/nexus -XX:+UnlockDiagnosticVMOptions -Dinstall4j.
launcherId=245 -Dinstall4j.swt=false -Di4jv=0 -Di4jv=0 -Di4jv=0
-Di4jv=0 -Di4jv=0 -Xms1200M -Xmx1200M -XX:MaxDirectMemorySize=2G
-XX:+UnlockDiagnosticVMOptions -XX:+UnsyncloadClass -XX:+LogVMOutput
-XX:LogFile=../sonatype-work/nexus3/log/jvm.log -XX:-
OmitStackTraceInFastThrow -Djava.net.preferIPv4Stack=true -Dkaraf.
home=. -Dkaraf.base=. -Dkaraf.etc=etc/karaf -Djava.util.logging.
config.file=etc/karaf/java.util.logging.properties -Dkaraf.data=../
sonatype-work/nexus3 -Djava.io.tmpdir=../sonatype-work/nexus3/
tmp -Dkaraf.startLocalConsole=false-Di4j.vpt=true-classpath/home/
nexus/test/nexus-3.15.2-01/.install4j/i4jruntime.jar:/home/nexus/
test/nexus-3.15.2-01/lib/boot nexus-main.jar:/home/nexus/test/
nexus-3.15.2-01/lib/boot/org.apache.karaf.main-4.0.9.jar:/home/nexus/
test/nexus-3.15.2-01/lib/boot/org.osgi.core-6.0.0.jar:/home/nexus/test/
nexus-3.15.2-01/lib/boot/org.apache.karaf.diagnostic.boot-4.0.9.jar:/
home/nexus/test/nexus-3.15.2-01/lib/boot/org.apache.karaf.jaas.boot-
4.0.9.jar com.install4j.runtime.launcher.UnixLauncher start 9d17dc87
org.sonatype.nexus.karaf.NexusMain
    root      5835  0.0  0.0 112708    972 pts/0    S+   23:16    0:00
grep --color=auto nexus
    [root@localhost bin]#
```

这个时候就可以通过地址 http://192.168.1.107:8081/ 访问 Nexus 了（IP 地址要换成自己服务器的 IP 地址）。如果访问不了网页，请检测防火墙是否开放端口 8081，或直接关闭防火墙。

Nexus 的 Linux 脚本提供了如下基本命令。

- ./nexus start：在后台启动 Nexus 服务。
- ./nexus stop：关闭后台的 Nexus 服务。
- ./nexus status：查看后台的 Nexus 服务的状态。
- ./nexus restart：重启后台的 Nexus 服务。

如果端口 8081 被其他服务占用了，可以在 ../nexus-3.15.2-01/etc/ nexus-default. properties 中找到 application-port，修改端口，重新启动 Nexus 服务即可。

（4）登录 Nexus 服务。默认的用户名和密码是 admin，admin123，登录之后可以修改密码和添加新的用户，这里我们使用默认的用户名和密码。

2.2.2 在 Maven 中配置私服

搭建好 Nexus 私服之后，就可以在 Maven 中配置私服了。这样在 Maven 下载依赖的 Jar 包时，就会先从 Nexus 私服下载。如果 Nexus 私服没有，Nexus 私服会先从开源的 Maven 中央仓库中下载，并缓存到私服。其他的新项目在下载依赖的 Jar 包时就直接从私服下载，这样可以加快 Jar 包的下载速度。

首先，找到 Maven 的配置文件：apache-maven-3.6.0\conf\settings.xml。在 <localRepository> D:\develop-tool\mvn-rep</localRepository> 处可以配置下载的 Jar 包的存放位置。然后配置 Nexus 仓库，配置如下所示。

```xml
<profiles>
 <profile>
    <id>local-nexus</id>
     <!-- 私有库地址 -->
    <repositories>
      <repository>
        <id> nexus</id>
        <url>http://192.168.1.107:8081/repository/maven-public/</url>
        <releases>
            <enabled>true</enabled>
        </releases>
        <snapshots>
            <enabled>true</enabled>
        </snapshots>
      </repository>
    </repositories>
     <pluginRepositories>
        <!-- 插件库地址 -->
       <pluginRepository>
         <id>nexus</id>
         <url>http://192.168.1.107:8081/repository/maven-public/</url>
```

```xml
          <releases>
            <enabled>true</enabled>
          </releases>
          <snapshots>
            <enabled>true</enabled>
          </snapshots>
        </pluginRepository>
      </pluginRepositories>
  </profile>
  </profiles>
  <!-- 激活 profile-->
<activeProfiles>
  <activeProfile>local-nexus</activeProfile>
</activeProfiles>
```

这时，在 Eclipse 中选择项目单击鼠标右键，选择 Maven → Update Project，会发现下载 Jar 包的路径就是私服的路径，如图 2.6 所示。

图 2.6　从 Maven 私服下载 Jar 包

由于 Nexus 默认使用的代理中央仓库地址是国外网站地址，下载速度很慢，我们可以在 Nexus 上面把代理的中央仓库地址修改为阿里云的中央仓库地址，这样可以加快 Jar 包的下载速度，如图 2.7 所示。

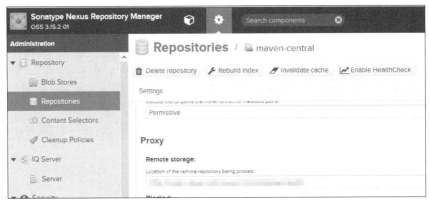

图 2.7　修改代理中央仓库地址

2.2.3 添加非开源依赖 Jar 包

有时候，我们会使用一些非开源的 Jar 包，即在中央仓库中不存在的包。在项目的 pom.xml 中无法添加此类 Jar 包的依赖，比如某些第三方的 SDK Jar 包。这个时候，我们可以把这个 Jar 包上传到自己的 Maven 私服上面。

首先进入 Nexus 页面，登录成功，单击 Upload → maven-releases → Browse，选择要上传的 Jar 包，并填写依赖所需要的信息，然后单击 Upload，如图 2.8 所示。

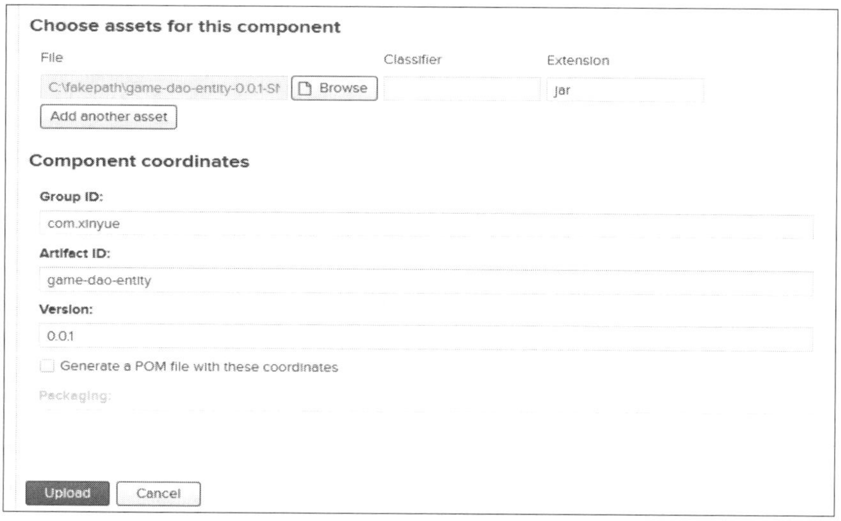

图 2.8　上传 Jar 包到私服

上传成功之后，单击 Nexus 左边的 Browse，在右边单击 maven-releases，就可以看到上传的 Jar 包了，单击版本号 0.0.1，在右边有一个 Usage，直接复制依赖即可，配置如下所示。

```
<dependency>
  <groupId>com.xinyue</groupId>
  <artifactId>game-dao-entity</artifactId>
  <version>0.0.1</version>
</dependency>
```

2.3　创建 Maven 项目

完成上述配置之后，就可以使用 Eclipse 创建 Maven 项目了。一般来说，一个大的项目会被分成几个模块项目单独开发，项目之间会有 Jar 包的依赖。为了方便管理这些模块项目，我们把这些模块项目统一创建在一个 Maven 父项目中。

2.3.1 创建父项目

创建 Maven 父项目。打开 Eclipse，在右边 Project Explorer 面板的空白区域单击鼠标右键，选择 New → Other → Maven → Maven Poject → Next。注意必须勾选 Create a simple project，如图 2.9 所示。

图 2.9 Create a simple project

然后填写项目的基本信息，需要注意的是，Packaging 一定要选择 pom，如图 2.10 所示。

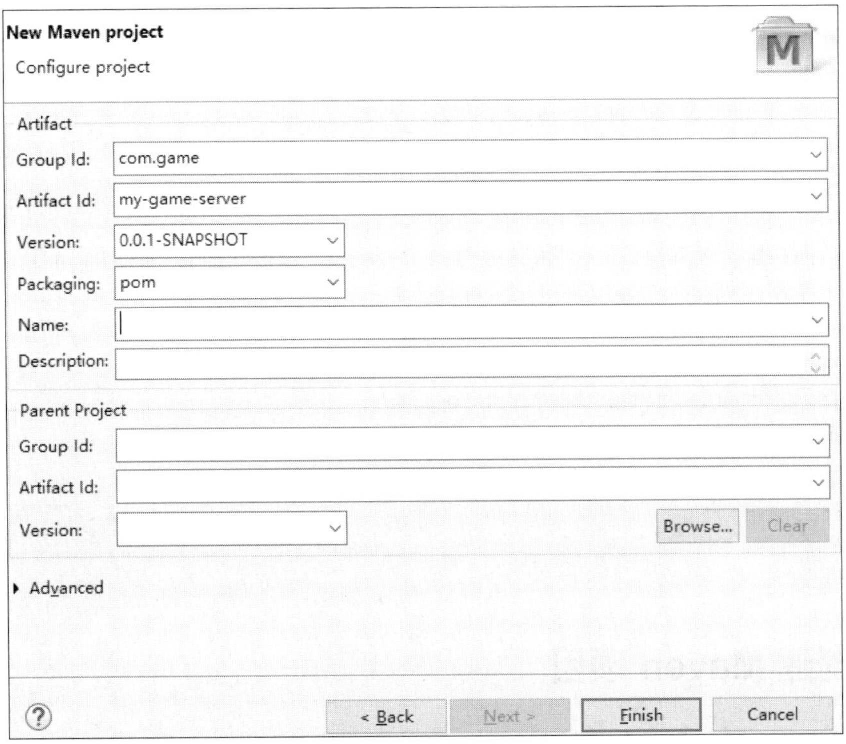

图 2.10 New Maven project

单击 Finish 按钮完成创建。在 Eclipse 的 Project Explorer 中打开项目，把项目下面的 src 目录删除。以后就在这个父项目下面创建子项目来开发代码。

2.3.2 创建子项目

创建第一个子项目游戏服务器网关——my-game-gateway。在根项目 my-game-server 上单击鼠标右键，选择 Maven → New Maven Module Project，勾选 Create a simple project，在 Module Name 中输入项目名称 my-game-gateway，单击 Finish 按钮完成创建。如果是第一次在 Maven 环境中创建项目，可能有点慢，因为 Eclipse 会从 Maven 仓库中心下载一些插件。

成功创建 my-game-gateway 项目之后，打开这个项目的 pom.xml，会发现子项目的 pom.xml 会继承父项目的 pom.xml，配置如下所示。

```xml
<parent>
    <groupId>com.game</groupId>
    <artifactId>my-game-server</artifactId>
    <version>0.0.1-SNAPSHOT</version>
</parent>
```

这样做的好处是，如果有多个子项目，那么公共的依赖或配置就可以配置到父项目的 pom.xml 之中，不用再单独配置每个子项目。这样便于统一管理项目的依赖，配置公共参数，而且可以统一打包版本，便于项目管理。

2.4 本章总结

本章主要介绍了 Maven 的配置和一些简单命令的使用，以及 Maven 私服的搭建。Maven 配置是项目开发的基础，也是团队开发管理中非常重要的一步，它简化了项目之间的协作依赖，增强了项目之间对公共代码的依赖，减少重复代码。

第3章 数据库选择与安装

在任何服务中,数据都是非常重要的,游戏服务器的职责就是对数据进行管理和操作。因此设计游戏服务器架构的时候,要充分考虑对数据的统一操作,并选择合适的数据库存储数据。本章的主要内容如下。

- 数据库的选择。
- MongoDB 数据库的安装。
- Redis 内存型数据库安装。

3.1 数据持久化——MongoDB

MongoDB 是目前游戏服务器开发中常用的数据库之一。它是文档型数据库,直接存储 JSON 串,插入和选择速度也相对较快,可以满足数据库的快速开发与管理。

3.1.1 为什么使用 MongoDB

目前流行的数据库有很多种,常见的就是 MySQL 和 MongoDB。MySQL 是传统的关系型数据库,MongoDB 是非关系型数据库,又叫文档型数据库。目前很多游戏服务器开发,都喜欢使用 MongoDB,选择 MongoDB 作为游戏服务器的数据库,主要原因有以下 3 点。

1. 方便修改表结构,可以无感知添加/删除表字段

在游戏服务器开发的过程中,会频繁地添加和修改字段。在以前使用 MySQL 数据库的时候,如果要添加新的字段,必须修改数据库的表结构,指定字段的类型;如果要删除不使用的字段,需要手动删除,而且还要修改相应的 SQL 语句。而 MongoDB 的数据存储格式是 JSON,它与代码中的数据对象类一一对应。如果字段变化了,只需要修改

代码中的对象即可，然后更新整个对象到 MongoDB 中，不需要手动修改表结构，而且还可以嵌套对象。一个用户的数据只存储在一个大对象中，用户进入游戏的时候，就可以一次性加载到内存中，非常简单方便。

2．扩展方便

MongoDB 支持自动分片功能。当数据量达到一定规模之后，一个数据库的存储将达到上限，对数据库进行集群分片是必需的。比如世界服的游戏，所有用户都在同一个世界服，用户是一直增长的，不像分区分服的游戏，一个区对应一个数据库。

MongoDB 自带 Sharding 功能，一个 collection（类似于表）可按照 _id 的 hash 策略，分成若干个不同的集合，分配到不同的 Shard 节点上，类似于 MySQL 的分库分表。Shard 可以和复制结合，配合 Replica Sets 能够实现 Sharding+fail-over，不同的 Shard 节点之间可以实现负载均衡，分担数据库压力，提高数据库操作效率。

查询对客户端是透明的。客户端执行查询、统计、MapReduce 等操作，这些会被 MongoDB 自动转发后端的数据节点。这让开发人员只关注自己的业务，适当的时候可以无障碍升级扩展，具体的配置可以查阅相关的文档。

3．不考虑事务性

在游戏数据存储时，为了方便游戏用户的数据加载，一般会把一个用户的所有数据放在一起，方便数据加载到内存和更新到数据库。这样就没有表之间关联的概念了，而且也不用考虑数据更新时的事务性，而 MongoDB 本身也是不考虑事务性的，这样可以提高数据的操作效率。

3.1.2 安装 MongoDB

1．下载安装

首先到 MongoDB 官网下载 MongoDB，根据自己的操作系统选择相应的版本。本书是安装在 Linux CentOS 7 操作系统上面，选择如图 3.1 所示。

将下载的安装包使用 rz（如果 Linux 服务器上面没有这个命令，可以使用 yum -y install lrzsz 安装）命令上传到 Linux 服务器上面，并使用命令 tar –xvf mongodb-linux-x86_64-4.0.6.tar 解压。本书的目录是 /home/mongodb，这个可以自己定义。

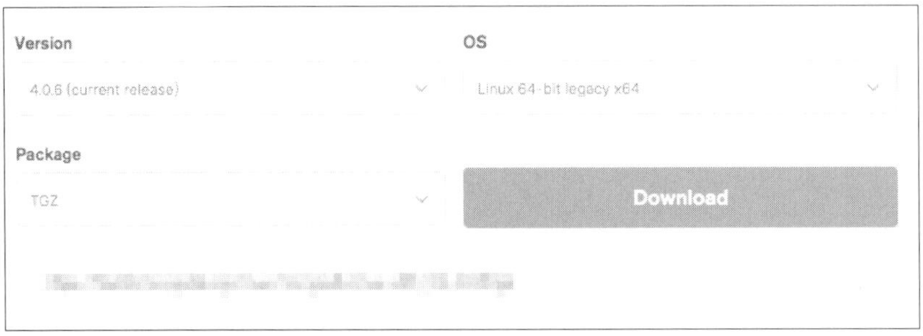

图 3.1 下载 MongoDB

然后在此目录下面创建数据库存储目录：mkdir data/db。进入目录 /home/mongodb/mongodb-linux-x86_64-4.0.6/bin，执行命令 ./mongod -dbpath=/home/mongodb/data/db 启动 MongoDB 服务。但是我们断开 ssh 之后，MongoDB 就停止了，若要在后台运行 MongoDB，需要添加参数 --fork，但是使用 --fork 的时候需要指定日志路径，如下。

./mongod -dbpath=/home/mongodb/data/db --fork --logpath=/home/mongodb/log/mongo.

log --logappend 需要注意的是，日志文件必须在启动之前已经存在，否则会启动失败。

2．添加用户和密码

在 /home/mongodb/mongodb-linux-x86_64-4.0.6/bin 目录下执行命令 ./mongo，默认连接本地 MongoDB 数据库。执行以下命令添加用户和密码，如下所示。

```
[root@iZ28ddrf5h3Z bin]# ./mongo
MongoDB shell version v4.0.6
connecting to: mongodb://127.0.0.1:27017/?gssapiServiceName=mongodb
Implicit session: session { "id" : UUID("b94a7ade-15a2-46c7-a75a-d46829c8b63a") }
MongoDB server version: 4.0.6
> use admin
switched to db admin
> db.createUser({user:'dev',pwd:'123456',roles:['root']});
Successfully added user: { "user" : "dev", "roles" : [ "root" ] }
> db.auth('dev','123456');
1
```

其中，roles 是配置用户的权限，具体有哪些权限，可以自行查阅 MongoDB 的相关文档，这里为了开发方便，给 dev 用户添加了最高级别的 root 权限。由于添加了用户验证，如果再操作 admin 数据库，需要 db.auth 进行验证。

3．远程连接

默认情况下，MongoDB 服务监听的是本地 IP，所以只有本地才能连接。如果想要远程连接，添加 --bind_ip_all 参数即可。另外，MongoDB 默认也是不开启用户验证的，在 MongoDB 服务启动的时候，添加—auth 参数开启用户验证。先关闭已启动的服务，执行如下命令。

```
./mongod --shutdown --dbpath=/home/mongodb/data/db
```

然后再启动 MongoDB，执行如下命令。

```
./mongod -dbpath=/home/mongodb/data/db --fork --logpath=/home/mongodb/log/mongo.log --logappend --bind_ip_all -auth
```

这里只是简单地安装和配置 MongoDB，满足开发需求即可。正式环境的配置需要专业的数据库管理员或运维人员去管理，毕竟一个人的能力是有限的，不能样样精通。在开发环境中，为了方便查看和修改 MongoDB 中的数据，可以使用 MongoDB 的客户端图形管理工具 Robo 3T（读者请自行安装）远程连接，如图 3.2 所示。

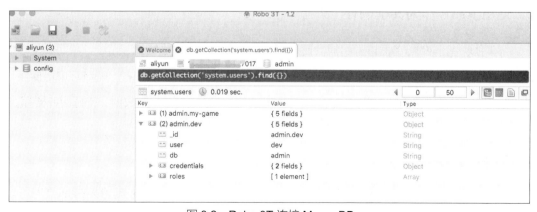

图 3.2　Robo 3T 连接 MongoDB

3.2 内存型数据库——Redis

目前 Redis 已经是游戏服务器架构中不可缺少的一个组件了。它是一种内存型数据库，所有存储在 Redis 中的数据在 Redis 启动之后会全部加载到内存中，所以从 Redis 中查询数据和存储数据的操作速度非常快，可以作为缓存和共享内存使用。

3.2.1 为什么使用 Redis

Redis 是一个 key-value 存储系统，是目前流行的内存型数据库。它支持的数据结构相对更多，包括字符串（string）、链表（list）、集合（set）、有序集合（sorted set）和哈希（hash）。在游戏服务器开发中，常见的用法有以下 4 种。

1．使用 Redis 做数据库的二级缓存

数据库的大部分数据都存储在硬盘上，数据量也非常大，操作时速度相对较慢。虽然 MongoDB 现在也支持查询内存缓存，但是它的缓存是有限的，而且缓存的是最近使用过的数据，并不能指定缓存的数据。

而 Redis 是纯内存型数据存储，数据结构简单，对数据的操作都是在内存中完成的，请求响应速度快。我们可以把活跃的用户数据缓存在 Redis 中，当用户登录时，先从 Redis 查询，如果 Redis 没有，再从 MongoDB 查询，查到之后缓存到 Redis 一份。这样可以提升活跃用户数据的加载速度，增加服务器的吞吐量。

2．使用 Redis 作为共享内存

有时候，不同的服务器进程可能会使用同一份数据。这个数据的量非常小，可能就是一个 key-value 值，将这些数据存储到 Redis 中，两个进程都可以通过 Redis 的客户端对它进行操作，两个进程也不需要建立复杂的网络通信了。比如生成全局唯一 ID、权限数据、排行榜数据等。

3．Redis 可动态扩展内存

一台计算机的内存毕竟是有限的，为了存储更多的数据，Redis 支持集群部署，可以方便地动态扩展内存。现在一些云服务器都可以做到热扩展，不需要重启服务。这样就可

以根据服务器的需求，实时动态调整内存大小。

4．Redis 方便实现排行榜

在游戏中，排行榜是必不可少的。而 Redis 支持的数据结构有序集合，就是为排行榜服务的，数据添加到集合之后就会自动排序。集合是通过哈希表实现的，所以添加、删除、查找的复杂度都是 O（1）。集合中最大的成员数为 $2^{32}-1$（4 294 967 295，每个集合可存储 40 多亿个成员）。通过简单的 API 调用，就可以获取排名。

3.2.2 安装 Redis

从官网下载 Redis 安装包，读者可以下载最新的版本，本书使用的是 redis-5.0.3.tar.gz。使用 rz 命令将安装包上传到 Linux 服务器。使用命令 tar -xvf redis-5.0.3.tar.gz 解压。然后进入 redis-5.0.3 目录，执行编译安装命令 make && make install（此命令依赖于 gcc，如果服务器上面没有安装 gcc，可以执行命令 yum -y install make gcc* 安装），大约执行 1min，安装成功，如下所示。

```
Hint: It's a good idea to run 'make test' ;)
    INSTALL install
    INSTALL install
    INSTALL install
    INSTALL install
    INSTALL install
[root@iZ28ddrf5h3Z src]#
```

安装成功之后，进入 redis-5.0.3/src/ 目录，可以看到两个可执行文件：redis-cli（Redis 客户端）、redis-server（Redis 服务器）。

要启动 Redis，需要修改 Redis 的配置文件，在 redis-5.0.3 目录下有一个 redis.conf 文件，使用 vi redis.conf 打开，修改如下配置。

```
bind 0.0.0.0    #Redis 服务默认监听的 IP 是本地 IP，只允许本地访问，修改之后就可
以远程访问了
port 6379    # 默认端口，如果此端口被占，可以在这修改为别的端口
daemonize yes    # 默认是 no，修改为 yes 是让 Redis 服务可以在后台运行
requirepass xxx123456    # 设置 Redis 连接密码
```

退出并保存修改，然后使用命令 src/redis-server redis.conf 启动 Redis 服务。使用命令 ps -ef|grep redis 查看进程是否存在，如果存在则表示启动成功。启动成功如下所示。

```
[root@iZ28ddrf5h3Z redis-5.0.3]# ps -ef|grep redis
root     17065    1   0 Feb28 ?     05:12:56 src/redis-server 0.0.0.0:6379
root     28626 28448 0 15:28 pts/2   00:00:00 grep redis
[root@iZ28ddrf5h3Z redis-5.0.3]#
```

另外也可以使用 Redis 的客户端连接服务器，看是否可以正常访问，代码如下表示连接成功。

```
[root@iZ28ddrf5h3Z redis-5.0.3]# src/redis-cli
127.0.0.1:6379> auth xxx123456
OK
127.0.0.1:6379>
```

一般情况下，为了查看数据方便，我们需要一个客户端的图形化界面，这里推荐一款开源免费的工具，FastoRedis。大家可以自行安装。到此 Redis 已安装、启动成功，完全满足开发的需求了。至于 Redis 的集群搭建，不在本书讨论范围内，有兴趣的读者可以查阅相关专业技术图书。

3.2.3 使用 Redis 缓存需要注意的事项

使用 Redis 缓存的主要目的是减少数据库的操作，在缓存中查询数据可以更快速地响应。但是在使用 Redis 缓存的时候，需要注意缓存穿透、缓存雪崩和缓存击穿，否则就会缓存失败。

1. 缓存穿透

缓存穿透是指查询的数据在数据库中一定不存在。上面说过使用缓存的流程是，先从缓存查询数据，如果缓存不存在，再从数据库查询；如果数据库存在，先缓存一份到 Redis 中，这样下次查询的时候就不用再查询数据库了，可以减轻数据库的压力。

然而这个过程有一个漏洞，如果要查询的数据一定不存在呢？岂不是每次都要查询数据库？这就是缓存穿透。如果恶意攻击者发现这个漏洞，多写几个循环一直请求一个不存在的数据，就能使数据库超载。

解决这个问题的一个简单方法是，在第一次查询数据时，即使数据库中不存在这个数据，也在 Redis 中缓存这个值，并设置自动过期时间，这个过期时间可以短一些，比如 30～60s。这样短时间内大部分请求就都是操作 Redis 缓存，从而减少了直接对数据库的操作。

2．缓存雪崩

缓存雪崩是指缓存突然失效，所有请求都落到数据库上面。一种情况是 Redis 服务器突然宕机或连接失败，这时所有请求全部落到数据库上面。另一种情况是一大批数据的 key 同一时间失效或某个比较活跃的重要的 key 失效，所有请求都从数据库初始化数据，因为缓存的数据会有一个过期时间，到了过期时间，就会从缓存中自动清除。因此在设计缓存的时候，要充分考虑会不会出现这种情况。

在游戏中这种情况很少，因为缓存中 99% 的数据都是游戏用户自身的数据。用户每次更新自己的数据时都会自动延长过期时间，就算从缓存中移除了，在用户登录的那一刻也会重新加载到 Redis 缓存中。

除非是在某一个时刻，运营发布一个活动，大量长时间不活跃的用户突然集中登录，这时 Redis 中没有这批用户的数据库，导致大量请求从数据库初始化数据。一般应对这种情况的做法是登录限流，比如限制 1min 之内允许 1000 个用户登录（具体情况需要根据自己的服务配置设置），多出的请求要么排队，要么返回提示，请用户过一会再登录。

3．缓存击穿

缓存击穿是指某个 key 的数据在 Redis 中不存在，而在数据库中存，但是在某个时间，有大量并发请求获取这个 key 的数据，发现 Redis 中不存在之后，又大量去请求数据库。比如在游戏用户登录的时候，这个用户不是一个活动用户，缓存中已没有它的数据了，就会从数据库查询；如果这是一个恶意用户，一次性发送了成百上千条登录请求，就可能有一半的请求会直接查询数据库。

解决缓存击穿的一个方法是加互斥锁。即同一个 key 在加载数据时，不管有多少并发请求，只有第一个请求从数据库加载数据，加载成功之后，其他的请求全部从 Redis 缓存中获取数据。

3.3 本章总结

本章主要介绍了游戏服务器开发对数据库的选择，MongoDB 不需要关心表的结构，可以提高开发效率，而 Redis 内存型数据库，可以做内存共享和缓存；实现了 MongoDB 和 Redis 数据库的简单安装，为下一步的业务开发做好准备；阐述了在使用 Redis 缓存时，要注意缓存穿透、缓存雪崩、缓存击穿等问题。

第4章 游戏服务中心开发

本章开始介绍项目开发,按照游戏服务器开发的基本顺序,第一个项目是开发游戏服务中心,这是一个 Web 服务,它为游戏提供一些基础服务。本章主要学习的目标如下。
- 使用 Spring Boot 搭建游戏服务中心项目。
- 使用 Spring Data 操作数据库。
- 用户注册与登录功能开发。
- 游戏角色创建功能开发。

4.1 游戏服务中心的作用

游戏服务中心是一个综合服务,在整个游戏架构中扮演着非常重要的角色。用户在启动游戏 App 之后,首先要请求的就是游戏服务中心。客户端只需要配置服务中心的域名,就可以对游戏服务器进行后续的请求。

4.1.1 游戏服务中心提供游戏外围服务

一切和游戏性无关的功能,都可以称之为游戏外围服务。比如用户注册、登录、公告、获取服务器列表、角色创建、角色数据预加载等,这些都是在用户进入游戏之前的功能,在进入游戏之后,不会再被请求。这些功能本身和游戏操作没有什么关系,和游戏数据也没有什么关联,所以把这些功能集中在游戏服务中心统一管理和维护。

这些功能大多都是直接操作 Redis 或数据库,会有很多 I/O 处理,与游戏服务分离开发,可以减轻游戏服务的压力,减少游戏服务的线程阻塞,让游戏服务只负责与游戏性相关的功能,增加游戏服务的并发量。

在部署服务的时候,游戏服务中心服务是 I/O 密集型服务,在处理客户端请求的时候,请求 Redis 和数据库，会产生很多 I/O 操作。这个时候，CPU 是空闲的，可以启动相对较多的线程，最大化利用 CPU，所以选择多 CPU 内核，少内存的服务器配置。而游戏服务是计算密集型服务，线程可以完全利用 CPU 的计算，使 CPU 长时间处于工作状态，可以选择少 CPU 内核、多内存的服务器配置，因为游戏服务会在内存中缓存大量的用户数据。

4.1.2　游戏服务中心方便动态扩展

一台服务器的资源是有限的。随着游戏用户的增多，并发请求会越来越多，服务器的压力会越来越大，导致 CPU 处于长时间的忙碌状态，对客户端的响应越来越慢。此时服务的动态扩展是必不可少的。Web 服务有非常成熟的扩展框架，比如使用 Nginx 或 Web 服务器网关只需要添加少量的配置，即可实现 Web 服务的负载均衡，快速提升服务器的服务能力。

后期也可以根据需要，把这些功能拆分成微服务，更加合理地利用服务器资源。而且客户端可以通过 HTTPS 请求数据，服务器统一对数据进行安全加密。

游戏服务中心也可以是一个全局服务，它负责对游戏服务进行一些全局的管理，对外提供统一的接口，不管公司开发多少款游戏，只需要提供一组游戏服务中心即可。这样可以减少公司内部不同游戏组的重复开发。

4.2　游戏服务中心开发准备

在游戏服务中心开发之前，我们需要对开发的项目做一个整体设计，不能盲目地去做，就像盖房子一样，不能边盖边想。良好的设计可以帮助我们整理思路，提前发现技术难点，并评估可行性。

4.2.1　根据需求设计架构

一切的设计都是源于需求，需求也是应用场景。最简单的服务就是只启动一个游戏服务中心服务，客户端直接使用域名请求。但是这样的服务没有办法扩展，不能满足高并发的需求，也不可以灵活地添加新的服务。根据游戏业务需求，Web 服务的架构要满足以下

4个基本点。

1．可以动态伸缩

一台服务器的资源毕竟是有限的，所以它提供的服务也是有限的。随着公司的发展，用户越来越多，单台服务器的压力越来越大，逐渐不能满足服务的需要。这个时候，就要添加新的服务器，分担服务压力，增加并发量，以提高服务能力。这样的话架构就必须支持负载均衡，根据负载均衡的算法，将客户端的请求分发到不同的服务器上处理。

2．Web服务器网关

Web服务器网关的一个主要作用是转发客户端的请求，实现服务器的负载均衡、集群部署。如果处理同一接口请求的服务有多个，根据接口的参数，把某个指定的相同参数的请求转发到指定的同一个服务上面。比如为了防止同一个客户端连续请求并发修改用户数据的行为，可把同一个用户的请求都转发指定的相同的服务上面，在一个进程中保证请求的顺序处理，而且这个用户的数据还可以缓存在这个服务器上面，成为有状态的服务，提高数据处理效率。这就需要Web服务器网关的支持。在网关那里进行请求转发。网关也可以统一进行权限验证，请求流量限制，后面再添加新的Web服务就不需要开发这些功能了，可以减少重复开发。

3．可以使服务高可用

服务高可用是指尽量避免服务停止，保证7×24小时提供服务，这就需要相同的服务器至少要部署两台，也叫服务多实例部署。一台服务器出现问题了，会将这台服务器的服务自动转移到另外的服务器上面，另外的服务器可以正常提供服务。这样即使这台服务器出问题，在一定时间内，也只会影响一小部分用户，服务转移成功之后，就可以正常为所有用户提供服务了，期间不需要人为的干涉。

4．注册中心服务

在分布式架构中，服务治理是一个重要的功能。当新的服务启动时，需要被其他的服务感知到，这样其他的服务就可以向这个新的服务发送请求。当有服务被关闭时，也需要被其他的服务感知到，这样其他的服务就不会再向这个关闭的服务发送请求了。这样就需要一个注册中心服务：当业务服务启动时，向这个服务注册此业务服务的信息；当业务服务关闭时，注册中心服务检测到业务服务不可访问时，从注册中心服务中移除此业务服务信息。

根据以上需求，对游戏服务中心架构进行设计，如图 4.1 所示。

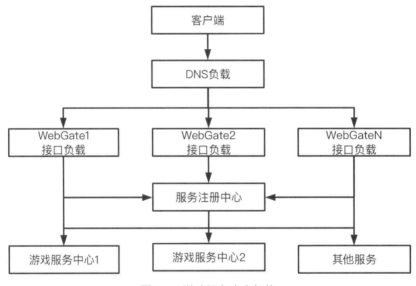

图 4.1 游戏服务中心架构

客户端通过域名，向 DNS 负载获取某一个服务的网关的 IP 地址，然后再向这个网关发送请求。网关通过注册中心服务，知道当前有哪些服务可以使用，根据转发匹配规则，从请求的 URL 中获取匹配的参数，然后将请求转发到匹配成功的服务上面处理。

4.2.2 Spring Cloud 简介

从前文可知，游戏的 Web 服务是分布式架构，可以使用开源的 Spring Cloud 服务架构，简化服务的开发。Spring Cloud 提供了一套完善的微服务开发机制，所以没有必要再重复造"轮子"，站在"巨人"的肩膀上可以看得更远。

Spring Cloud 为微服务开发提供了一些现成的服务组件，让开发人员能够快速地搭建一套微服务开发环境，主要的组件如下。

1．Spring Cloud Consul

这个组件将服务注册中心——Consul 集成到 Spring Cloud 之中。通过简单的注解配置，就可以实现服务的注册与发现。

2．Spring Cloud Gateway

这个组件在 Spring MVC 的基础之上，为构建 Web 服务器网关提供了丰富的 API，它实现了对客户端请求的路由转发、安全验证、状态监控、服务发现、负载均衡、请求速率限制等功能。可以快速方便地构建 Web 服务器网关。

3．Spring Cloud Bus

这是一个消息总线服务，它基于消息队列实现，利用消息队列的发布订单功能，给各个服务节点发送事件，修改服务的一些状态。在业务中，也可以利用它实现不同节点之间的通信，比如内部 RPC 的实现等。

4．Spring Cloud Config

这是一个配置中心管理组件，它可以管理分布式系统中的配置信息。比如在 application.yml 或 application.properties 中的一些公共配置，只需要在 Spring Cloud Config 配置一份文件，就可以在所有的服务节点引用。它还可以对配置数据加密和解密，动态更新配置内容等。

因此，使用 Spring Cloud 架构，利用现成的开源组件，可以扩展自己的业务，节省很多开发时间，并且保证系统代码的正确性和稳定性。因为优秀的开源组件是经过充分测试和大量实际应用检验的。

4.2.3　安装 Spring Tool 插件

既然使用 Spring Cloud 开发游戏服务中心，我们先在 Eclipse 中安装 Spring Tool。它是一个 Eclipse 插件，用于管理基于 Spring 开发的项目。

（1）进入 Spring Tool 官网，根据自己 Eclipse 的版本，选择下载对应的安装包，如图 4.2 所示。

ECLIPSE	ARCHIVE
4.9.0	springsource-tool-suite-3.9.7.RELEASE-e4.9.0-updatesite.zip
4.8.0	springsource-tool-suite-3.9.7.RELEASE-e4.8.0-updatesite.zip
4.10.0	springsource-tool-suite-3.9.7.RELEASE-e4.10.0-updatesite.zip

图 4.2　Spring Tool 安装包

如果没有自己的 Eclipse 对应的版本，建议升级 Eclipse。也有可能官网已更新，下载的位置产生变化，请读者自行下载。

（2）打开 Eclipse，选择菜单 Help → Install New Software → Add → Local，选择自己的安装包，Name 可以随意写一个，单击 OK 按钮，如图 4.3 所示。

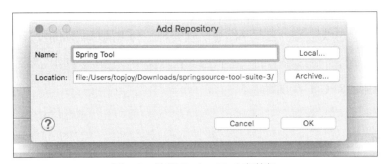

图 4.3　选择 Spring Tool 安装包

（3）然后单击 Select All 安装所有插件，注意取消勾选最后一个选择框 Contact all update sites during…，否则会联网检测依赖，如果网络不好会导致安装失败。单击 Finish 按钮，等待安装成功。

4.2.4　添加公共 pom 依赖

因为我们所有的项目都是依赖于 Spring Cloud 组件的，所以在父项目 my-game-server 的 pom.xml 中添加 Spring Cloud 的 Maven 依赖及一些公共依赖。配置如下所示。

```xml
<!-- 配置Spring Boot -->
  <parent>
      <groupId>org.springframework.boot</groupId>
      <artifactId>spring-boot-starter-parent</artifactId>
      <version>2.1.3.RELEASE</version>
```

```xml
</parent>
<!-- 配置 Spring Clound 依赖管理 -->
<dependencyManagement>
    <dependencies>
        <dependency>
            <groupId>org.springframework.cloud</groupId>
            <artifactId>spring-cloud-dependencies</artifactId>
            <version>Greenwich.RELEASE</version>
            <!-- 注意这里面的版本，不同的版本，代码会有一些差别 -->
            <type>pom</type>
            <scope>import</scope>
        </dependency>
    </dependencies>
</dependencyManagement>
<dependencies>
    <dependency>
        <groupId>org.springframework.boot</groupId>
        <artifactId>spring-boot-starter</artifactId>
        <exclusions>
            <!-- 去掉 Spring Boot 默认的日志，使用下面配置的 log4j2 -->
            <exclusion>
                <groupId>org.springframework.boot</groupId>
                <artifactId>spring-boot-starter-logging</artifactId>
            </exclusion>
            <exclusion>
                <groupId>org.slf4j</groupId>
                <artifactId>log4j-over-slf4j</artifactId>
            </exclusion>
        </exclusions>
    </dependency>
    <dependency>
        <!-- 引入 log4j2 的日志框架 -->
        <groupId>org.springframework.boot</groupId>
        <artifactId>spring-boot-starter-log4j2</artifactId>
    </dependency>
    <dependency>
        <!-- 引入测试包 -->
        <groupId>org.springframework.boot</groupId>
        <artifactId>spring-boot-starter-test</artifactId>
        <exclusions><!-- 去掉 JUnit 的依赖 -->
            <exclusion>
                <groupId>junit</groupId>
                <artifactId>junit</artifactId>
```

```xml
            </exclusion>
        </exclusions>
        <scope>test</scope>
    </dependency>
    <dependency><!-- 引入配置管理 -->
        <groupId>org.springframework.boot</groupId>
        <artifactId>spring-boot-configuration-processor</artifactId>
        <optional>true</optional>
    </dependency>
    <dependency>
        <groupId>org.springframework.boot</groupId>
        <artifactId>spring-boot-starter-actuator</artifactId>
    </dependency>
    <dependency>
        <groupId>org.testng</groupId>
        <artifactId>testng</artifactId>
        <version>6.9.10</version>
        <scope>test</scope>
    </dependency>
    <dependency><!-- 引入Consul客户端，用于服务发现 -->
        <groupId>org.springframework.cloud</groupId>
        <artifactId>spring-cloud-starter-consul-discovery</artifactId>
    </dependency>
    <dependency><!-- 引用Spring Cloud Bus依赖的消息队列, kafka -->
        <groupId>org.springframework.cloud</groupId>
        <artifactId>spring-cloud-starter-bus-kafka</artifactId>
    </dependency>
</dependencies>
```

这里的依赖都是项目的基础依赖，将来添加的子项目都会继承这些依赖。在这里配置，可以减少重复的配置，也便于版本升级。当需要修改版本的时候，只需要修改这里就可以了，子项目依赖的版本就会自动变化。

4.3 用户登录注册功能开发

对于一个完整的项目来说，游戏服务中心可以集成很多功能。这里以进入游戏的过程为主线，在游戏服务中心先实现基本的进入游戏功能，第一个就是登录注册功能。后面会根据业务需要，再添加相应的功能。由于这是此服务第一个功能，在开发的过程中，会逐步完善开发环境。

4.3.1 创建游戏服务中心项目

首先，在 Eclipse 中创建游戏服务中心项目，在 my-game-server 项目下创建子项目 my-game-center，在 my-game-server 项目上单击鼠标右键，选择 Maven → New Maven Module Project，如图 4.4 所示。

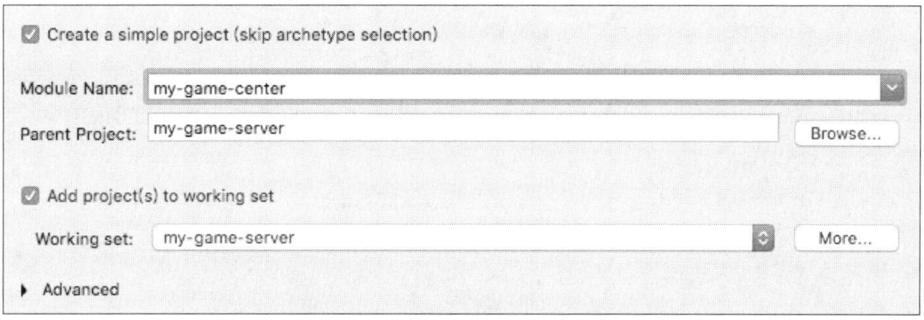

图 4.4 创建游戏服务中心项目

然后单击 Finish 按钮即可。由于游戏服务中心是一个 Web 服务，需要添加 Web 组件的 Maven 依赖，在 my-game-center 项目下的 pom.xml 中添加以下依赖。

```
<dependency>
    <groupId>org.springframework.boot</groupId>
    <artifactId>spring-boot-starter-web</artifactId>
</dependency>
```

日志是调试代码和记录服务器行为的重要手段。可以通过日志详细了解一次请求都做了哪些操作，日志是观察业务执行的一个重要窗口。本书使用 Log4j2 日志框架记录业务中的日志。为了方便管理日志，可以通过 XML 文件配置日志行为。在 my-game-center 项目下创建 config 目录，添加 log4j2.xml 配置文件，配置如下所示。

```
<?xml version="1.0" encoding="UTF-8"?>
<!-- 用于指定 log4j2 自动重新配置的监测间隔时间，单位是 s -->
<configuration debug="off" monitorInterval="10">
```

```xml
<Properties>
    <Property name="log-path">server_logs</Property>
</Properties>
<Appenders>
    <Console name="console" target="SYSTEM_OUT">
        <PatternLayout
            pattern="%d{yyyy-MM-dd HH:mm:ss} %-5level %class{36} - %msg%xEx%n" />
    </Console>
</Appenders>
<Loggers>
    <logger name="com.mygame.center" level="debug"
        additivity="false">
        <appender-ref ref="console" /><!--输出日志到控制台 -->
    </logger>
    <root level="info"><!--日志默认的输出等级 -->
        <appender-ref ref="console" />
    </root>
</Loggers>
</configuration>
```

日志有 8 个重要的级别，等级依次提高：ALL、TRACE、DEBUG、INFO、WARN、ERROR、FATAL、OFF。使用配置中的 <logger></logger> 控制日志的输出级别。如果没有配置对应的 logger，所有的日志按 root 中的级别输出。上面 name="com.mygame.center" 的 logger 表示在 com.mygame.center 包下的所有日志的最低输出级别是 DEBUG，并且输出日志到控制台。

在 my-game-center 项目的 config 文件下添加配置文件 application.yml，配置一些项目的基础信息，后面会根据项目需要，添加更多的配置，如下所示。

```
logging:
  config: file:config/log4j2.xml      #配置日志文件
server:
  port: 5003 #服务器口
spring:
  application:
    name: game-center-server
```

4.3.2 网络通信数据格式定义

Web 服务通信统一使用的是 HTTP 或 HTTPS，在此协议基础上，需要定义一个统一的数据格式，这样方便通信数据的管理。这里使用 JSON 格式，客户端将请求参数封装序列化为 JSON 字符串发送给服务器，服务器返回给客户端的数据也转化 JSON 字符串（JSON 中的注释只是用于说明字段意义，不是 JSON 标准，可以删除）。为了方便以后协议的扩展，需要和客户端约定服务器返回的 JSON 串的固定格式，定义如下所示。

```
{
    "code":0,    // 消息返回码，如果是 0 表示正确返回，否则为服务器返回的错误码
    "data":{}    /** 服务器返回的具体消息内容，也是 JSON 格式，如果 code 不为 0，
则返回的是错误的描述信息 **/
}
```

为了方便统一返回消息，在代码中，我们定义一个泛型类封装服务器返回的消息。服务器返回消息的 JSON 序列化操作交由 Spring 底层提供的消息序列化组件自动完成。代码如下所示。

```
public class ResponseEntity<T> {
    private int code; /** 返回的消息码，如果消息正常返回，code == 0，否则返回错误码 **/
    private T data;
    private String errorMsg; // 当 code != 0 时，这里表示错误的详细信息
    public ResponseEntity() {
    }
    public ResponseEntity(IServerError code) {/** 如果有错误信息，使用这个构造方法 **/
        super();
        this.code = code.getErrorCode();
        this.errorMsg = code.getErrorDesc();
    }
    public ResponseEntity(T data) {// 数据正常返回，使用这个方法
        super();
        this.data = data;
    }}
    // 省略 get set 方法。
}
```

在服务器返回给客户端数据时，只需要返回一个 ResponseEntity 实例即可。

为了方便对游戏服务中心进行功能测试，这里使用 Java 开发一个基于命令窗口的客户端，用于模拟游戏客户端与服务器的交互和代码测试。所以网络通信用到的数据类在客户端也是需要用到的。为了使客户端项目和服务器项目都使用同一个数据结构类，可以把这些类单独放到一个项目中，让使用到它们的项目可以通过 Maven 依赖引用。因此，在 my-game-server 项目下面创建 my-game-network-param 子项目，这个项目里面会包括所有网络通信用到的数据类，把 ResponseEntity 类也放在此项目下，然后在 my-game-center 的 pom.xml 中添加对 my-game-network-param 的引用即可，配置如下所示。

```
<dependency>
<groupId>com.game</groupId>
<artifactId>my-game-network-param</artifactId>
<version>0.0.1-SNAPSHOT</version>
</dependency>
```

代码中 IServerError 是一个错误码定义的统一接口，用于统一管理服务中出现的错误码定义。这样做的好处是不同模块可以实现不同的错误码枚举定义类，将错误码以模块分开管理，在团队开发时，大家一起提交代码，可以降低代码冲突，减少合并冲突的时间，提高开发效率。它也是网络通信中共用的，所以也放在 my-game-network-param 中统一管理，游戏服务中心的枚举型错误码如下所示。

```java
public enum GameCenterError implements IServerError {
    UNKNOW(-1, "游戏服务中心未知异常"),
    SDK_VERFIY_ERROR(1, "sdk验证错误");
    TOKEN_FAILED(8,"token错误")
    private int errorCode;
    private String errorDesc;
    private GameCenterError(int errorCode, String errorDesc) {
        this.errorCode = errorCode;
        this.errorDesc = errorDesc;
    }
    @Override
    public int getErrorCode() {
        return errorCode;
    }
```

```
        @Override
        public String getErrorDesc() {
            return errorDesc;
        }
        @Override
        public String toString() {
            StringBuilder msg = new StringBuilder();
            msg.append("errorCode:").append(this.errorCode).append(";
errorMsg:").append(this.errorDesc);
            return msg.toString();
        }
    }
```

4.3.3 添加数据库操作

用户注册的信息，需要存储到数据库中，所以需要在项目中添加对数据库操作的功能。数据会存储在两个地方，一个是 Redis 缓存，一个是 MongoDB 数据库。在业务中，会有多个项目操作数据库，所以数据库的操作可以提取成公共模块。哪个项目需要对数据库操作，只需要引用这个模块即可，这样可以避免重复开发对数据库操作的代码。

在 my-game-server 中单击鼠标右键，创建子项目 my-game-dao，在 my-game-dao 的 pom.xml 中添加 Spring Boot 对数据操作的 Maven 依赖包，配置如下所示。

```
<dependencies>
    <dependency>
        <groupId>org.springframework.boot</groupId>
        <artifactId>spring-boot-starter-data-mongodb</artifactId>
    </dependency>
    <dependency>
        <groupId>org.springframework.boot</groupId>
        <artifactId>spring-boot-starter-data-redis</artifactId>
    </dependency>
</dependencies>
```

配置中，spring-boot-starter-data-mongodb 提供了对 MongoDB 数据库操作的 API，spring-boot-starter-data-redis 提供了对 Redis 操作的 API，它们最终还是依赖 spring-data-mongodb 和 spring-data-redis，它们都是 Spring Data 家族的一部分。然后在配置文件中只

需要添加简单的配置即可调用对相关数据库的操作方法。

为了方便操作 MongoDB 的数据，一个数据对象会对应 MongoDB 中一个 Collection 的一行数据。从 MongoDB 查询出的数据，可以直接转化为对应的数据对象，存入 MongoDB 的数据对象，也会自动转化为 MongoDB 中 Collection 的一条记录。游戏用户的数据也需要一个数据对象来存储，创建用户数据对象 UserAccount。这里对游戏用户数据进行简单的模拟，列出几个重要的字段，在实现的游戏服务器开发中数据字段可能会很多，大家根据实际需要添加即可。代码如下所示。

```
// Document 注解标记数据对象在 MongoDB 中存储时的 Collection 的名字
@Document(collection = "UserAccount")
public class UserAccount {
    private long userId;       // 用户唯一 ID，由服务器自己维护，要保证全局唯一
    @Id  // 标记为数据库主键
    private String openId;     // 用户的账号 ID，一般是第三方 SDK 的 openId
    private long createTime;   // 注册时间
    private String ip;         // 注册 IP
    // 省略 get set 方法
}
```

这里创建的类 UserAccount 也是 MongoDB 中 Collection 的名字，即表名。然后添加对 UserAccount 表的操作接口，代码如下所示。

```
import org.springframework.data.mongodb.repository.MongoRepository;
import com.mygame.db.entity.UserAccount;
public interface UserAccountRepository extends MongoRepository<UserAccount, String>{
}
```

其中，MongoRepository 是 spring-data-mongodb 提供的接口，我们只需要继承即可。它提供了一些现成的方法可以使用，比如 save（如果数据库不存在，则保存数据；如果数据库已存在，则更新数据）、findById（根据 ID 查询数据），没有关系数据库那么麻烦。存储数据的时候，不用再去数据库一个一个创建对应的字段名了，查询的时候，可以直接返回一个数据对象实例，使用时非常方便。

为了加快数据查询的速度，我们的策略是先从 Redis 中查询，如果查询不为 null，直

接返回结果，如果 Redis 查询为 null，再去 MongoDB 中查询，查询出不为 null 之后，先存储到 Redis 中，再返回结果。为了在业务中调用方便，我们把对数据库的操作统一封装在 my-game-dao 中。因为每个 Dao 基本上都是对单个实体类进行操作，这里添加一个抽象类 AbstractDao，把相似的功能提到抽象类中，不同的数据由子类提供，代码如下所示。

```java
public abstract class AbstractDao<Entity, ID> {
    private static final String RedisDefaultValue = "#null#";
    @Autowired
    protected StringRedisTemplate redisTemplate;
    protected abstract EnumRedisKey getRedisKey();
    protected abstract MongoRepository<Entity, ID> getMongoRepository();
    protected abstract Class<Entity> getEntityClass();
    public Optional<Entity> findById(ID id) {
        String key = this.getRedisKey().getKey(id.toString());
        String value = redisTemplate.opsForValue().get(key);
        Entity entity = null;
        if (value == null) {// 说明 Redis 中没有用户信息
            key = key.intern();// 保证字符串在常量池中
            synchronized (key) {// 这里对 openId 加锁，防止并发操作，导致缓存穿透
                value = redisTemplate.opsForValue().get(key);// 二次获取
                if (value == null) {// 如果 Redis 中，还是没有值，再从数据库获取
                    Optional<Entity> op = this.getMongoRepository().findById(id);
                    if (op.isPresent()) {// 如果数据库中不为空，存储到 Redis 中
                        entity = op.get();
                        this.updateRedis(entity, id);
                    } else {
                        this.setRedisDefaultValue(key);/** 设置默认值，防止缓存穿透 **/
                    }
                } else if(value.equals(RedisDefaultValue)) {
                    value = null;// 如果取出来的是默认值，还是返回空
                }
            }
        } else if(value.equals(RedisDefaultValue)){
            // 如果是默认值，也返回空，表示不存在
            value = null;
        }
        if (value != null) {
```

```java
            entity = JSON.parseObject(value, this.getEntityClass());
        }
        if (value != null) {
            entity = JSON.parseObject(value, this.getEntityClass());
        }
        return Optional.ofNullable(entity);
    }
    private void setRedisDefaultValue(String key) {// 设置默认值
        Duration duration = Duration.ofMinutes(1);
        redisTemplate.opsForValue().set(key, RedisDefaultValue,duration);
    }
    private void updateRedis(Entity entity, ID id) {
// 更新数据库到 Redis 缓存中
        String key = this.getRedisKey().getKey(id.toString());
        String value = JSON.toJSONString(entity);
        Duration duration = this.getRedisKey().getTimeout();
        if (duration != null) { // 如果有过期时间，设置 key 的过期时间
            redisTemplate.opsForValue().set(key, value, duration);
        } else {
            redisTemplate.opsForValue().set(key, value);
        }
    }
    public void saveOrUpdate(Entity entity, ID id) {
// 把数据更新到 Redis 和数据库中
        this.updateRedis(entity, id);
        this.getMongoRepository().save(entity);
    }
}
```

在上面的 findById 方法中，添加 synchronized 互斥锁是为了防止缓存击穿；如果查询数据库时，查询结果为空，也设置一个默认值是为了防止缓存穿透；每次更新缓存，都会重新设置过期时间，是为了防止缓存雪崩。

以 UserAccountDao 为例，它负责 UserAccount 的数据操作，只需要继承 AbstractDao 类，然后实现几个简单的方法即可，代码如下所示。

```java
@Service
public class UserAccountDao extends AbstractDao<UserAccount, String> {
    @Autowired
```

```
        private UserAccountRepository repository;// 注入 UserAccount 表的操作类
        public long getNextUserId() {// 获取唯一的用户 ID
            long userId = redisTemplate.opsForValue().increment(EnumRedisKey.
USER_ID_INCR.getKey());
            return userId;
        }
        @Override
        protected EnumRedisKey getRedisKey() {
            return EnumRedisKey.USER_ACCOUNT;
        }
        @Override
        protected MongoRepository<UserAccount, String> getMongoRepository() {
            return repository;
        }
        @Override
        protected Class<UserAccount> getEntityClass() {
            return UserAccount.class;
        }
    }
```

代码中，EnumRedisKey 是一个全局的 Redis 存储 key 的枚举，所有操作 Redis 的 key 必须放在这个枚举中，这样做的好处是防止 key 重复，如果 key 重复的话会造成数据覆盖。另外这个枚举中还配置了 key 存储数据的过期时间。

因为 Redis 是内存数据库，只是用来作为缓存，把热点的数据存入即可，如果这个数据长时间没有被操作，那么就让 Redis 自动删除，以节省存储空间。代码如下所示。

```
    import java.time.Duration;
    import org.springframework.util.StringUtils;
    public enum EnumRedisKey {
        USER_ID_INCR(null), // UserId 自增 key
        USER_ACCOUNT(Duration.ofDays(7)), // 用户信息
        ;
        private Duration timeout;/**Redis 的 key 过期时间，如果为 null，表示
value 永远不过期**/
        private EnumRedisKey() {
        }
        private EnumRedisKey(Duration timeout) {
            this.timeout = timeout;
```

```
        }
        public String getKey(String id) {
            if(StringUtils.isEmpty(id)) {
                throw new IllegalArgumentException("参数不能为空");
            }
            return this.name() + "_" + id;
        }
        public Duration getTimeout() {
            return timeout;
        }
        public String getKey() {
            return this.name();
        }
    }
```

这样就把数据库的操作统一封装在底层的数据操作类中，开发人员可以在业务中直接操作数据，而不用考虑数据的数据库查询和缓存，只关注自己的业务即可。后期如果还想对数据操作这一块进行优化，只需要修改 Dao 层的类，而不会影响业务代码。

4.3.4 实现登录注册

不同的游戏，注册及登录的实现需求可能不一样，这里以手机游戏的用户登录注册为例。这些用户一般来自第三方渠道，需要客户端接入第三方渠道的 SDK。用户在客户端登录成功之后，向游戏服务中心发送登录请求，游戏服务中心先去第三方渠道提供的服务器地址验证这个用户是否存在。如果存在，再去游戏服务中心自己的数据库查看这个用户是否注册过，如果没有注册过，则执行自动注册，然后返回客户端登录成功。

根据上面的规则，我们在游戏服务中心来开发登录注册功能。首先在 my-game-center 项目的 pom.xml 中添加对 my-game-dao 的 Maven 依赖，然后在 my-game-center 的 config/application.yml 中添加 MongoDB 和 Redis 的连接配置，如下面配置所示。

```
spring:
  application:
    name: game-center-server
  data:
    mongodb:
```

```
      host: localhost    # 修改为自己的数据库地址
      port: 27017
      username: my-game  # 修改为自己的数据库用户名
      password: xxx123456  # 修改为自己的数据库密码
      authentication-database: admin
      database: my-game
  redis:
    host: localhost   # 修改为自己的 Redis 服务地址
    port: 6379
    password: xxx123456
```

因为游戏服务中心是一个 Web 服务，所以这里使用 Spring MVC 实现消息的接收与返回，首先添加 UserController 类，在这里接收客户端的登录请求，如下面代码所示。

```
@RestController
@RequestMapping("/request")
public class UserController {
    @Autowired
    private UserLoginService userLoginService;
    private Logger logger = LoggerFactory.getLogger(UserController.class);
    @PostMapping(MessageCode.USER_LOGIN)
    public ResponseEntity<LoginResult> login(@RequestBody LoginParam loginParam) {
        loginParam.checkParam();  // 检测请求参数是否合法
        IServerError serverError = userLoginService.verfiySdkToken(loginParam.getOpenId(), loginParam.getToken());
        // 检测第三方 SDK 是否合法，如果没有接入 SDK，可以去掉此步
        if (serverError != null) {
        // 如果有错误，抛出异常，由全局异常捕获类处理
            throw GameErrorException.newBuilder(serverError).build();
        }
        UserAccount userAccount = userLoginService.login(loginParam);
        // 执行登录操作
        LoginResult loginResult = new LoginResult();
        loginResult.setUserId(userAccount.getUserId());
        String token = JWTUtil.getUsertoken(userAccount.getOpenId(), userAccount.getUserId());
        loginResult.setToken(token);/** 这里使用 JWT 生成 token, token
```

中包括 openId.userId**/
            logger.debug("user {} 登录成功 ", userAccount);
            return new ResponseEntity<LoginResult>(loginResult);
        }
    }

@RestController 是 Spring MVC 4.0 之后添加的注解，它相当于 @Controller 和 @ResponseBody 的组合使用，用于简化创建 Restful Web 服务的返回。MessageCode 是一个消息号的常量类，使用数字字符串组成请求的 URL，这样做是为了减少 URL 请求的长度，也方便查询某个请求所有的位置。在 IDE 中，可以通过引用查询，直接定位到使用某个常量的请求类。

在 UserService 中实现了登录注册业务功能，代码如下所示。

```
public UserAccount login(LoginParam loginParam) {
    String openId = loginParam.getOpenId();
    openId = openId.intern();// 将 openId 放入常量池
    synchronized (openId) {// 对 openId 加锁，防止用户单击注册多次
        Optional<UserAccount> op = userAccountDao.findById(openId);
        UserAccount userAccount = null;
        if (!op.isPresent()) {
            // 用户不存在，自动注册
            userAccount = this.register(loginParam);
        } else {
            userAccount = op.get();
        }
         return userAccount;
      }
}
private UserAccount register(LoginParam loginParam) {
    long userId = userAccountDao.getNextUserId();
    // 用 Redis 自增保证 userId 全局唯一
    UserAccount userAccount = new UserAccount();
    userAccount.setOpenId(loginParam.getOpenId());
    userAccount.setCreateTime(System.currentTimeMillis());
    userAccount.setUserId(userId);
userAccountDao.saveOrUpdate(userAccount);
    return userAccount;
}
```

需要注意的一点是防止用户重复注册。因为 Controller 中的方法执行在底层并不是单线程的，而是在一个线程池中，如果用户连续单击多次登录注册，会出现多线程并发请求。因此这里对 openId 加了互斥锁，这样相同的 openId 登录注册就会按顺序执行，而且正常情况下这种情况出现的概率比较小，所以也不会有太多并发操作。

在添加互斥锁的时候，要注意锁的对象必须是同一个对象，也就说锁的对象是同一个内存地址才会产生互斥的效果。这里是对字符串对象 openId 加锁，一般来说字符串都在 JDK 的字符串常量池中，比如同一个字符串赋值给不同的字符串变量，它们的值都是字符串常量池中的同一个值，代码如下所示。

```
String a = "ccccc";
String b = "ccccc";
String c = new String("ccccc");
System.out.println(a==b);// 这里输出 true
System.out.println(a== c);// 这里输出 false
```

执行这段代码，可以看到输出的结果是 true 和 false，说明 a、b 这两个变量的值在内存中是同一个地址，而 a、c 却是两个不同的对象，内存地址是不同的，所以如果锁住的变量是 a 和 c，是不会产生互斥效果的。openId 是从请求参数反序列化 JSON 解析出来的，同一个参数的请求，所有的反序列化的 openId 是同一个地址吗？代码如下所示。

```
LoginParam loginParam = new LoginParam();
loginParam.setOpenId("aaaaaa");
String json = JSON.toJSONString(loginParam);
LoginParam loginParam2 = JSON.parseObject(json, LoginParam.class);
LoginParam loginParam3 = JSON.parseObject(json,LoginParam.class);
System.out.println(loginParam2.getOpenId() == loginParam3.getOpenId());//（1）这里输出 false
String openId1 = loginParam2.getOpenId().intern();
String openId2 = loginParam3.getOpenId().intern();
System.out.println(openId1 == openId2);//（2）这里输出 true
```

执行上面的代码，可以发现第 1 个输出为 false，第 2 个输出为 true，说明了反序列化的字符串参数，相同的值并不是同一个对象。所以使用 intern() 方法，都从常量池获取同一个字符串对象，这里加锁才会产生互斥的效果。

另外，因为正式部署情况下，可能会有多台游戏服务中心实例运行。不同的用户的登录注册请求会被转发到多台游戏服务中心，这里就需要保证系统生成的 userId 必须是全局唯一的，否则会产生不同的账号却有同一个 userId 的脏数据或造成数据被覆盖。这里在 UserAccountDao 类中使用 Redis 的自增方法，递增生成全局唯一的 userId，代码如下所示。

```
public long getNextUserId() {
    String key = EnumRedisKey.USER_ID_INCR.getKey();
    long userId = redisTemplate.opsForValue().increment(key);
    return userId;
}
```

然后就可以添加服务的启动类，以启动服务，代码如下所示。

```
import org.springframework.boot.SpringApplication;
import org.springframework.boot.autoconfigure.SpringBootApplication;
import org.springframework.data.mongodb.repository.config.EnableMongoRepositories;
@SpringBootApplication(scanBasePackages= {"com.mygame"})
@EnableMongoRepositories(basePackages= {"com.mygame"})
public class WebGameCenterServerMain {
    public static void main(String[] args) {
        SpringApplication.run(WebGameCenterServerMain.class, args);
    }
}
```

@SpringBootApplication 是 Spring Boot 的启动注解，@EnableMongoRepositories 是用来扫描数据库操作 MongoRepository 接口的。这里主要介绍 scanBasePackages，它是 Spring Boot 启动时扫描 @Service、@Compoent 等注解的基本包路径。

默认不添加 scanBasePackages 情况下，它扫描的基本路径是基于 main 方法类所在的包路径的。比如我们 my-game-center 的启动类包路径是 com.mygame.center，那么在服务启动时，它只扫描这个包路径及这个包的子包路径下的代码。

而 my-game-center 项目依赖了 my-game-dao 项目，这里面的 UserAccountDao 等 Dao 类也需要在服务启动时被扫描到，但是它们的路径在 com.mygame.dao 下面，是被扫描不到的。所以在 scanBasePackages 中指定从 com.mygame 路径下开始扫描，就能扫描到所有注解类了。

4.3.5　全局异常捕获处理

程序在运行的过程中，会发生一些预知或不可预知的异常。一旦出现异常，说明程序没有按正常的业务流程执行。这就需要我们对这些异常做一些处理，比如捕获异常时发送报警，或者是给客户端发送友好的提示。

在登录注册的功能实现中，有一个预知的异常，比如验证请求参数时，如果验证不通过，会抛出 GameErrorException。还有一些异常如数据库连接失败、空异常、参数异常等，这些异常是不可预知的，而且是运行时异常，只有在程序执行时才会触发异常。

要处理这些异常，最简单的方法是在每个 controller 的请求方法里面添加 try /catch 代码，捕获异常并处理。但是这样的方法太多了，每个方法都添加类似的处理代码，不仅烦琐，而且容易出错，使代码变得臃肿，不易维护和扩展。

因此，最好的方式是在系统中提供一个统一的全局异常捕获方式，只要业务中抛出了异常，就会在同一个地方处理，并且能快速方便地定位到异常的位置。还可以把异常统一记录到日志中，用于排查发生异常的代码位置和原因。添加全局异常捕获类 GlobalExceptionCatch，代码如下所示。

```
@ControllerAdvice
public class GlobalExceptionCatch {
    private Logger logger = LoggerFactory.getLogger(GlobalExceptionCatch.class);// 记录日志
    @ResponseBody
    @ExceptionHandler(value = Throwable.class)
    // 要捕获的异常类型，和下面的参数要一致
    public ResponseEntity<JSONObject> exceptionHandler(Throwable ex) {
        IServerError error = null;
        if (ex instanceof GameErrorException) {/** 自定义异常，可以获取异常中的信息，返回给客户端 **/
            GameErrorException gameError = (GameErrorException) ex;
            error = gameError.getError();
            logger.error("服务器异常,{}", ex.getMessage());
        } else {// 未知异常，一般是没有主动捕获处理的系统异常
```

```
                error = GameCenterError.UNKNOWN;
                logger.error("服务器异常", ex);
            }
            JSONObject data = new JSONObject();
            data.put("errorMsg", ex.getMessage());
            ResponseEntity<JSONObject> response = new ResponseEntity<>(error);
            response.setData(data);
            return response;
        }
    }
```

这里捕获到异常之后，把可预知的异常原因发送到客户端，不可预知的异常返回未知异常，并把异常信息记录到日志中。

4.3.6　登录注册测试

为了验证登录注册功能，启动 my-game-center 服务，使用 Postman（请读者自行下载安装）工具发送 POST 请求，进行登录注册测试，如图 4.5 所示。

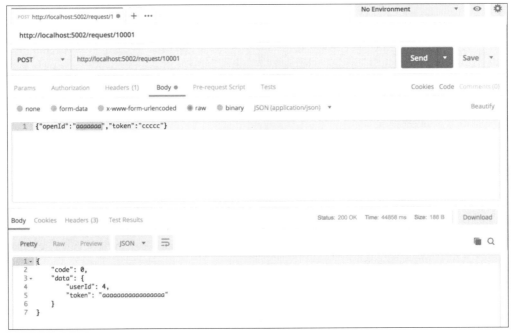

图 4.5　登录注册测试

这里请求的地址是 my-game-center 的服务地址，上面是请求的参数 JSON 串，下面是服务器返回的消息 JSON 串。然后查看 MongoDB 数据库，已创建 my-game 数据库，在 Collections 中已成功创建了 UserAccount 集合，并且集合中已存储了刚才登录的账号数据，说明注册成功。

4.3.7 实现角色创建

角色有两个重要的属性需要注意，一是角色 ID，即 playerId，二是角色昵称。一般来说，游戏中都需要保证这两个属性全服唯一，而且 playerId 会在客户端显示，一般会有格式要求，比如至少 7 位。可以像 userId 那样，使用 Redis 的自增接口生成 playerId。

游戏中的昵称创建有两种方式，一种是用户自己手动输入，另一种是程序随机生成。不管哪种方式，都需要两步操作，一是判断昵称是否存在，如果已存在则告诉客户端昵称已存在；二是如果昵称不存在，则保存昵称并创建新用户。

因此要保证昵称不重复，必须保证这两步的原子性。保证同一个昵称在并发请求创建角色时，只能有一个成功。如果是单进程，可以在程序中对这个请求操作加锁或放在单线程中来保证原子性。但是游戏服务中心会集群式部署，同时存在多个运行的实例，要实现昵称的全服唯一性，可以使用 Redis 的原子操作接口，同一个 key，同时只能有一个被存储成功。

Redis 是一个 key-value 类型的数据库，而昵称的存储也需要记录两个值，以昵称为 key，以 playerId 为 value，这样就可以通过昵称找到所属的 playerId。Redis 的 string 操作有一个方法：setnx。只有 key 不存在的情况下，才存储 key 的值为 value，并返回 1。

如果 key 已经存在，则不做任何操作，并返回 0。而且 Redis 的操作是单线程的，所以可以保证分布式下多个客户端操作的原子性。可以使用这个特性实现昵称的重复检测和存储，如果昵称存储成功，再创建角色信息，添加 PlayerService 类，代码如下所示。

```
    private boolean saveNickNameIfAbsent(String zoneId, String nickName) {
        String key = this.getNickNameRedisKey(zoneId, nickName);
        // 生成存储的 key
        Boolean result = redisTemplate.opsForValue().setIfAbsent(key, "0");//value 先使用一个默认值
        if (result == null) {
            return false;
```

```java
            }
            return result;// 如果返回true，表示存储成功，否则表示已存在
        }
        private String getNickNameRedisKey(String zoneId,String nickName) {// 统一生成Redis存储的key
            String key = EnumRedisKey.PLAYER_NICKNAME.getKey(zoneId + "_" + nickName);
            return key;
        }
        // 角色创建成功之后，更新昵称与playerId的映射
        private void updatePlayerIdForNickName(String zoneId, String nickName, long playerId) {
            String key = this.getNickNameRedisKey(zoneId, nickName);
            this.redisTemplate.opsForValue().set(key, String.valueOf(playerId));// 更新昵称对应的playerId
        }
        public Player createPlayer(String zoneId, String nickName) {// 创建角色方法
            boolean saveNickName = this.saveNickNameIfAbsent(zoneId, nickName);
            if (!saveNickName) {// 如果存储失败，抛出错误异常
                throw new GameErrorException.Builder(GameCenterError.NICKNAME_EXIST).message(nickName).build();
            }
            long playerId = this.nextPlayerId(zoneId);// 获取一个全局playerId
            Player player = new Player();
            player.setPlayerId(playerId);
            player.setNickName(nickName);
            player.setLastLoginTime(System.currentTimeMillis());
            player.setCreateTime(player.getLastLoginTime());
            this.updatePlayerIdForNickName(zoneId, nickName, playerId);// 再次更新nickName对应的playerId
            logger.info("创建角色成功,{}", player);
            return player;
        }
```

创建角色必须是在用户登录注册成功之后，用户一旦登录成功，后面的操作就需要验证用户请求的合法性。在登录接口，登录成功之后会返回给客户端一个token。这个token采用JWT标准生成，登录之后的请求都需要把token放到Header中，服务器收到请求之后，验证token的合法性。在UserController中添加创建角色接口，代码如下所示。

```java
@PostMapping(MessageCode.CREATE_PLAYER)
public ResponseEntity<Player> createPlayer(@RequestBody CreatePlayerParam param, HttpServletRequest request) {
    param.checkParam();
    String token = request.getHeader("token");// 从包头之中获取 token
    if(token == null) {
        throw GameErrorException.newBuilder(GameCenterError.TOKEN_FAILED).build();
    }
    TokenBody tokenBody;
    try {
        tokenBody = JWTUtil.getTokenBody(token);/** 验证 token 的合法性,在后面会移到网关中去验证 **/
    } catch (TokenException e) {
        throw GameErrorException.newBuilder(GameCenterError.TOKEN_FAILED).build();
    }
    String openId = tokenBody.getOpenId();
    //String openId = userLoginService.getOpenIdFromHeader(request);
    UserAccount userAccount = userLoginService.getUserAccountByOpenId(openId).get();
    String zoneId = param.getZoneId();
    Player player = userAccount.getPlayers().get(zoneId);
    if (player == null) {// 如果没有创建角色,创建角色
        player = playerService.createPlayer(param.getZoneId(), param.getNickName());
    }
    userAccount.getPlayers().put(zoneId, player);
    ResponseEntity<Player> response = new ResponseEntity<Player> (player);
    return response;
}
```

4.3.8 角色创建测试

启动 my-game-center 服务,打开 Postman 工具,把登录接口返回的 token 放到创建角色请求接口的 Header 中,填充创建角色需要的参数。请求创建角色,如图 4.6 所示。

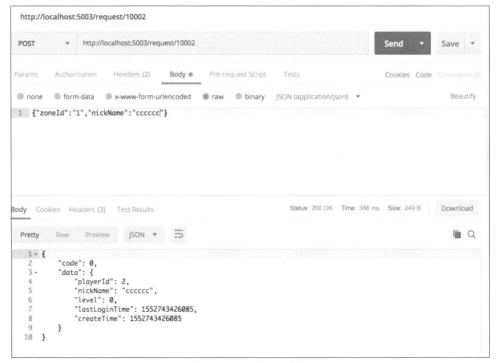

图 4.6　角色创建测试

4.4　本章总结

本章首先根据需求，对游戏服务中心进行架构设计，搭建游戏服务中心开发项目，简单实现了用户登录注册、角色创建功能；并说明了在并发情况下缓存穿透、缓存击穿的问题，以及创建全局唯一 ID、使用 Redis 的 setnx 接口、保护分布式客户端请求的原子性。通过项目的开发，读者可简单了解 Spring Cloud 的应用，对游戏服务中心的开发有一个初步的认识。

第5章 Web 服务器网关开发

网关作为 Web 服务的门户，它是服务器集群中不可缺少的组件。有了 Web 服务器网关，就可以方便地扩展服务的功能，本章主要实现游戏服务中心的网关开发，主要功能有如下几点。

- 搭建 Consul 服务注册中心。
- Web 服务器网关功能开发。
- 权限验证。
- 请求负载均衡。
- 流量限制。
- HTTPS 请求配置。
- 全局 Web 异常捕获。

其他的功能可以根据自己的业务需要进行添加。

5.1 Consul 服务注册中心

网关最基本的职责就是请求路由，客户端的请求先发送到网关，然后网关再转发到游戏服务中心。但是网关又怎么接收游戏服务中心的信息呢？这就需要服务治理的注册中心服务了。游戏服务中心在启动之后，会自动向注册中心服务注册服务信息，网关服务在启动的时候从注册中心服务获取所有已注册成功的业务服务信息。因此我们首先搭建服务注册中心。

5.1.1 Consul 简介

Consul 有多个组件，但总体而言，它是基础架构中的一款服务发现和配置的工具。

它是一个分布式、高可用的系统，主要用于管理其他服务向它注册的服务信息。使用 Consul，可以在业务服务启动的时候，通过 HTTP 接口，向 Consul 服务发送一些服务的基本信息，比如 IP 地址、端口、服务名称、服务 ID 等。业务服务也可以通过 HTTP 接口，从 Consul 中获取其他服务的基本信息。

通过 Consul 服务，可以解耦不同业务服务之间的通信。因为业务服务之间不再直接地相互关注对方，也不需要在业务服务中互相配置对方的信息，使用时只需要根据服务名称或服务 ID 从 Consul 中查询即可。比如网关服务可以从 Consul 中查询所有的业务服务的注册信息，根据服务名称，就可以很容易地实现客户端请求转发功能。

5.1.2 安装 Consul

Consul 的安装也比较简单，首先去 Consul 官网，下载 Consul 安装包，根据要运行的操作系统，选择下载相应的 Consul 程序。本书使用的是 Linux 64-bit 操作系统，下载包为 consul_1.4.2_linux_amd64.zip，在 Linux CentOS 7 操作系统上面运行。将下载的安装包上传到服务器，并执行 unzip consul_1.4.2_linux_amd64.zip 命令进行解压，得到一个 consul 的可执行文件。

Consul 在正式使用的时候，最好是使用集群模式部署，集群模式下至少部署三个节点，这样当某个节点失败时，其他的节点可以继续提供服务。还有一种开发模式启动，它支持快速启动单节点的 Consul 服务，目前我们只是用在开发环境，所以以 dev 模式运行，执行命令 ./consul agent -dev -http-port=7777 -ui -server-data-dir=./data -client=0.0.0.0，结果如下即表示启动成功。

```
==> Starting Consul agent...
==> Consul agent running!
           Version: 'v1.4.2'
           Node ID: '6d279508-6607-7a9c-253c-6bac402fb4fc'
         Node name: 'wgs-mac.local'
        Datacenter: 'dc1' (Segment: '<all>')
            Server: true (Bootstrap: false)
       Client Addr: [127.0.0.1] (HTTP: 7777, HTTPS: -1, gRPC: 8502, DNS: 8600)
      Cluster Addr: 127.0.0.1 (LAN: 8301, WAN: 8302)
           Encrypt: Gossip: false, TLS-Outgoing: false, TLS-Incoming: false
```

其中的几个参数简单介绍如下。

- agent：表示启动一个 Consul 代理，可以使用 ./consul -help 查看其他命令。
- dev：表示在 dev 模式下面运行，这个时候启动一个 agent 代理，不会检测集群。
- http-port：表示 Consul 代理服务启动时监听的端口，默认端口是 8500。
- ui：表示提供 Web UI 的管理界面，启动成功之后，在浏览器中输入 http://192.168.1.107:7777，就可以打开 Web 管理界面。
- data-dir：表示 Consul 数据存放的文件夹路径。
- client：表示 Consul 代理启动时绑定的客户端 IP，默认是 127.0.0.1，只能本地访问。本书中 Consul 服务是在局域网中单独的一台服务器上面。设置为 0.0.0.0，表示所有客户端 IP 都可以访问。

至此，Consul 服务启动成功，等待其他服务向 Consul 服务中心注册。

5.2 Web 服务器网关功能开发

Web 服务器网关的基本功能就是实现客户端请求的转发。在 Spring Cloud 体系中，提供了 Spring Cloud Gateway 组件，它实现了 Web 服务器网关的基本功能。在此基础之上，可以添加一些自定义的功能，增加网关的职能。

5.2.1 Spring Cloud Gateway 简介

在官方文档上是这样介绍 Spring Cloud Gateway 的：该项目提供了一个在 Spring MVC 之上构建 API 网关的库。Spring Cloud Gateway 旨在提供一种简单而高效的方式来转发到 API，并提供横切关注点，例如安全性、监控 / 指标和弹性。Spring Cloud Gateway 的特性如下。

- 基于 Spring Framework 5、Reactor 项目和 Spring Boot 2.0 构建。
- 可以匹配请求的参数路由请求。
- 根据特定的断言和过滤器进行请求路由。
- 集成 Spring Cloud DiscoveryClient（服务发现与注册）。
- 简单方便地添加断言和过滤器。

- 请求速率限制。
- 请求路径重写。

5.2.2 创建 Web 服务器网关项目

在 Eclipse 的 my-game-server 项目上面单击鼠标右键,选择 Maven → New Maven Module Project,创建网关项目,my-game-web-gateway。然后在 pom.xml 中添加 Spring Cloud Gateway 组件依赖,配置如下所示。

```xml
<dependencies>
    <dependency>
        <groupId>org.springframework.cloud</groupId>
        <artifactId>spring-cloud-starter-gateway</artifactId>
    </dependency>
</dependencies>
```

然后添加启动网关的 Java 类,以启动网关服务,代码如下所示。

```java
import org.springframework.boot.SpringApplication;
import org.springframework.boot.autoconfigure.SpringBootApplication;
import org.springframework.cloud.client.discovery.EnableDiscoveryClient;
@SpringBootApplication
@EnableDiscoveryClient
public class WebGameGatewayServerMain {
    public static void main(String[] args) {
        SpringApplication.run(WebGameGatewayServerMain.class, args);
    }
}
```

@EnableDiscoveryClient 是服务发现和注册的注解。添加它之后,在启动网关的服务的时候,就会从 Consul 获取已注册成功的服务信息,同时也会把自己的服务信息注册到 Consul 服务上面。在 my-game-web-gate 项目下面创建 config 文件夹,添加 application.yml 配置文件及 log4j2.xml 配置,在文件中配置网关的端口和 Consul 服务注册中心的地址。配置如下所示。

```yaml
logging:
  config: file:config/log4j2.xml
server:
  port: 5001              #服务器口
spring:
  application:
    name: game-web-gateway-server   #服务名
  cloud:
    consul:
      host: localhost     #Consul 地址，需要替换成自己的服务地址
      port: 7777          #Consul 端口
      discovery:
        prefer-ip-address: true   #默认向 Consul 服务中心注册的是当前主机的 hostName，这里选择使用 IP
        ip-address: localhost     #向 Consul 服务中心注册的 IP
    gateway:
      discovery:
        locator:
          enabled: true   #开启与服务发现组件结合，通过 serviceId 转发到具体的服务
```

完成配置之后，就可以运行 WebGameGatewayServerMain 类的 main 方法启动网关了。启动成功之后，打开 Consul 的 Web UI 管理界面 http://192.168.1.107:7777，发现 my-game-web-game 服务已注册成功，如图 5.1 所示。

图 5.1　Consul 注册成功服务界面

在 my-game-center 的 config/application.yml 中添加 Consul 配置，配置如下所示。

```yaml
spring:
  application:
    name: game-center-server   # 服务名称
```

```
cloud:
  consul:
    host: 127.0.0.1          # Consul 服务的地址
    port: 7777               # Consul 服务的端口
    discovery:
      prefer-ip-address: true      #IP 地址注册优先
      ip-address: 127.0.0.1        #要注册的服务 IP
```

然后启动 WebGameCenterServerMain 类的 main 方法，启动成功之后，刷新 Consul Web UI 管理界面，可以发现游戏服务中心服务注册成功，如图 5.2 所示。

图 5.2　Consul 服务注册界面

5.2.3　网关路由信息配置

网关最主要的一个职责就是请求路由，当客户端的 URL 请求到达 Web 服务器网关时，Web 服务器网关是如何将这个请求正确转发到它请求的服务呢？这就需要配置一些路由规则了。网关的路由信息获取有两种方式。

1．与 Consul 组合自动配置路由信息

在 5.2.2 节的配置中，因为添加了 spring.cloud.gateway.discovery.locator.enabled =true，在 Web 服务器网关启动时，它会使用 Consul 的客户端，从 Consul 中获取所有注册成功的服务信息，并自动生成每个服务匹配的路径信息。可以使用 HTTP 查看在 Web 服务器网关中生成的路由信息，需要在 my-game-web-gate 的 config/application.yml 配置中添加如下配置。

```
management:
  endpoints:
```

```yaml
    web:
      exposure:
        include: '*'
```

然后启动 Web 服务器网关和游戏服务中心服务，在浏览器中访问 http://localhost:5001/actuator/gateway/routes，就可以看到当前网关服务中的所有路由信息了。从中可以找到路由到游戏服务中心服务的配置，配置如下所示。

```
{
            "route_id":"CompositeDiscoveryClient_game-center-server",
            "route_definition":{
                "id":"CompositeDiscoveryClient_game-center-server",
                "predicates":[
                    {
                        "name":"Path",
                        "args":{
                            "pattern":"/game-center-server/**"
                        }
                    }
                ],
                "filters":[
                    {
                        "name":"RewritePath",
                        "args":{
                            "regexp":"/game-center-server/(?<remaining>.*)",
                            "replacement":"/${remaining}"
                        }
                    }
                ],
                "uri":"lb://game-center-server",
                "order":0
            },
            "order":0
}
```

2．手动配置

路由信息也可以手动在 application.yml 中配置。配置如下所示。

```yaml
spring:
  application:
    name: game-web-gateway-server
  cloud:
    consul:
      host: localhost
      port: 7777
      discovery:
        prefer-ip-address: true
        ip-address: 127.0.0.1
    gateway:
      discovery:
        locator:
          enabled: false    # 关闭自动路由配置
      routes:    # 手动配置路由信息
      - id: game-center-server
        uri: lb://game-center-server    # 配置服务 ID
        predicates:
        - name: Path
          args:
            pattern: /game-center-server/**  # 匹配的 URL 模式，URL 的路径必须以 game-center-server 开发，包括它所有的子路径
        filters:
        - name: RewritePath
          args:
            regexp: /game-center-server/(?<remaining>.*)
            replacement: /${remaining}
```

启动 Web 服务器网关之后，通过 http://localhost:5001/actuator/gateway/routes 也可以查阅配置的路由规则，可以发现和自动路由配置基本上是一样的。

对于这两种不同的配置方式，可以根据自己的需求而选择不同的方式。本书采用第二种方式，修改配置更加灵活。

5.2.4　测试 Web 服务器网关请求转发

分别启动游戏服务中心网关和游戏服务中心服务，使用 Postman 请求 http://localhost:5001/game-center-server/request/10002，URL 里面的 game-center-server 就是游戏服务中心的服务名，即是在 my-game-server 的 config/application.yml 中配置的 spring.application.name 的值，如图 5.3 所示。

图 5.3　网关请求转发测试

可以看到游戏服务中心服务接收到了从网关那里转发过来的消息，服务器日志也输出了日志，说明测试成功。

5.3　统一验证请求权限

随着业务的发展，有可能网关后面不止一个游戏服务中心服务，或者会把现在的游戏服务中心服务拆分成多个微服务。而网关是请求到达的第一个门户，可以在网关这里对请求进行统一的权限验证，只有通过权限验证的请求才会被转发到后面的服务中。

5.3.1　在 Web 服务器网关进行权限验证的必要性

HTTP 请求是一个无状态的短连接请求。每次请求结束之后，链接会被服务器关闭。虽然也可以设计维持一定时间的长连接不断开，但并不是像真正的长连接那样，在第一次连接之后验证一次权限，然后有心跳一直维护连接不断开。

每次请求的时候，是没有连接状态的。在浏览器中，可以通过 session 缓存登录状态，即使是这样，也需要对每个请求单独调用权限验证方法。但是对于其他应用程序，使用

HTTP 客户端请求时，可能每次请求都会有一个新的 session。

特别是在分布式系统中，登录之后，不同的请求会被转发到不同的服务上处理。这些服务在收到请求时，都需要独立再对请求进行权限验证。

如果在网关统一对请求进行权限验证，只有通过权限验证的请求才会被转发到后面的服务上面。这样权限的验证只需要在网关添加，之后网关不管新增多少服务，都可以不再考虑请求权限的问题了，只需要关注自己的业务即可。这就像乘坐地铁时，只在第一个进站口需要安检，之后换乘就再也不需要安检了。网关权限验证流程如图 5.4 所示。

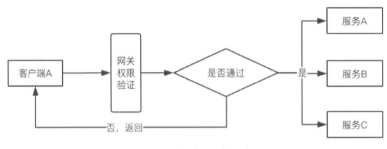

图 5.4　网关权限验证流程

在 Web 服务器网关中，并不是说所有的 URL 都必须进行权限验证，比如登录请求和一些简单的获取静态资源请求（比如获取图片、文本等）。因此需要在网关处添加一些配置，凡是在这个配置之中的，都不需要进行权限验证，否则，必须验证通过之后，才将请求转发到后面的服务之中。在 my-game-web-gateway 中添加 FilterConfig 类，代码如下所示。

```
@Configuration      // 添加配置注解
@ConfigurationProperties(prefix = "gateway.filter")    // 添加配置前缀
public class FilterConfig {
private List<String> wrhiteRequestUri; /** 请求白名单，在白名单中的 URI 不
进行权限验证 **/
    public List<String> getWrhiteRequestUri() {
        return wrhiteRequestUri;
    }
    public void setWrhiteRequestUri(List<String> wrhiteRequestUri) {
        this.wrhiteRequestUri = wrhiteRequestUri;
    }
}
```

然后在 my-game-web-gateway 的 application.yml 中添加如下配置。

```
gateway:
  filter:
    wrhite-request-uri:
    - /request/10001      #登录请求的 URI
- /test/https
```

然后在进行权限验证的过滤器中对请求进行判断，如果请求的 URI 在这个配置之内，则直接放过进行请求路由，否则进行权限判断，有权限则放过请求，没有权限则返回错误。

5.3.2 网关全局过滤组件——GlobalFilter

Spring Cloud Gateway 中对请求的处理像一条流水线一样，收到一个客户端请求之后，会对这个请求进行一系列的处理，Spring Cloud Gateway 的核心工作原理如图 5.5 所示。

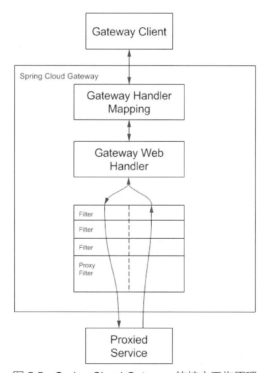

图 5.5 Spring Cloud Gateway 的核心工作原理

网关收到客户端的请求之后，会在 Gateway Handler Mapping 中根据匹配规则，选择转发的服务。如果匹配成功，将请求封装，发送到 Gateway Web Handler 中，然后会遍历所有的 Filter。如果有 Filter 验证不通过，就会返回相应的错误。

Filter 有两种类型，一种是 GlobalFilter，另一种是 GatewayFilter。GlobalFilter 作用于所有的请求路由，每一个请求都会被 GlobalFilter 过滤。而 GatewayFilter 只作用于某个请求的路由，控制更加精细，比如可以单独给指定的 URL 请求添加多个 GatewayFilter，在 Spring Cloud Gateway 中内置了很多有用的 GatewayFilter。

这里的 Filter 类型相当于 Spring MVC 中的拦截器，可以对请求的 URL 的参数进行修改，也可以获取 URL 请求的参数。

5.3.3 GlobalFilter 实现权限验证

在游戏服务中心服务中，有些接口必须是登录之后才可以访问，这里说的权限验证就是指请求这些接口时，用户是否已成功登录。用户登录成功之后，服务器会返回一个代表身份的 token，后续的请求中，必须携带这个 token，为了方便，可以把这个 token 放到 HTTP 请求的 Header 里面。

GlobalFilter 在收到客户端的请求时，会判断这个请求是否需要权限验证。如果不需要验证，则返回成功，否则从 HTTP 请求的 Header 里面获取 token 值，会根据这个 token 验证本次请求是否合法。

在 FilterConfig 中已添加了登录请求的白名单，所以不会验证登录请求的权限，然后添加 GlobalFilter 的实现类 TokenVerifyFilter，在这里实现对请求的拦截和 token 验证，代码如下所示。

```
@Service
public class TokenVerifyFilter implements GlobalFilter, Ordered {
    @Autowired
    private FilterConfig filterConfig;
    private Logger logger = LoggerFactory.getLogger(TokenVerifyFilter.class);
    @Override
    public int getOrder() {
        return Ordered.LOWEST_PRECEDENCE;
    }
    @Override
    public Mono<Void> filter(ServerWebExchange exchange, GatewayFilterChain chain) {
        String requestUri = exchange.getRequest().getURI().getPath();
```

```java
// 获取请求的URI路径
        List<String> whiteRequestUris = filterConfig.getWrhiteRequestUri();
        if(whiteRequestUris.contains(requestUri)) {
            return chain.filter(exchange);
            // 如果请求的URI在白名单中，则跳过验证
        }
        String token = exchange.getRequest().getHeaders().getFirst(CommonField.TOKEN);
        if (StringUtils.isEmpty(token)) {
            exchange.getResponse().setStatusCode(HttpStatus.UNAUTHORIZED);/** 如果权限不对，返回401状态码**/
            logger.debug("{} 请求验证失败,token为空",requestUri);
            return exchange.getResponse().setComplete();
        }
        try {
            TokenBody tokenBody = JWTUtil.getTokenBody(token);
            ServerHttpRequest request = exchange.getRequest().mutate().header(CommonField.OPEN_ID, tokenBody.getOpenId()).header(CommonField.USER_ID, String.valueOf(tokenBody.getUserId())).build();/**将token中的userId和openId放到header里面，转发到业务服务中，因为业务服务需要用到**/
            ServerWebExchange newExchange = exchange.mutate().request(request).build();
            return chain.filter(newExchange);
        } catch (TokenException e) {
            exchange.getResponse().setStatusCode(HttpStatus.UNAUTHORIZED);/** 验证失败，返回401状态码**/
            logger.debug("{} 请求验证失败,token非法");
            return exchange.getResponse().setComplete();
        }
    }
}
```

注意，这个类必须添加@Service，否则Spring Boot启动的时候扫描不到。另外，上面的代码中，exchange实例中的参数都是不可变的，如果直接调用exchange.getRequest().getHeaders().add("userId", "1")会抛出UnsupportedOperationException异常，必须使用exchange.mutate方法，重新构造exchange实例。

在Web服务器网关做了统一权限验证之后，在用户服务中心中就不需要token了，修改用户中心UserController的createPlayer方法，代码如下所示。

```
    /**      String token = request.getHeader("token");
          if(token == null) {
              throw GameErrorException.newBuilder(GameCenterError.
TOKEN_FAILED).build();
          }
          TokenBody tokenBody;
          try {
              tokenBody = JWTUtil.getTokenBody(token);
          } catch (TokenException e) {
              throw GameErrorException.newBuilder(GameCenterError.
TOKEN_FAILED).build();
          }
          String openId = tokenBody.getOpenId();
     **/
       //Header 中获取 openId
          String openId = userLoginService.getOpenIdFromHeader(request);
       // 下面的代码不变
```

5.3.4 测试网关权限验证

分别启动 my-game-web-gateway 和 my-game-center 服务，打开 Postman，先请求登录接口 http://localhost:5001/game-center-server/request/10001，构造参数并发送请求，返回成功，因为在配置中添加了白名单 /request/10001，所以这个接口不需要验证权限，如图 5.6 所示。

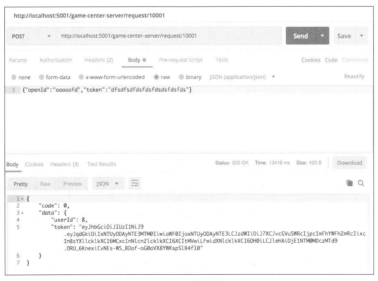

图 5.6 测试登录

新建立一个 Postman 请求，先不添加 token 到 Headers 中，发送 http://localhost:5001/game-center-server/request/10002，在服务器控制台可以看到有错误日志输出，并返回 401 状态码，如图 5.7 所示。

图 5.7　token 验证失败返回

现在把登录之后服务器返回的 token 添加到 Headers 中，再次请求创建角色接口，可以看到返回创建角色成功之后的数据，如图 5.8 所示。

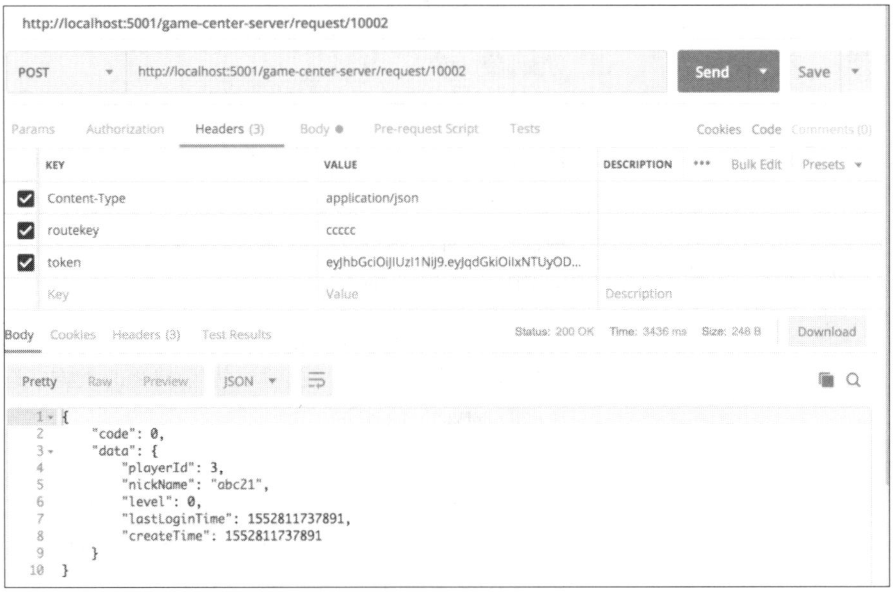

图 5.8　token 验证成功

5.4　请求负载均衡

随着用户越来越多，单台服务实例的处理能力已达到上限。这个时候就需要扩展服务，部署多台服务实例组成服务集群，共同处理客户端的请求。比如游戏产品太多，都共同使用一个游戏服务中心服务，为了提高处理能力，就可以部署多台游戏服务中心服务。这样当收到客户端请求时，将请求同一个服务的请求转发到不同的服务实例上面，这就是负载均衡。

5.4.1　负载均衡组件——Spring Cloud Ribbon

Spring Cloud Ribbon 是一个客户端负载均衡组件，基于 Netflix Ribbon 实现。它可以和服务发现注册组件（比如 Consul）一起使用。它自带了一些常见的负载均衡策略类，如表 5.1 所示。

表 5.1　Netflix Ribbon 内置负载均衡策略类

负载策略类名	说明
RoundRobinRule	轮询策略，轮询 index，选择 index 对应位置的 server
RandomRule	随机策略，在 index 上随机，选择 index 对应位置的 server
AvailabilityFilteringRule	过滤那些因为一直连接失败而被标记为 circuit tripped 的后端 server，并过滤那些高并发的后端 server（active connections 超过配置的阈值）
BestAvailableRule	选择一个最小的并发请求的 server，逐个考察 server，如果 server 被 tripped 了，则忽略，再选择其中 ActiveRequestsCount 最小的 server
WeightedResponseTimeRule	根据响应时间分配一个 weight，响应时间越长，weight 越小，被选中的可能性越低
RetryRule	对选定的负载均衡策略添加重试机制。在一个配置时间段内若选择 server 不成功，则一直尝试使用 subRule 的方式选择一个可用的 server
ZoneAvoidanceRule	从服务所在区域和服务的可用性上选择一个可用的服务。此负载均衡策略使用 ZoneAvoidancePredicate 和 AvailabilityPredicate 来判断是否选择某个 server，前一个判断一个 zone 的运行性能是否可用，剔除不可用的 zone，AvailabilityPredicate 用于过滤掉连接数过多的 server

从上面的负载均衡策略类的定义可以看到，这些负载均衡策略都是针对无状态的服务的。同一个客户端的请求，可以转发到任意一台服务实例上面。这可以满足一部分应用的需求。但是对于游戏服务中心服务来说，同一个用户的请求，应该被负载到同一台服务实例上面，这样方便控制单个用户的并发请求。因此需要自定义一种负载均衡策略，这个策略可以根据某个 key 来选定，将相同的 key 负载到同一台服务实例上面。

5.4.2 自定义负载均衡策略

一般情况下，Ribbon 自带的负载均衡策略已足够使用。可以根据需要灵活使用与原配置不同的负载策略。但是考虑数据并发修改的问题，上面的负载策略不能满足一些功能的需求。比如游戏服务中心中，用户登录与注册、角色创建的功能，必须要保证用户账号和昵称全局唯一。

同一个账号在登录时，会先检测数据库中是否已存在账号，如果不存在，再注册，这两步必须保证原子操作。假如现在启动了多个游戏服务中心服务，用户快速连续单击用户登录的时候，有可能会把多个请求负载到多个游戏服务中心上面，出现一个账号注册成功两次的情况。创建角色的时候亦是如此。

因此，游戏服务中心需要一种特殊的负载策略，即同一个用户的操作，必须负载到相同的游戏服务中心服务上面。在单进程内保证操作是顺序性的，这样就可以方便地控制同一个用户的操作不是并发执行的。一种实现策略是，使用 openId 作为负载的 key，计算 key 的 hashCode，然后对游戏服务中心有效的服务实例个数求余，余数作为选择的实例索引。

要实现自定义的负载均衡策略，需要继承 AbstractLoadBalancerRule，代码如下所示。

```java
public class GameCenterBalanceRule extends AbstractLoadBalancerRule {
    @Override
    public Server choose(Object key) { // 重写选择一个服务实例的接口
        List<Server> servers = this.getLoadBalancer().getReachableServers();
        if (servers.isEmpty()) {
            return null;
        }
        if (servers.size() == 1) {
            return servers.get(0);
        }
        if (key == null) {
            return randomChoose(servers);
        }
```

```java
            return hashKeyChoose(servers, key);
        }
        private Server randomChoose(List<Server> servers) {
            // 随机选择一个服务实例
            int randomIndex = RandomUtils.nextInt(servers.size());
            return servers.get(randomIndex);
        }
        private Server hashKeyChoose(List<Server> servers, Object key) {
            // 根据某个 key 的 HashCode 选择一个服务实例
            int hashCode = Math.abs(key.hashCode());
            // 计算 key 的 hashCode 值，并且保证为正数
            int index = hashCode % servers.size();
            return servers.get(index);
        }
        @Override
        public void initWithNiwsConfig(IClientConfig config) {
        }
    }
```

在 Spring Cloud Gateway 中，它通过一个全局过滤器 LoadBalancerClientFilter 的 choose 来调用负载均衡组件 LoadBalancerClient，但是 LoadBalancerClient 默认根据 serviceId 选择服务实例，接口中并没有根据 key 选择服务的方法。通过 Debug 断点，可以发现，这里注入的 LoadBalancerClient 实例是 RibbonLoadBalancerClient 类，它有个方法是 public ServiceInstance choose(String serviceId, Object hint)，这个方法在 spring-cloud-netflix-ribbon-2.1.0.RELEASE.jar 版本的包才有，从注释中看是新加的方法，代码如下所示。

```java
    /**
     * New: Select a server using a 'key'.
     */
    public ServiceInstance choose(String serviceId, Object hint) {
        Server server = getServer(getLoadBalancer(serviceId), hint);
        if (server == null) {
            return null;
        }
        return new RibbonServer(serviceId, server, isSecure(server,
serviceId), serverIntrospector(serviceId).getMetadata(server));
    }
```

其中 hint 参数就是一个 key，因此只需要重写 LoadBalancerClientFilter 的 protected ServiceInstance choose(ServerWebExchange exchange) 方法，让它调用 RibbonLoadBalanceClient 类的 choose(String serviceId,Object hint) 方法即可。代码如下所示。

```java
import static org.springframework.cloud.gateway.support.ServerWebExchangeUtils.GATEWAY_REQUEST_URL_ATTR;
import java.net.URI;
import org.springframework.cloud.client.ServiceInstance;
import org.springframework.cloud.client.loadbalancer.LoadBalancerClient;
import org.springframework.cloud.gateway.config.LoadBalancerProperties;
import org.springframework.cloud.gateway.filter.LoadBalancerClientFilter;
import org.springframework.cloud.netflix.ribbon.RibbonLoadBalancerClient;
import org.springframework.web.server.ServerWebExchange;
public class UserLoadBalancerClientFilter extends LoadBalancerClientFilter {
    public UserLoadBalancerClientFilter(LoadBalancerClient loadBalancer, LoadBalancerProperties properties) {
        super(loadBalancer, properties);
    }
    @Override
    protected ServiceInstance choose(ServerWebExchange exchange) {
        String routekey = exchange.getRequest().getHeaders().getFirst(CommonField.OPEN_ID);/** 从 HTTP 的请求 Header 中获取用户的 openId 值，作为负载均衡的 key**/
        if (routekey == null) {// 如果为空，表示使用默认负载
            return super.choose(exchange);
        }
        if (this.loadBalancer instanceof RibbonLoadBalancerClient) {
            RibbonLoadBalancerClient client = (RibbonLoadBalancerClient) this.loadBalancer;
            String serviceId = ((URI) exchange.getAttribute(GATEWAY_REQUEST_URL_ATTR)).getHost();
            return client.choose(serviceId, routekey);
            // 将负载需要的 key 传到负载方法中
        }
        return super.choose(exchange);
    }
}
```

这样，当客户端请求被路由的时候，选择服务实例是先判断负载均衡需要的

key 是否存在，如果不存在，则执行默认的选择方式；如果存在，且负载客户端是 RibbonLoadBalancerClient 的实例，则调用带负载 key 方法。这个方法将会把 key 传到 GameCenterBalanceRule 的 choose 方法的参数中。这样就可以根据 key 选择服务实例了。

5.4.3 负载均衡策略配置

在 Spring Cloud Ribbon 中，默认的负载均衡策略是 ZoneAvoidanceRule。要使自定义的负载均衡策略生效，需要添加负载均衡生效配置。修改负载均衡策略有两种方式，一种是全局配置，一种是基于服务配置。

1．全局配置负载均衡策略

这种配置会对所有的客户端请求生效，不管这个网关配置多少个不同的服务，也不管有多少个服务实例，都采取同样的负载均衡策略，配置如下所示。

```
@Configuration
public class LoadBalancedBean {
    @Bean
    @LoadBalanced
    public RestTemplate restTemplate() {
        return new RestTemplate();
    }
    @Bean
    public UserLoadBalancerClientFilter userLoadBalanceClientFilter
(LoadBalancerClient client, LoadBalancerProperties properties) {
        return new UserLoadBalancerClientFilter(client, properties);
// 注入重写后的 Filter
    }
    @Bean
    public IRule balanceRule() {
        return new GameCenterBalanceRule(); // 返回新的负载均衡规则
    }
}
```

2．基于服务配置负载均衡策略

有时候，一个 Web 服务器网关后面会有多个不同的服务，当只需要针对其中某一个服务添加自定义的负载均衡策略时，可以采用这种配置。这样不会影响其他的服务，不同的服务可以采用适合自己的负载均衡策略。

基于服务的配置可以通过配置文件添加配置，比如只针对游戏服务中心服务配置自定义负载均衡策略，在 my-game-web-gateway 的 config/application.yml 添加配置，如下所示。

```
game-center-server:
  ribbon:
    NFLoadBalancerRuleClassName: com.mygame.gateway.balance.GameCenterBalanceRule
```

其中 game-center-server 就是游戏服务中心的服务名称。NFLoadBalancerRuleClassName 是负载均衡规则的完整类路径。

上述两种配置完成之后，分别启动 my-game-web-gateway 和多个 my-game-center 服务（端口不一样即可），向网关发送不同 openId 的用户登录请求。通过观察日志，可以看到不同的客户端请求被负载到了不同的服务实例上面，说明自定义负载均衡策略生效了。

5.5 网关流量限制

单个服务器处理能力都是有限的，在高并发的系统中，如果请求超出一定范围之后，有可能导致服务崩溃，丧失服务能力。因此要对客户端的请求加以限制，不能允许其无限制请求，从而保证服务器可以一直提供一定的服务能力。这样做的目的是防止服务器受到恶意攻击，瞬间大量并发请求导致服务崩溃。

5.5.1 常见的限流算法

在目前的服务系统中限流是一个常见的功能，所以一些算法也是常见并且稳定的，可以根据自己的需求选择，常见的限流算法有以下几种。

1．计数器算法

计数器是一种简单的基本算法，一般是限制在一段时间内，允许多少个请求通过。比如限制 1min 内允许 2000 个请求通过，实现方式一般为，从第一个请求进来开始计时，在接下去的 1min，每来一个请求，就把计数加 1。如果累加的数值达到了 2000，就拒绝后面的请求。等到 1min 结束后，把计数恢复成 0，重新开始计数。

可以通过 AtomicLong#incrementAndGet() 方法来给计数器加 1 并返回最新值，这种实现方式有一个弊端：如果在单位时间 1min 的前 30s，已经通过了 2000 个请求，那后面的 30s 内，会拒绝所有收到的客户端请求，浪费了一些时间。这种现象称为"突刺现象"。

2．漏桶算法

漏桶算法用来消除"突刺现象"。漏桶算法是一个生产者 – 消费者模式，请求过来时，先放入缓存队列，另外启动一个定时线程池（ScheduledExecutorService）以一定的时间间隔从队列中获取请求，可以一次性获取多个并发执行，如果队列满了就拒绝接收请求。

这类似于一个漏斗，上面不停地倒水，下面以一定的速度出水。但是它也有一个问题，无法应对短时间内的突发流量。比如一次来 100 个请求和一次来 10 个请求的处理速度是一样的，即无法自适应并发量。

3．令牌桶算法

令牌桶算法是对漏桶算法的一种升级。漏桶中存放的不再是请求消息，而是存放令牌。有一个机制，以一定的速度往漏桶中存放令牌，如果桶中令牌数达到上限，就丢弃令牌。每次请求过来需要先获取令牌，只有拿到令牌，才有机会继续执行，否则选择等待可用的令牌或者直接拒绝。

这样漏桶中一直有大量的可用令牌，这时进来的请求就可以直接拿到令牌执行。比如设置 QPS 为 1000，那么限流器初始化完成后，桶中就已经有 1000 个令牌了，该限流器可以抵挡瞬时超过 1000 个的客户端请求，这也相当于以一定的速率处理客户端的请求。

Spring Cloud Gateway 官方就提供了 RequestRateLimiterGatewayFilterFactory 这个类，是用 Redis 和 Lua 脚本实现的令牌桶，因为网关可能会有多个，不同的网关可能会转发请求到相同的业务服务。因此使用 Redis 实现算法中数据的共享。

若是依赖于 Redis 实现，配置不太灵活，且会产生额外的网络 I/O。因此，我们将自定义实现令牌桶流量限制类，只针对单个网关进行流量限制，将限流操作在内存中完成。

5.5.2 添加 Web 服务器网关限流策略

为了保护游戏服务中心服务不会流量过载，在网关需要添加限流过滤器。一般需要限流的地方有两个。一是网关的总流量，这样可以防止整个系统因请求太多而超载；二是单个用户请求的次数，这样可以防止单个用户发送大量恶意请求，占用多余的服务资源。

本小节使用令牌桶算法实现流量限制。目前有许多开源的令牌桶算法实现，例如 Google Guava 的 RateLimiter、Bucket4j、RateLimitJ 都是一些基于此算法实现的。使用 RateLimiter 类，要添加流量控制，需要在 Spring Cloud Gateway 中添加过滤器。因为流量限制需要统计所有的客户端请求，所以使用 GlobalFilter 全局过滤器实现。

1．添加参数配置

在全局过滤器中会使用到一些限流的参数，为了方便做压力测试调整参数，把这些参数添加到配置文件中。在 FilterConfig 类中添加以下参数。

```
private double gloablRequestRateCount;// 针对所有用户限流器每秒产生的令牌数
private double userRequestRateCount;// 针对单个用户限流器每秒产生的令牌数
private int cacheUserMaxCount; // 最大限流用户缓存数量
private int cacheUserTimeout;/** 每个用户缓存的超时时间，超过规定时间，从缓存中清除。单位是ms**/
// 省略 get / set 方法
```

在 my-game-web-gateway 的 config/application.yml 配置文件中添加配置参数，如下所示。

```
gateway:
  filter:
    wrhite-request-uri:
    - /request/10001
    user-request-rate-count: 3
    gloabl-request-rate-count: 3000
    cache-user-max-count: 5000
    cache-user-timeout: 300000
```

注意，上面的参数对实际的运行并没有参考价值，只是为了方便测试。实际的参数需要根据服务器的配置，通过压力测试，才能最终确定。

2．添加全局过滤器

由于限流需要对所有的请求进行拦截，所以需要添加一个全局过滤器。代码如下所示。

```
@Service
public class RequestRateLimiterFilter implements GlobalFilter, Ordered {
    @Autowired
    private FilterConfig filterConfig;// 引用过滤器的配置
    private RateLimiter globalRateLimiter;// 针对所有用户的限流器
    private LoadingCache<String, RateLimiter> userRateLimiterCache;
/** 单个用户的流量限制缓存 **/
    private Logger logger = LoggerFactory.getLogger(RequestRateLimiterFilter.class);
    @PostConstruct   // 在服务启动的时候自动初始化
    public void init() {
        double permitsPerSecond = filterConfig.getGloablRequestRateCount();
        globalRateLimiter = RateLimiter.create(permitsPerSecond);
        // 创建用户cache
        long maximumSize = filterConfig.getCacheUserMaxCount();
        long duration = filterConfig.getCacheUserTimeout();
        userRateLimiterCache = CacheBuilder.newBuilder().maximumSize(maximumSize).expireAfterAccess(duration, TimeUnit.MILLISECONDS).build(new CacheLoader<String, RateLimiter>() {
            @Override
            public RateLimiter load(String key) throws Exception {
                // 不存在限流器就创建一个
                double permitsPerSecond = filterConfig.getUserRequestRateCount();
                RateLimiter newRateLimiter = RateLimiter.create(permitsPerSecond);
                return newRateLimiter;
            }
```

```java
            });
        }
        @Override
        public int getOrder() {// 全局过滤器需要在 token 验证的过滤器后面加载
            return Ordered.LOWEST_PRECEDENCE;
        }
        @Override
        public Mono<Void> filter(ServerWebExchange exchange, GatewayFilterChain chain) {
            // 从 HTTP 请求 Header 中获取用户的 openId
            String openId = exchange.getRequest().getHeaders().getFirst(CommonField.OPEN_ID);
            if (!StringUtils.isEmpty(openId)) {// 如果存在 openId，判断个人限流
                try {
                    RateLimiter userRateLimiter = userRateLimiterCache.get(openId);
                    if (!userRateLimiter.tryAcquire()) {// 获取令牌失败，触发限流
                        this.tooManyRequest(exchange, chain);
                    }
                } catch (ExecutionException e) {
                    logger.error("限流器异常", e);
                    return this.tooManyRequest(exchange, chain);
                }
            }
            if (!globalRateLimiter.tryAcquire()) {// 全局限流判断
                return this.tooManyRequest(exchange, chain);
            }
            return chain.filter(exchange);// 成功获取令牌，放行
        }
        private Mono<Void> tooManyRequest(ServerWebExchange exchange, GatewayFilterChain chain) {
            logger.debug("请求太多，触发限流");
            exchange.getResponse().setStatusCode(HttpStatus.TOO_MANY_REQUESTS);// 请求失败，返回请求太多
            return exchange.getResponse().setComplete();/**设置请求完成，直接给客户端返回**/
        }
    }
```

由于不同的用户需要使用不同的限流器对象，所以这里使用了 Google Guava 的 LoadingCache 缓存组件，在里面缓存每个用户对应的自己的限流器对象。为了防止缓存太多，导致内存溢出，设置缓存的最大值和缓存中每个实例的过期时间，LoadingCache 会自动清理过期的缓存。

5.5.3　Web 服务限流测试

修改 my-game-web-gateway 的 config/application.yml 中的限流参数，把每秒放入的令牌数调小一些，然后启动 my-game-web-gateway 和 my-game-center 服务，快速发送请求，可以看到日志的输出，有的请求被拦截了，如图 5.9 所示。

```
2019-03-18 20:36:31 DEBUG com.mygame.gateway.filter.RequestRateLimiterFilter - 请求太多，触发限流
2019-03-18 20:36:31 DEBUG com.mygame.gateway.filter.RequestRateLimiterFilter - 请求太多，触发限流
2019-03-18 20:36:37 DEBUG com.mygame.gateway.filter.RequestRateLimiterFilter - 请求太多，触发限流
2019-03-18 20:36:37 DEBUG com.mygame.gateway.filter.RequestRateLimiterFilter - 请求太多，触发限流
2019-03-18 20:36:38 DEBUG com.mygame.gateway.filter.RequestRateLimiterFilter - 请求太多，触发限流
2019-03-18 20:36:38 DEBUG com.mygame.gateway.filter.RequestRateLimiterFilter - 请求太多，触发限流
2019-03-18 20:36:39 DEBUG com.mygame.gateway.filter.RequestRateLimiterFilter - 请求太多，触发限流
2019-03-18 20:36:39 DEBUG com.mygame.gateway.filter.RequestRateLimiterFilter - 请求太多，触发限流
```

图 5.9　触发限流

在实际应用中，应该借助于一些压力测试工具，根据自己的服务器配置，调整令牌参数，多次测试，得出一个合适的配置值。

5.6　HTTPS 请求配置

信息安全是架构中最重要的设计之一。默认情况下，Web 服务的信息传输都是明文的。也就是说任何人只要截取了传输包，就可以看到传输的内容，这样就可以通过一定手段，对信息进行伪造、篡改，甚至给用户造成巨大的损失。数据加密是一种保护数据安全的重要手段。在 Web 服务中，HTTPS 就是一种加密的安全协议。

5.6.1　HTTPS 简介

超文本传输安全协议（Hyper Text Transfer Protocol Secure，HTTPS），是以安全为目

标的 HTTP 通道，简单讲是 HTTP 的安全版。即 HTTP 下加入安全套接层（Secure Sockets Layer，SSL），HTTPS 的安全基础是 SSL，因此加密的详细内容就需要 SSL。SSL 及其"继任者"传输层安全（Transport Layer Security，TLS）是为网络通信提供安全及数据完整性的一种安全协议。

TLS 与 SSL 在传输层对网络连接进行加密。采用 HTTPS 的服务器必须从 CA（Certificate Authority）申请一个用于证明服务器用途类型的证书。该证书只有用于对应的服务器的时候，客户端才信任此主机。

传输信息加密之后，即使非法用户截取了传输信息，也只能看到一些没有任何意义的字符串，这样就无法对数据进行修改或再次利用了。

5.6.2　HTTPS 证书申请

正式的 HTTPS 证书需要向第三方认证机构申请，有免费的，也有收费的，此外还需要提供域名，在国内，域名必须经过 ICP 备案。在开发的过程中，我们需要在本地测试，就没必要去第三方认证机构申请了，可以自己生成证书。但是生成的证书只能在本地局域网内使用。

1．本地制作 HTTPS 证书

自 JDK 1.4 版本之后，提供了一个证书管理工具——keytool，它使用户能够管理自己的公钥/私钥对及相关证书。虽然操作起来比较麻烦，但是也可以使用第三方工具，快速、方便地生成本地证书。

Google mkcert 是一个简单、零配置的本地证书生成工具，目前支持的平台有 macOS、Linux、Windows 操作系统。

在 macOS 操作系统中安装，执行命令如下所示。

```
brew install mkcert
brew install nss  # 如果使用火狐浏览器，需要安装nss
```

我们使用的证书类型是 PKCS #12，然后执行 mkcert -install -pkcs12 my-game-web 命令生成证书，并添加到本地安全库中，如图 5.10 所示。

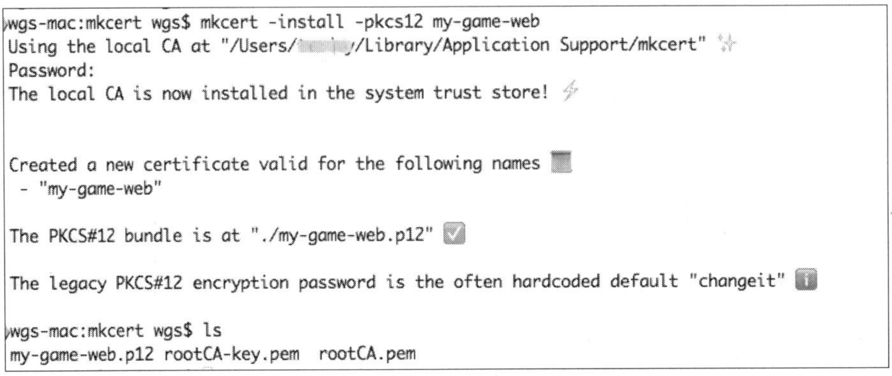

```
wgs-mac:mkcert wgs$ mkcert -install -pkcs12 my-game-web
Using the local CA at "/Users/▇▇▇▇/Library/Application Support/mkcert" ✨
Password:
The local CA is now installed in the system trust store! ⚡

Created a new certificate valid for the following names 📝
 - "my-game-web"

The PKCS#12 bundle is at "./my-game-web.p12" ✅

The legacy PKCS#12 encryption password is the often hardcoded default "changeit" ℹ️

wgs-mac:mkcert wgs$ ls
my-game-web.p12  rootCA-key.pem   rootCA.pem
```

图 5.10　mkcert 证书生成

在生成过程中，会让你输入密码，这个密码是计算机账号的密码。根据上面的提示，Library/Application Support/mkcert，可以看到下面有 3 个文件 my-game-web.p12、rootCA-key.pem、rootCA.pem。其中，.pem 和 .p12 是两种不同的证书格式，在本书中使用 my-game-web.p12 这个证书，它的密码是默认值：changeit。使用 mkcert 还会自动把证书添加到本地的安全库中，浏览器也可以直接以 HTTPS 访问服务。

2．向第三方认证机构申请 HTTPS 证书

HTTPS 证书目前已是一个商业化的产品，很多互联网公司都提供购买或免费申请的服务，如百度、亚马逊、阿里云等。免费证书和收费证书相比，会有很多限制，比如域名数量、安全性，以及一些其他服务。可以根据自己的业务选择证书。这里以向阿里云申请免费证书为例。

首先登录阿里云官方平台，单击选择产品分类→安全→ SSL 证书→选购证书→免费版（个人）DV →立即购买，价格是 0 元。购买成功之后，单击"申请"，填写必要的信息，单击"下一步"，完成 DNS 验证，提交审核即可。审核通过之后，在证书管理→已签发页可以看到签发的证书，单击"下载"，在右侧可以看到常见的服务器证书类型，如图 5.11 所示。

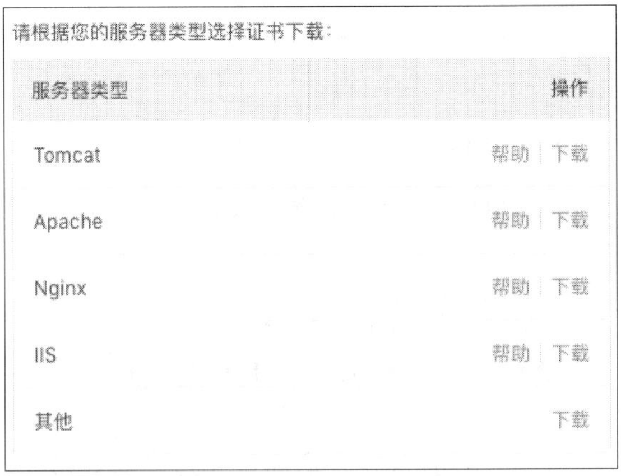

请根据您的服务器类型选择证书下载：	
服务器类型	操作
Tomcat	帮助 | 下载
Apache	帮助 | 下载
Nginx	帮助 | 下载
IIS	帮助 | 下载
其他	下载

图 5.11　选择证书下载

因为本书 Web 服务器网关使用的是 Spring Cloud Gateway，它是基于 Netty 实现的，所以这里选择"其他"下载，解压之后可以看到如下文件。

```
1957751_game.coc88.com.key  1957751_game.coc88.com.pem
```

我们需要的是 PKCS #12 格式的文件，可以使用 openssl 进行格式转换，执行如下命令。

```
openssl pkcs12 -export -out my-game-web.p12 -in 1957751_game.coc88.com.pem -inkey 1957751_game.coc88.com.key -passin pass:'changeit' -passout pass:'changeit'
```

这样就可以生成 my-game-web.p12 证书文件了。密码还是使用默认的 changeit。需要注意的是，因为此证书绑定了特定的域名，在本地使用浏览器访问时，会出现如图 5.12 所示的警告。

图 5.12　警告

5.6.3　网关服务配置 HTTPS 证书

拿到证书之后，需要在 my-game-web-gateway 服务中添加 HTTPS 支持和证书配置。为了方便测试，这里使用本地生成的证书。首先把生成的证书 my-game-web.p12 复制到 my-game-web-gateway 的 config 目录。在 application.yml 添加如下配置。

```
server:
  port: 5001
  ssl:
    enabled: true      # 开启 HTTPS 验证
```

```
key-alias: my-game-web
key-store: config/my-game-web.p12        # 证书配置
key-store-password: changeit             # 证书密码
key-store-type: PKCS12                   # 证书类型
```

由于网关开启了 HTTPS 服务，那么再使用 HTTP 访问的时候就不行了。网关作为一个服务注册到 Consul 服务，Consul 服务会向 Web 服务器网关发送请求，检测 Web 服务器网关的健康状态，并同步获取一些其他的数据。因此要告诉 Consul 服务不能再以 HTTP 的方法访问了，必须以 HTTPS 访问，修改 application.yml 中的 discovery 配置，如下所示。

```
spring:
  application:
    name: game-web-gateway-server
  cloud:
    consul:
      host: localhost
      port: 7777
      discovery:
        prefer-ip-address: true
        ip-address: 127.0.0.1
        register: false        # 因为只有网关会转发到其他服务，所以这里关闭网关向 consul 注册
        scheme: https          # 注册 scheme，这样 consul 会以 HTTPS 的方式访问网关服务
```

5.6.4 测试 HTTPS 访问

1. 浏览器访问测试

在 my-game-center 的 TestController 中添加一个测试方法，简单返回一个字符串即可。代码如下所示。

```
@RestController
@RequestMapping("test")
public class TestController {
    @RequestMapping("https")
```

```
    public Object getHttps() {
        return "Hello ,Https";// 简单返回一个字段串
    }
}
```

然后把请求的 URI 添加到 my-game-web-gateway 的白名单配置中，不然会因为权限验证而返回失败。配置如下所示。

```
gateway:
  filter:
    wrhite-request-uri:      # 网关请求白名单配置
    - /request/10001
    - /test/https
```

分别启动 my-game-web-gateway 和 my-game-center 项目，这时候会有异常 Received fatal alert: bad_certificate，先忽略它，然后在浏览器中输入请求 https://localhost:5001/game-center-server/test/https，本书测试使用的浏览器是 macOS 操作系统的 Safari 浏览器，第一次访问的时候，它会提示不安全，单击"继续访问"，然后根据提示添加信任证书即可。测试结果正常返回。如果使用的是谷歌或火狐的浏览器，按 F12 键，看到的是明文，这是因为数据只有在传输的时候才是密文，在浏览中看到的数据是浏览器解密后的明文。

2．Postman 测试

如果直接在 Postman 中发送请求 https://localhost:5001/game-center-server/request/10001，Postman 会报错，这是因为没有给 Postman 配置服务器证书，配置过证书之后，它才知道如何加密数据发送给服务器。

单击 Postman 右上角的"设置"按钮，如图 5.13 所示。

图 5.13 "设置"按钮

在 General 页面中关闭 SSL certificate verification，然后选择 Certificates，添加证书，选择证书所在的路径，如图 5.14 所示。

图 5.14 Postman 配置证书

然后请求用户登录接口，可以看到消息正常返回，测试成功。

5.7 服务错误异常全局捕获

在 Web 服务器网关转发的过程中，业务服务可能会因为某些原因发生异常，默认情况下，返回的错误信息都是以 HTML 的格式返回给客户端。但是用户中心是作为 Restful 服务的，返回的消息统一是 JSON 格式，如果以 HTML 格式返回，通信协议就不统一了，客户端也解析不了。因此当有异常的时候，应该重新组织返回的错误信息，以 JSON 的格式返回。这样就可以统一与客户端通信的协议格式，服务器也方便记录日志。

5.7.1 默认全局 Web 异常捕获

在 Spring cloud gateway 中，默认使用的错误异常捕获类是 DefaultErrorWebException-Handler，当有错误产生的时候，它会根据当前客户端支持的协议类型来选择返回的信息格式，代码如下所示。

```
@Override
protected RouterFunction<ServerResponse> getRoutingFunction(/** 获取路由返回方式 **/
        ErrorAttributes errorAttributes) {
    return route(acceptsTextHtml(), this::renderErrorView).andRoute
(all(),
```

```
        this::renderErrorResponse);
    }
```

其中 acceptsTextHtml() 是一个 RequestPredicate，如果 RequestPredicate 返回 true，那么就返回 renderErrorView 渲染的 HTML 信息，否则所有的返回由 renderErrorResponse 渲染的 JSON 格式返回。

从源码中可以看到，这些方法都是 protected 修饰的，这样就可以通过继承 DefaultErrorWebExceptionHandler，通过重写这些方法来自定义返回的数据。

5.7.2 自定义全局 Web 异常捕获

当捕获到 Web 的错误异常时，根据需求，需要做以下修改。

（1）以 JSON 格式返回。

（2）返回与业务统一协议格式。

（3）以 200 状态码返回，客户端根据自定义的错误码处理。

首先，添加 GlobalExceptionCatchHandler，让它继承 DefaultErrorWebExceptionHandler，然后重写关键方法，代码如下所示。

```java
public class GlobalExceptionCatchHandler extends DefaultErrorWebExceptionHandler {
    private Logger logger = LoggerFactory.getLogger(GlobalExceptionCatchHandler.class);// 创建日志 logger
    public GlobalExceptionCatchHandler(ErrorAttributes errorAttributes,
ResourceProperties resourceProperties, ErrorProperties errorProperties,
ApplicationContext applicationContext) {
        super(errorAttributes, resourceProperties, errorProperties,
applicationContext);
    }
    @Override
    protected Map<String, Object> getErrorAttributes(ServerRequest
request, boolean includeStackTrace) {/** 当捕获到异常之后，在这里构造返回给客户端的错误内容。这里构造的格式和游戏服务中心服务返回的错误格式是一致的。这样方便客户端对错误信息做统一处理 **/
        Throwable error = super.getError(request);// 获取捕获的异常信息
        Map<String, Object> result = new HashMap<>();
```

```
            // 这里可以根据自己的业务需求添加不同的错误码
            result.put("code", WebGateError.UNKNOWN.getErrorCode());
            // 在枚举中定义错误信息
             result.put("data", WebGateError.UNKNOWN.getErrorDesc() +
"," + error.getMessage());
            logger.error("{}", WebGateError.UNKNOWN, error);
            // 记录异常日志，方便服务器定位问题
            return result;
        }
        @Override
        protected HttpStatus getHttpStatus(Map<String, Object> errorAttributes) {
            // 这里正常返回消息，请客户端根据返回的code做自定义处理
            return HttpStatus.OK;
        }
        @Override
        protected RequestPredicate acceptsTextHtml() {/** 这里指定客户端不接收HTML格式的信息，全部以JSON的格式返回 **/
            return c -> false;
        }
    }
```

接下来配置需要的Bean，使自定义的异常捕获类生效，添加ExceptionCatchConfiguration的代码如下所示。

```
    import org.springframework.beans.factory.ObjectProvider;
    import org.springframework.boot.autoconfigure.web.ResourceProperties;
    import org.springframework.boot.autoconfigure.web.ServerProperties;
    import org.springframework.boot.web.reactive.error.ErrorAttributes;
    import org.springframework.boot.web.reactive.error.ErrorWebExceptionHandler;
    import org.springframework.context.ApplicationContext;
    import org.springframework.context.annotation.Bean;
    import org.springframework.context.annotation.Configuration;
    import org.springframework.core.Ordered;
    import org.springframework.core.annotation.Order;
    import org.springframework.http.codec.ServerCodecConfigurer;
    import org.springframework.web.reactive.result.view.ViewResolver;
    @Configuration
```

```java
public class ExceptionCatchConfiguration {
    private final ServerProperties serverProperties;// 声明需要的参数
    private final ApplicationContext applicationContext;
    private final ResourceProperties resourceProperties;
    private final List<ViewResolver> viewResolvers;
    private final ServerCodecConfigurer serverCodecConfigurer;
    // 以构造方法的方式注入需要的参数
    public ExceptionCatchConfiguration(ServerProperties serverProperties, ResourceProperties resourceProperties, ObjectProvider<List<ViewResolver>> viewResolversProvider, ServerCodecConfigurer serverCodecConfigurer, ApplicationContext applicationContext) {
            this.serverProperties = serverProperties;
            this.applicationContext = applicationContext;
            this.resourceProperties = resourceProperties;
            this.viewResolvers = viewResolversProvider.getIfAvailable(Collections::emptyList);
            this.serverCodecConfigurer = serverCodecConfigurer;
    }
    @Bean
    @Order(Ordered.HIGHEST_PRECEDENCE)// 把 Bean 初始化的优先级设置为最高
    public ErrorWebExceptionHandler errorWebExceptionHandler(ErrorAttributes errorAttributes) {
        // 构造返回的 bean 类
        GlobalExceptionCatchHandler exceptionHandler = new GlobalExceptionCatchHandler(errorAttributes, this.resourceProperties, this.serverProperties.getError(), this.applicationContext);
        exceptionHandler.setViewResolvers(this.viewResolvers);
        exceptionHandler.setMessageWriters(this.serverCodecConfigurer.getWriters());
         exceptionHandler.setMessageReaders(this.serverCodecConfigurer.getReaders());
        return exceptionHandler;
    }
}
```

这样，当 Web 服务器网关启动的时候，就会自动注入 GlobalExceptionCatchHandler 实例，当出现异常时，统一给客户端返回自定义格式的数据。

5.7.3 异常捕获测试

这里以测试一个游戏服务中心未开启为例，只启动 my-game-web-gateway，然后在

Postman 中请求 https://localhost:5001/game-center-server/request/10001。因为游戏服务中心服务未启动，这个时候，网关无法将请求转发到游戏服务中心服务，返回错误如下。

```
{
        "code": -2,
        "data": "网关服务器未知异常,Unable to find instance for game-center-server"
}
```

可以看到，返回的错误格式与用户中心返回的错误格式是一样的，客户端只需要解析返回的协议，根据 code 显示相应的错误信息即可。

5.8　本章总结

本章主要介绍了使用 Spring Cloud Gateway 组件实现 Web 服务器网关的一些功能，比如客户端请求转发、权限验证、流量限制等。这些功能对于所有的服务来说，都是共用的，所以可以在网关这里统一实现。这样业务服务只需要关注实现业务功能就可以了。实现网关的功能之后，利于实现服务的负载均衡，使整个服务系统能够动态伸缩，可以对业务服务进行灵活的部署。

第6章 游戏服务器网关开发

Web 服务需要一个网关，长连接服务同样也需要一个网关，网关的职责基本相同。不同网关的本质区别就是连接方式和通信协议不同，长连接通信协议是自定义的协议格式且连接保持不断开。本章主要开发的功能如下。

- 游戏服务器网关管理。
- 游戏服务器网关与客户端的网络通信开发。
- 网络通信安全。
- 网络连接管理。

接下来，对这些功能进行开发。在实际应用中，需求可能比本章所述的要多，读者根据需要自行添加即可。

6.1 游戏服务器网关管理

游戏用户要进入游戏服务，就需要连接游戏服务器网关。这个时候，用户必须要完成账号登录、游戏区选择（如果是世界服游戏则不需要选择）、角色创建等步骤。客户端要连接网关，需要一个有效的网关 Host 和端口，这就需要对网关进行有效的管理。当客户端需要连接网关时，可以从服务器获取一个网关的信息，因为获取网关信息是一种单次行为，所以可以把网关的管理放到游戏服务中心服务中。

6.1.1 游戏服务器网关必须支持动态伸缩

从游戏用户可见性上划分，一种是分区分服的游戏，一种是世界服的游戏。分区分服的游戏用户被分在不同的逻辑区里面，不同区之间的用户是不可见的，是没有任何关系的。而世界服的游戏用户，类似于大家都在同一个世界里面，可以相互感知到存在，比如在排行榜中可以看到其他用户的排名。

不管是哪种类型的游戏，用户都会越来越多，同时在线的人数也会越来越多。单台服务器网关资源是有限的，只能支持有限用户的连接。对于一个游戏来说，长连接网关必须有多实例服务，对客户端的连接进行负载均衡，这样长连接网关就可以动态伸缩、灵活部署，多网关部署示例如图 6.1 所示。

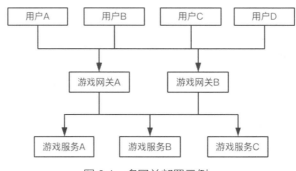

图 6.1　多网关部署示例

网关的动态伸缩也可以防止部分 DDoS 攻击，把流量分散到多个不同的网关上面，防止流量太多导致服务崩溃而丧失服务能力。

客户端想要连接游戏服务器网关，必须从游戏服务中心获取网关的连接信息（IP 和端口），那么游戏服务中心必须拥有所有网关的信息，这些信息可以从 Consul 服务注册中心获取。因此，每个游戏服务器网关在启动服务之后，都必须将自己的连接信息注册到 Consul 服务注册中心上面，这样在游戏服务中心就可以使用服务发现的客户端，然后获取所有注册成功的游戏服务器网关信息。客户端连接网关流程如图 6.2 所示。

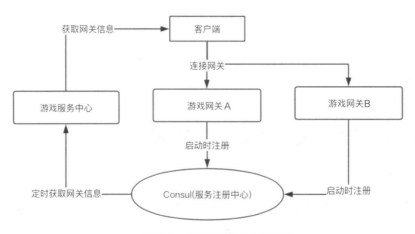

图 6.2　客户端连接网关流程

6.1.2 游戏服务器网关项目搭建与配置

在 my-game-server 中添加子项目 my-game-gateway。然后在 pom.xml 中添加所需要的依赖,配置如下。

```xml
<dependencies>
    <dependency>
        <groupId>org.springframework.boot</groupId>
        <artifactId>spring-boot-starter-actuator</artifactId>
    </dependency>
    <dependency><!--添加公共引用的包 -->
        <groupId>com.game</groupId>
        <artifactId>my-game-common</artifactId>
        <version>0.0.1-SNAPSHOT</version>
    </dependency>
    <dependency><!--添加与客户端通信相关的依赖 -->
        <groupId>com.game</groupId>
        <artifactId>my-game-network-param</artifactId>
        <version>0.0.1-SNAPSHOT</version>
    </dependency>
</dependencies>
```

添加 my-game-gateway 的启动类,代码如下所示。

```java
import org.springframework.boot.SpringApplication;
import org.springframework.boot.autoconfigure.SpringBootApplication;
@SpringBootApplication
public class GameGatewayMain {
    public static void main(String[] args) {
        SpringApplication.run(GameGatewayMain.class, args);
    }
}
```

在 my-game-gateway 下创建 config/application.yml 配置,如下所示。

```
logging:
  config: file:config/log4j2.xml
server:
```

```yaml
    port: 6002
spring:
  application:
    name: game-gateway-001
  cloud:
    consul:
      host: localhost
      port: 7777
      discovery:
        prefer-ip-address: true
        ip-address: 127.0.0.1
        register: true     # 将游戏服务器网关作为服务节点，注册到 Consul 上面
        service-name: game-gateway    # 注册到 Consul 上面的服务名称，用于区分此服务是否为游戏服务器网关
        health-check-critical-timeout: 30s
        tags:
        - gamePort=${game.gateway.server.config.port}   # 自定义数据，游戏服务器网关的长连接端口
        - weight=3    # 游戏服务器网关权重
game:
  gateway:
    server:
      config:
        port: 6003    # 游戏服务器网关的长连接端口，这里的数据是自定义配置
```

在上面的配置中，server.port 是 Web 服务的端口，是游戏服务器网关作为 Spring Cloud Service Instance 时使用的端口。在游戏中，客户端连接到游戏服务器网关时，需要一个长连接的端口，这个端口信息也需要随游戏服务器网关的其他信息一起注册到 Consul 服务中，这样游戏服务中心才能获取到这个端口。客户端请求获取连接的网关信息时，把网关的 IP 和端口分配给客户端。

目前 Consul 服务并不支持元数据（自定义数据结构）注册，但是 Spring Cloud 的 ServiceInstance 对象中有一个 Map<String,String> metadata 字段用来存放一些元数据。在 Consul 支持元数据注册之前，可以使用 application.yml 中 spring.cloud.consul.discovery.tags 配置，作为元数据使用，可以添加一些自定义的数据，随服务信息一起注册到 Consul 中，它的格式是 key=value 列表，如上面配置所示。

另外对于服务的治理，需要实现服务列表的增减，能及时被客户端感知到。比如，一开始只启动了一个游戏服务器网关，一段时间后，由于某个原因，需要再增加一台游戏服务器网关，当新的游戏服务器网关注册到 Consul 之后，就会自动添加到注册服务列表中，

Consul 客户端在获取注册的服务列表时，会获取到最新的服务列表。

相反，如果一段时间后，需要关闭一个游戏服务器网关服务实例，这个游戏服务器网关服务实例的注册信息应该从 Consul 的注册列表中注销，这样就可以防止把一个关闭的游戏服务器网关服务实例信息分配给客户端，导致客户端连接失败。在 application.yml 中，默认自动注册游戏服务器网关到 Consul，但是如果把游戏服务器网关关闭一个，却不会自动注销掉，需要添加配置 health-check-critical-timeout: 30s，这个表示如果 30s 内，Consul 对这个游戏服务器网关的健康检查还是失败的话，就会从注册列表中移除。

接下来，可以启动游戏服务器网关项目 my-game-gateway 的两个实例（注意，两个实例的 server.port 需要不同，因为是在同一台计算机上面启动的，后面的长连接端口亦是如此），通过 Consul 的管理界面 http://localhost:7777/ui/dc1/services/game-gateway，可以看到两个实例都注册成功了，如图 6.3 所示。

图 6.3　游戏服务器网关实例注册 Consul 成功

6.1.3　游戏服务器网关信息缓存管理

当客户端需要连接游戏服务器网关的时候，需要请求游戏服务中心获取一个合适的游戏服务器网关连接信息，在游戏服务中心启动的时候，需要从 Consul 服务注册中心中获取所有的游戏服务器网关实例（ServiceInstance）的注册信息。然后把这些信息组织成游戏服务器网关信息列表，缓存在游戏服务中心服务，在 my-game-center 项目中添加游戏服务器网关信息存储类，代码如下所示。

```
public class GameGatewayInfo {
    private int id; // 唯一 ID
```

```
        private String ip; // 网关 IP 地址
        private int port; // 网关端口
        @Override
        public String toString() {
            return "GameGatewayInfo [id=" + id + ", ip=" + ip + ", port="
+ port + "]";
        }
    // 省略 get/set 方法
    }
```

然后在 my-game-center 中添加游戏服务器网关服务类 GameGatewayService，这个类的职责如下。

（1）在服务启动之后，从服务发现组件中刷新网关服务实例列表。

（2）实现负载均衡策略，根据角色 ID（playerId）选择返回一个合适的网关信息。

（3）保证同一个角色 ID 在一定时间内获取的都是同一个网关信息。

（4）定时刷新网关服务实例列表，使网关服务列表保持最新状态。

代码如下所示。

```
    @Service
    public class GameGatewayService implements ApplicationListener<
HeartbeatEvent> {
        private Logger logger = LoggerFactory.getLogger(GameGatewayService.
class);
        private List<GameGatewayInfo> gameGatewayInfoList;
        // 参与网关分配的网关集合
        @Autowired
        private DiscoveryClient discoveryClient; // 注入服务发现客户端实例
        private LoadingCache<Long, GameGatewayInfo> userGameGateway
Cache;// 用户分配到的网关缓存
        @PostConstruct   // 添加初始化注解，表示在扫描完 Bean 之后，初始化数据
        public void init() {
            this.refreshGameGatewayInfo();/** 在服务启动成功之后，获取网关
服务实例列表信息 **/
            /** 初始化用户分配的游戏服务器网关信息缓存。最大缓存数为 20000，每个
缓存有效时间是 2h，这个后期可以优化到配置文件中 **/
            userGameGatewayCache = CacheBuilder.newBuilder().maximumSize
(20000).expireAfterAccess(2, TimeUnit.HOURS).build(new CacheLoader<Long,
GameGatewayInfo>() {
```

```java
            @Override
    public GameGatewayInfo load(Long key) throws Exception {
        // 如果不存在,从当前的网关服务列表中选择一个网关信息
                GameGatewayInfo gameGatewayInfo = selectGameGateway
(key);
                return gameGatewayInfo;
            }
        });
    }
    private void refreshGameGatewayInfo() {// 刷新游戏服务器网关列表信息
        /** 根据service-name 获取服务信息,这里的service-name 就是在
application.yml 中配置的service-name**/
        List<ServiceInstance> gameGatewayServiceInstances =
discoveryClient.getInstances("game-gateway");
        logger.debug("获取游戏服务器网关配置成功,{}", gameGatewayService
Instances);
        List<GameGatewayInfo> initGameGatewayInfoList = new ArrayList<>();
        AtomicInteger gameGatewayId = new AtomicInteger(1);// ID自增
        gameGatewayServiceInstances.forEach(instance -> {
            int weight = this.getGameGatewayWeight(instance);
            for (int i = 0; i < weight; i++) {/** 根据权重初始化游戏服务
器网关数量**/
                int id = gameGatewayId.getAndIncrement();
                GameGatewayInfo gameGatewayInfo = this.newGame
GatewayInfo(id, instance);// 构造游戏服务器网关信息类
                initGameGatewayInfoList.add(gameGatewayInfo);
            }
        });
        Collections.shuffle(initGameGatewayInfoList);
        // 打乱顺序,让游戏服务器网关分布更均匀
        this.gameGatewayInfoList = initGameGatewayInfoList;
        // 更新网关服务信息列表
    }
}
```

DiscoveryClient 是服务注册发现服务的客户端类,这里面保存了所有的最新的服务注册列表。我们只需要游戏服务器网关服务的信息,所以使用的discoveryClient.getInstances("game-gateway"); 方法只获取服务实例名为game-gateway 的服务,game-gateway 是在游戏服务器网关服务my-game-gateway 的config/application.yml 中配置的

service-name。

如果在服务运行过程中,有新的游戏服务器网关服务实例启动或关闭了之前正在运行的某个网关服务实例,为了保证缓存的网关服务实例列表的正确性,必须使用一种刷新机制。即当服务注册中心的网关服务实例信息列表发生变化时,游戏服务中心缓存的网关服务实例信息列表也必须随之变化,保持一致。

DiscoveryClient 会定时从服务注册中心 Consul 中同步最新的服务注册列表,定时的时间间隔在 my-game-center 的 config/application.yml 中配置,就是 spring.cloud.consul. discovery. catalog-services-watch-delay:10000,此配置表示 DiscoveryClient 会每隔 10s 从服务注册中心 Consul 中刷新一次服务注册列表。

在完成一次刷新之后,会发布一个 HeartbeatEvent 事件,可以监听这个事件,如果收到这个事件了,重新刷新游戏服务器网关信息列表即可。在 GameGatewayService 类中添加事件监听,代码如下所示。

```
@Override
public void onApplicationEvent(HeartbeatEvent event) {
    this.refreshGameGatewayInfo();/** 根据HeartbeatEvent 事件,刷新游戏服务器网关列表信息 **/
}
```

注意,这个时候 GameGatewayService 需要继承 ApplicationListener 接口,如下所示。

```
@Service
public class GameGatewayService implements ApplicationListener<HeartbeatEvent>
```

在刷新网关服务实例信息列表的时候,下面这样的写法是错误的。

```
AtomicInteger gameGatewayId = new AtomicInteger(1);// ID自增
 this.gameGatewayInfoList.clear();// 先清理旧列表
 gameGatewayServiceInstances.forEach(instance -> {
    int weight = this.getGameGatewayWeight(instance);
    for (int i = 0; i < weight; i++) {// 根据权重初始化游戏服务器网关数量
        int id = gameGatewayId.getAndIncrement();
        GameGatewayInfo gameGatewayInfo = this.newGameGatewayInfo
```

```
(id, instance);// 构造游戏服务器网关信息类
                //initGameGatewayInfoList.add(gameGatewayInfo);
                this.gameGatewayInfoList.add(gameGatewayInfo);/** 添加新的网
关信息 **/
            }
        });
        Collections.shuffle(initGameGatewayInfoList);/** 打乱顺序，让游戏服务器
网关分布更均匀 **/
        this.gameGatewayInfoList = initGameGatewayInfoList;
```

这样写会导致多线程操作并发异常。有可能一个线程正在准备从列表中取值，而此时列表刷新了，列表长度可能发生变化，导致该线程取值索引越界异常。

6.1.4 游戏服务器网关负载均衡策略

游戏服务器网关的负载均衡策略是指当客户端需要连接网关时，管理者根据一定网关信息选择策略，给客户端分配一个有效的网关地址。有效的意思是分配到的网关地址尽量保证是可用的，如果某个网关因为某些原因宕机了，管理者需要感知到，并不再把这些网关地址分配给客户端。这个可以通过 Consul 服务注册中心来实现，游戏服务器网关在启动的时候，作为一个服务注册到 Consul 中，在游戏服务中心服务启动的时候，去 Consul 中定时获取有效的网关服务信息列表。网关的负载均衡策略也是基于这个有效的网关信息列表。

同一个游戏用户最好是能固定连接到同一个网关上面，这样便于对这个用户的请求进行管理，防止同一个客户端在一定时间内和不同的网关建立连接，导致角色在不同的服务上面加载，造成数据不一致或数据并发操作的现象。

常用的一种负载均衡策略是哈希求余法，即根据用户的 playerId 的 hashCode 和配置的网关服务实例列表数量求余获得一个列表的索引，然后根据索引从列表中获取网关服务实例信息。为了便于调整网关的连接数，可以给网关信息添加一个权重配置，如果权重大，则被分配到的机会就大。

如果游戏服务器网关信息列表发生了变化（增加或减少），或客户端因为某种原因连接断开又重新登录，上面的算法会使相同的客户端被分配到不同的游戏服务器网关信息。为了解决这些问题，可以在服务中心缓存第一次分配到的网关信息，在一定时间内，客户端请求获取游戏服务器网关信息时，拿到的都是同一个网关信息。

另外，游戏服务器网关信息有可能因为游戏服务器网关关闭，而从游戏服务器网关信息列表中移除。因此在返回给客户端游戏服务器网关信息时，需要进行检测，这个游戏服务器网关的信息是否还在游戏服务器网关信息列表中。如果不存在，说明已失效了，需要重新分配游戏服务器网关信息。在 GameGatewayService 添加获取网关服务实例信息的请求，代码如下所示。

```java
    public GameGatewayInfo getGameGatewayInfo(Long playerId) throws ExecutionException {// 向客户端提供可以使用的游戏服务器网关信息
        GameGatewayInfo gameGatewayInfo = userGameGatewayCache.get(playerId);
        if (gameGatewayInfo != null) {
            List<GameGatewayInfo> gameGatewayInfos = this.gameGatewayInfoList;
            /** 检测缓存的网关是否还有效，如果已被移除，从缓存中删除，并重新分配一个游戏服务器网关信息 **/
            if (!gameGatewayInfos.contains(gameGatewayInfo)) {
                userGameGatewayCache.invalidate(playerId);
                gameGatewayInfo = userGameGatewayCache.get(playerId); // 这时，缓存中已不存在 playerId 对应的值，会重新初始化
            }
        }
        return gameGatewayInfo;
    }
    private GameGatewayInfo selectGameGateway(Long playerId) {/** 从游戏服务器网关列表中选择一个游戏服务器网关信息返回 **/
        // 再次声明，防止游戏服务器网关列表发生变化，导致数据不一致
        List<GameGatewayInfo> temGameGatewayInfoList = this.gameGatewayInfoList;
        if (temGameGatewayInfoList == null || temGameGatewayInfoList.size() == 0) {
            throw GameErrorException.newBuilder(GameCenterError.NO_GAME_GATEWAY_INFO).build();
        }
        int hashCode = Math.abs(playerId.hashCode());
        int gatewayCount = temGameGatewayInfoList.size();
        int index = hashCode % gatewayCount;
        return temGameGatewayInfoList.get(index);
    }
```

然后在 UserController 里面添加获取游戏服务器网关信息的对外接口，代码如下所示。

```
@PostMapping(MessageCode.SELECT_GAME_GATEWAY)
    public ResponseEntity<GameGatewayInfoMsg> selectGameGateway
(@RequestBody SelectGameGatewayParam param) throws ExecutionException {
        param.checkParam();
    long playerId = param.getPlayerId();
        GameGatewayInfo gameGatewayInfo = gameGatewayService.
getGameGatewayInfo(playerId);
        logger.debug("player {} 获取游戏服务器网关信息成功：{}", playerId,
gameGatewayInfo);
         GameGatewayInfoMsg gameGatewayInfoMsg = new GameGatewayInfo
Msg(gameGatewayInfo.getId(), gameGatewayInfo.getIp(), gameGatewayInfo.
getPort());
        String token = playerService.createToken(param);
        gameGatewayInfoMsg.setToken(token);
        ResponseEntity<GameGatewayInfoMsg> responseEntity = new
ResponseEntity<>(gameGatewayInfoMsg);
        return responseEntity;
    }
```

这样，当客户端需要连接游戏服务器网关时，就可以从游戏服务中心获取有效的游戏服务器网关信息了。

6.1.5 测试游戏服务器网关信息

这里为了方便测试，不再启动游戏服务中心的网关服务了。使用 Postman 直接请求游戏服务中心服务，也不需要用户验证，直接构造测试数据即可。在正式部署中，为了安全，外网是不可以访问游戏服务中心服务的，需要通过游戏服务中心网关服务验证之后转发访问。

现在启动两个游戏服务器网关服务实例（my-game-gateway）和游戏服务中心服务（my-game-center）。在 Postman 中访问 http://localhost:5003/request/10003，并在 Body 中设置参数，获取游戏服务器网关信息，如图 6.4 所示。

图 6.4　获取游戏服务器网关信息

在游戏服务中心的控制台上，可以看到每 10s 左右，会重新获取一次新的游戏服务器网关信息列表，如下所示。

```
2019-04-03 10:39:52 DEBUG com.mygame.center.service.GameGatewayService
- 获取游戏服务器网关配置成功,[DefaultServiceInstance{instanceId= 'game-gateway-
001-6000', serviceId='game-gateway', host='127.0.0.1', port=6000, s
  ecure=false, metadata={gamePort=6001, weight=3, secure=false}},
DefaultServiceInstance{instanceId='game-gateway-001-6002', serviceId='game-
gateway', host='127.0.0.1', port=6002, secure=false, metadata
  ={gamePort=6003, weight=3, secure=false}}]
2019-04-03 10:40:04 DEBUG com.mygame.center.service.
GameGatewayService - 获取游戏服务器网关配置成功,[DefaultServiceInstance
{instanceId='game-gateway-001-6000', serviceId='game-gateway',
host='127.0.0.1', port=6000, s
  ecure=false, metadata={gamePort=6001, weight=3, secure=false}},
DefaultServiceInstance{instanceId='game-gateway-001-6002', serviceId='game-
gateway', host='127.0.0.1', port=6002, secure=false, metadata
  ={gamePort=6003, weight=3, secure=false}}]
```

然后关闭其中一个游戏服务器网关服务实例，30s 后，就会发现获取的新游戏服务器网关列表中已移除了关闭的服务，如下所示。

```
    2019-04-03 10:45:03 DEBUG com.mygame.center.service.GameGatewayService
- 获取游戏服务器网关配置成功,[DefaultServiceInstance{instanceId='game-gateway-001-
6000', serviceId='game-gateway', host='127.0.0.1', port=6000, s
    ecure=false, metadata={gamePort=6001, weight=3, secure=false}}]
    2019-04-03 10:45:15 DEBUG com.mygame.center.service.GameGatewayService
- 获取游戏服务器网关配置成功,[DefaultServiceInstance{instanceId='game-gateway-
001-6000', serviceId='game-gateway', host='127.0.0.1', port=6000, s
    ecure=false, metadata={gamePort=6001, weight=3, secure=false}}]
```

然后，启动另一个游戏服务器网关，10s 之后，发现获取的游戏服务器网关列表与第一次启动时一样。说明新启动的游戏服务器网关服务，已成功添加到游戏服务器网关信息列表中。

通过上面的测试，验证了游戏服务中心对游戏服务器网关的负载均衡管理，当游戏服务器网关关闭或启动时，也在一定时间内同步到了游戏服务中心。

6.2 客户端与游戏服务器网关通信开发

现在开始实现客户端与游戏服务器网关的网络通信功能，即客户端向游戏服务中心获取一个游戏服务器网关服务实例信息，然后通过 Socket 连接网关，向网关发送消息，游戏服务器网关返回相应的结果。这个过程需要对协议进行编码解码、协议的加密/解密、连接认证、心跳检测等操作。

6.2.1 客户端项目创建

为了方便开发，本书使用 Java 模拟游戏客户端。由于客户端需要与用户交互，所以客户端要能让用户输入要执行的指令，类似于单击某个按钮，触发某个请求，然后向服务器发送请求，这个功能可以使用 Spring Shell 开源组件快速实现一个命令窗口的客户端，用户可以在命令窗口中输入指令，实现某些操作。

在 my-game-server 下创建子项目 my-game-client，在 pom.xml 中添加依赖，如下所示。

```
    <dependencies>
        <dependency>
```

```xml
            <groupId>com.game</groupId>
            <artifactId>my-game-common</artifactId>
            <version>0.0.1-SNAPSHOT</version>
        </dependency>
        <dependency>
            <groupId>com.game</groupId>
            <artifactId>my-game-network-param</artifactId>
            <version>0.0.1-SNAPSHOT</version>
        </dependency>
        <dependency>
             <groupId>org.springframework.shell</groupId>
             <artifactId>spring-shell-starter</artifactId>
             <version>2.0.1.RELEASE</version>
        </dependency>
    </dependencies>
```

为了方便客户端与服务器通信，把请求消息和响应消息都封装为具体的类，放在 my-game-network-param 公共项目中，方便客户端与服务器项目同时引用。

然后在 my-game-client 项目下面创建 config/application.yml 和 log4j2.xml 配置文件，并添加配置，如下所示。

```
logging:
  config: file:config/log4j2.xml
spring:
  application:
name: game-client
cloud:
    consul:
      discovery:
        enabled: false    # 测试客户端不作为一个 Spring Cloud 中的一个服务被
发现，所以它不用连接 Consul，获取服务实例列表
```

在客户端运行过程中，有时候需要根据不同的环境使用不同的参数，为了方便地修改这些参数，需要把这些参数放到配置文件中，这样修改之后重启客户端即可生效，不需要重新打包。在项目中添加一个数据配置类，把一些参数放到这个配置类中，随着项目的开发，此配置类中会持续添加更多的配置，这里不再一一说明。

这里使用的是 Spring Boot 自动加载的配置类，这个配置类可以对应 application.yml

中的配置信息，在服务器启动的时候，自动加载到内存中。在内存中，这个配置类是一个单例。代码如下所示。

```java
@Configuration    // 标记为一个配置类
@ConfigurationProperties(prefix = "game.client.config")   /** 添加在application.yml 配置参数的前缀 **/
public class GameClientConfig {
    private int workThreads = 16;// 客户端处理数据的线程数
    private int connectTimeout = 10;// 连接超时时间，单位为 s
    private String defaultGameGatewayHost = "localhost";/** 默认提供的游戏服务器网关地址：localhost**/
    private int defaultGameGatewayPort = 6001;/** 默认提供的游戏服务器网关的端口：6001**/
    private boolean useGameCenter;/** 是否使用服务中心，如果返回 false, 则使用默认游戏服务器网关，不从服务中心获取网关信息；返回 true, 则从服务中心获取网关信息 **/
    private String gameCenterUrl = "http://localhost:5003";/** 游戏服务中心地址，默认是 http://localhost:5003**/
    // 省略 get/set 方法
}
```

在客户端启动之后，模拟从游戏服务中心获取可以连接的网关信息。由于需要使用 HTTP 请求，所以在 my-game-common 中添加公共 HTTP 工具类，即 GameHttpClient 类，使用 Apache HttpClient 组件并且以 POST 方式发送 HTTP 请求，代码如下所示。

```java
public class GameHttpClient {
    private static Logger logger = LoggerFactory.getLogger(GameHttpClient.class);
    // 连接池管理
    private static PoolingHttpClientConnectionManager poolConnManager = null;
    private static CloseableHttpClient httpClient;// 它是线程安全的
    static {
        try {
            SSLContextBuilder builder = new SSLContextBuilder();
            builder.loadTrustMaterial(null, new TrustSelfSignedStrategy());
            SSLConnectionSocketFactory sslsf = new SSLConnectionSocketFactory(builder.build());
            // 配置同时支持 HTTP 和 HTTPS
```

```java
                Registry<ConnectionSocketFactory> socketFactoryRegistry
= RegistryBuilder.<ConnectionSocketFactory>create().register("http",
PlainConnectionSocketFactory.getSocketFactory()).register("https",
sslsf).build();
                // 初始化连接管理器
                poolConnManager = new PoolingHttpClientConnectionManager
(socketFactoryRegistry);
                poolConnManager.setMaxTotal(640);// 同时最多连接数
                poolConnManager.setDefaultMaxPerRoute(320); // 设置最大路由
                httpClient = getConnection();
                logger.debug("GameHttpClient 初始化成功 ");
            } catch (Exception e) {
                e.printStackTrace();
                logger.error("GameHttpClient 初始化失败 ",e);
            }
    }
        public static CloseableHttpClient getConnection() { // 获取连接
            RequestConfig config = RequestConfig.custom().setConnectTimeout
(5000).setConnectionRequestTimeout(5000).setSocketTimeout(5000).
build();// 统一设置连接参数，也可能修改为通过配置传入参数
            CloseableHttpClient httpClient = HttpClients.custom()
                    .setConnectionManager(poolConnManager)
    // 设置连接池管理、配置、重试次数
                    .setDefaultRequestConfig(config)
                    .setRetryHandler(new DefaultHttpRequestRetryHandler
(2, false)).build();
            return httpClient;
        }
        public static String post(String uri, Object params, Header...
heads) {
            HttpPost httpPost = new HttpPost(uri);
            CloseableHttpResponse response = null;
            try {
                StringEntity paramEntity = new StringEntity(JSON.
toJSONString(params));
                paramEntity.setContentEncoding("UTF-8");
                paramEntity.setContentType("application/json");
                httpPost.setEntity(paramEntity);
                if (heads != null) {
                    httpPost.setHeaders(heads);
                }
```

```
                response = httpClient.execute(httpPost);
                int code = response.getStatusLine().getStatusCode();
                String result = EntityUtils.toString(response.getEntity());
                if (code == HttpStatus.SC_OK) {
                    return result;
                } else {
                    logger.error("请求{}返回错误码:{},请求参数:{},{}", uri, code, params,result);
                    return null;
                }
            } catch (IOException e) {
                logger.error("收集服务配置http请求异常", e);
            } finally {
                try {
                    if(response != null) {
                        response.close();
                    }
                } catch (IOException e) {
                    e.printStackTrace();
                }
            }
            return null;
        }
    }
```

这里使用了 HttpClient 的连接池管理，可以支持高并发请求。

然后在 my-game-client 中添加 GameClientInitService 类，在这个类中实现客户端启动后的一些初始化操作，代码如下所示。

```
    public class GameClientInitService {
         private Logger logger = LoggerFactory.getLogger(GameClientInitService.class);
        @Autowired
        private GameClientConfig gameClientConfig;
        @PostConstruct
        public void init() {// 服务启动之后，自动调用这个方法
            this.selectGateway();
    }
```

```java
    private void selectGateway() {
        if (gameClientConfig.isUseGameCenter()) {
            // 因为是测试环境,这里使用一些默认参数
            SelectGameGatewayParam param = new SelectGameGatewayParam();
            param.setOpenId("test_openId");
            param.setPlayerId(1);
            param.setUserId(1);
            param.setZoneId("1");
            GameGatewayInfoMsg gateGatewayMsg = this.selectGatewayInfoFromGameCenter(param);
            // 替换默认的游戏服务器网关信息
            if (gateGatewayMsg != null) {
                gameClientConfig.setDefaultGameGatewayHost(gateGatewayMsg.getIp());
                gameClientConfig.setDefaultGameGatewayPort(gateGatewayMsg.getPort());
                gameClientConfig.setGatewayToken(gateGatewayMsg.getToken());
                gameClientConfig.setRsaPrivateKey(gateGatewayMsg.getRsaPrivateKey());
            } else {
                throw new IllegalArgumentException("从游戏服务中心获取游戏服务器网关信息失败,没有可使用的游戏服务器网关信息");
            }
        }
    }
    public GameGatewayInfoMsg selectGatewayInfoFromGameCenter(SelectGameGatewayParam selectGameGatewayParam) {
        // 构造请求游戏服务中心的 URI
        String uri = gameClientConfig.getGameCenterUrl() + CommonField.GAME_CENTER_PATH + MessageCode.SELECT_GAME_GATEWAY;
        String response = GameHttpClient.post(uri, selectGameGatewayParam);
        if (response == null) {
            logger.warn("从游戏服务中心 [{}] 获取游戏服务器网关信息失败", uri);
            return null;
        }
        ResponseEntity<GameGatewayInfoMsg> responseEntity = ResponseEntity.parseObject(response, GameGatewayInfoMsg.class);// 转换数据
        GameGatewayInfoMsg gateGatewayMsg = responseEntity.getData();
        return gateGatewayMsg;
    }
}
```

为了解析游戏服务中心返回的消息，这里对 ResponseEntity 进行一些改造，添加一个静态的 JSON 转对象的方法，并添加错误信息字段，详细的测试代码可以参考源码。上面根据 isUseGameCenter 判断是否需要从游戏服务中心获取连接的网关信息，如果返回 false，则使用 GameClientConfig 配置中默认的配置信息。

要与服务器进行网络通信，客户端必须与其建立 Socket 连接。这里使用 Netty 的客户端组件与服务器建立 Socket 长连接。它比原生的 Java Socket 使用起来更加方便、灵活。代码如下所示。

```
@Service
public class GameClientBoot {
    @Autowired
    private GameClientConfig gameClientConfig; // 客户端配置
    @Autowired
    private GameMessageService gameMessageService;
    private Bootstrap bootStrap;
    private EventLoopGroup eventGroup;
    private Logger logger = LoggerFactory.getLogger(GameClientBoot.class);
    private Channel channel;
    public void launch() {
        eventGroup = new NioEventLoopGroup(gameClientConfig.getWorkThreads());// 从配置中获取处理业务的线程数
        bootStrap = new Bootstrap();
        bootStrap.group(eventGroup).channel(NioSocketChannel.class).option(ChannelOption.TCP_NODELAY, true).option(ChannelOption.SO_KEEPALIVE, true).option(ChannelOption.CONNECT_TIMEOUT_MILLIS, gameClientConfig.getConnectTimeout() * 1000).handler(new ChannelInitializer<Channel>() {
            @Override
            protected void initChannel(Channel ch) throws Exception {
                ch.pipeline().addLast("EncodeHandler", new EncodeHandler(gameClientConfig));// 添加编码
                ch.pipeline().addLast(new LengthFieldBasedFrameDecoder(1024 * 1024 * 4, 0, 4, -4, 0));// 添加拆包
                ch.pipeline().addLast("DecodeHandler", new DecodeHandler());// 添加解码
                ch.pipeline().addLast("responseHandler", new ResponseHandler(gameMessageService));// 将响应消息转化为对应的响应对象
                ch.pipeline().addLast(new DispatchGameMessageHandler
```

```
(dispatchGameMessageService));// 添加逻辑处理
            }
        });
        ChannelFuture future = bootStrap.connect(gameClientConfig.
getDefaultGameGatewayHost(), gameClientConfig.getDefaultGameGatewayPort());
        channel = future.channel();
        future.addListener(new ChannelFutureListener() {
            @Override
            public void operationComplete(ChannelFuture future)
throws Exception {
                if (future.isSuccess()) {
                    logger.debug("连接{}:{}成功,channelId:{}",
gameClientConfig.getDefaultGameGatewayHost(),
                            gameClientConfig.getDefaultGame
GatewayPort(), future.channel().id().asShortText());
                } else {
                    Throwable e = future.cause();
                    logger.error("连接失败-{}", e);
                }
            }
        });
    }
    public Channel getChannel() {
        return channel;
    }
}
```

然后添加客户端的启动代码，代码如下所示。

```
@SpringBootApplication(scanBasePackages = {"com.mygame"})/**Spring基于
com.mygame包扫描**/
public class GameClientMain {
    public static void main(String[] args) {
        SpringApplication app = new SpringApplication(GameClientMain.
class);
        app.setWebApplicationType(WebApplicationType.NONE);/** 客户端
不需要是一个Web服务 **/
        app.run(args); /** 需要注意的是，由于客户端使用了Spring Shell，它会
阻塞此方法，程序不会再往下执行了。所以这下面就不要添加执行的代码了，添加了也不会执行 **/
    }
}
```

6.2.2 网络通信数据粘包与断包

客户端与服务器通信的底层协议是 TCP/IP，它提供的是一种可靠、有序的长连接数据流服务。在网络通信中，传输的数据都是二进制形式的数据流，比如 101010101010110101。这种数据流是无法靠人眼直接读懂的，需要靠程序解析。但是怎么样解析，就需要一套应用层的协议来决定了，也就是数据通信协议。

在通信中，数据有两种状态的变化，一个叫序列化，一个叫反序列化。发送端将可读的数据转换成网络传输的二进制数据，这一步叫序列化，也叫消息编码。相反，在接收端，需要将网络传输的二进制数据转换为可读取的对象，这一步就叫反序列化，也叫消息解码。它们都表示数据形态的转换。

发送端发送一次数据，需要定义一个发送的数据包，在服务器需要完整地接收这个数据包。根据数据包大小和 TCP 发送规则，有可能出现粘包和断包的问题，它会导致在接收端不能一次性取出一个完整的数据包，需要一个合理的拆包方法。出现粘包和断包的原因有以下 3 种情况。

1．Nagle 算法

TCP/IP 中，无论发送多少数据，总是要在数据前面加上协议头，同时，对方接收到数据，也需要发送 ACK 表示确认。为了充分利用网络带宽，TCP 总是希望发送足够大的数据。（一个连接会设置 MSS 参数，因此，TCP/IP 希望每次都能够以 MSS 尺寸的数据块来发送数据。）Nagle 算法就是为了尽可能发送大块数据，避免网络中充斥着许多小数据块。

Nagle 算法的基本定义是任意时刻，最多只能有一个未被确认的小段。所谓"小段"，指的是小于 MSS 尺寸的数据块；所谓"未被确认"，是指一个数据块发送出去后，没有收到对方发送的 ACK 确认该数据已收到。Nagle 算法的规则。

（1）如果包长度达到 MSS，则允许发送。

（2）如果该包含有 FIN，则允许发送。

（3）如果设置了 TCP_NODELAY 选项，则允许发送。

（4）未设置 TCP_CORK 选项时，若所有发出去的小数据包（包长度小于 MSS）均被确认，则允许发送。

（5）如果上述条件都未满足，但发生了超时（一般为 200ms），则立即发送。

Nagle 不仅会导致数据包合并，而且有可能延迟发送数据，所以在游戏服务器中，为了减少数据延迟的情况，都会关闭 Nagle 算法。

2．网络通信的 MSS/MTU 算法

最大报文长度（Maximum Segment Size，MSS），表示 TCP 报文中数据部分的最大长度，是 TCP 在 OSI 七层参考模型中传输层（transport layer）对一次可以发送的最大数据的限制。最大传输单元（Maximum Transmission Unit，MTU），是 OSI 七层参考模型中数据链路层（datalink layer）对一次可以发送的最大数据的限制。当需要传输的数据大于 MSS 或者 MTU 时，数据会被拆分成多个包进行传输。

3．Socket 缓冲区和滑动窗口

在 Socket 通信中，数据并不是直接发送到网络中的，每个 Socket 连接在内存中都有一个发送缓冲区（SO_SNDBUF）和一个接收缓冲区（SO_RCVBUF）。当进程发送数据时（比如调用了 Socket 的 send 方法），会先将数据复制到 Socket 在内核的发送缓冲区，然后 send 方法就会返回，也就是说，在 Socket 发送返回时，数据并没有发送到接收端。仅仅是把应用层要发送的数据复制到 Socket 的内核缓冲区。而在接收端，网络发送过来的数据会先缓存在 Socket 的接收缓冲区之中。如果应用层一直没有从内核缓冲区读取数据，则数据会一直存放在 Socket 的内核缓冲区。

对于滑动窗口，在 TCP 链接完成三次握手之后，接收端和发送端都会将自己的窗口大小（即 SO_RCVBUF 的值）告诉对方。之后在发送的时候，发送方必须要先确认接收方的窗口是否已满，如果没有填满，则可以发送数据。

每次发送数据后，发送方将自己维护的对方窗口减小，表示对方的 SO_RCVBUF 可用空间变小。当接收方开始处理 SO_RCVBUF 中的数据时，会将数据从 Socket 内核中的接收缓冲区读出。此时接收方的 SO_RCVBUF 可用空间变大，即接收端窗口变大，接收方会在 ACK 消息中将自己最新的窗口大小返回给发送方。最后发送方将自己维护的接收方的窗口大小设置为 ACK 消息返回的窗口大小。

此外，发送方可以连续地给接收方发送消息，只要保证对方的 SO_RCVBUF 空间可以缓存数据即可，即本地维护的接收端的窗口大小大于 0。当接收方的 SO_RCVBUF 被填充满时，窗口大小等于 0，发送方不能再继续发送数据，要等待接收方 ACK 消息，以获

得最新可用的窗口大小。

基于这些规则，来看一下为什么会产生粘包和断包。假如这时发送端要发送一个 128 字节的完整数据包，由于接收方数据处理得不及时，这时在 Socket 的缓冲区中会缓存接收到的 128 字节数据，如果这个时候接收到了 3 个这样的数据包，则在缓存区中会缓存 128 字节 ×3 大小的数据，这就造成了粘包。

假设现在接收缓冲区中，窗口大小只剩下 64 字节，意味着发送方只能发送 64 字节的数据，因为发送端需要发送 128 字节的数据，那么这时剩下的 64 字节数据只能在收到 ACK 的时候，接收端窗口大小大于 0 时，才可以继续发送，这就导致了断包。

综上所述，如果发送两个数据包，P1 和 P2，发送端与接收端的缓冲区的状态会有以下几种情况，如图 6.5 所示。

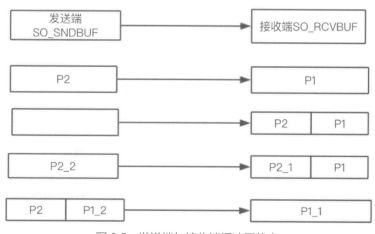

图 6.5　发送端与接收端缓冲区状态

第一种情况是发送了一个完整的包。第二种情况是在接收端缓冲区缓存了两个数据包，导致了粘包。第三种情况是第二个包只发送了一部分到接收端，导致断包。第四种情况是第一个包只发送了一部分，导致了断包。

6.2.3　网络通信协议制定

TCP 发送的数据都是无界有序的数据流，为了使接收端能方便地读取一个完整的数据包，需要制定一份数据包构造的协议，发送端和接收端都按照同一份协议对数据进行操作。要获得一个完整的数据包，必须知道这个数据包的大小，这样就可以根据包大小，从数据流中截取一个一个的完整数据包。

数据包一般分包头和包体两部分。包头的数据长度是固定不变的，里面的数据意义也是固定的，比如包大小、消息 ID、消息序列号、客户端发送时间等；包体一般是存储具体的业务数据，根据不同的请求返回不同的数据。

由于客户端发送到服务器和服务器发送给客户端的数据不一样，所以协议也分为两种，一种是客户端发送给服务器的请求协议，另一种是服务器发送给客户端的响应协议，如表 6.1 和表 6.2 所示。

表 6.1　客户端请求协议

分类	包头							包体
协议字段	消息总长度	客户端消息序列号	消息请求 ID	服务 ID	客户端发送时间	协议版本	是否压缩包体	消息内容
字段长度	int(4)	int(4)	int(4)	short(2)	long(8)	int(4)	byte(1)	消息内容的 byte 数组长度

表 6.2　服务器响应协议

分类	包头							包体
协议字段	消息总长度	客户端消息序列号	消息请求 ID	服务器返回时间	协议版本	是否压缩包体	错误码	消息内容
字段长度	int(4)	int(4)	int(4)	long(8)	int(4)	byte(1)	int(4)	消息内容的 byte 数组长度

两种协议中，客户端发到服务器和服务器返回给客户端的字段基本上是一样的，这里面的字段可能不能满足实际的业务需要，可以根据自己的业务需要，添加其他的字段。协议中每个字段的意义如下。

- 消息总长度：用于记录每个数据包的大小，方便从 TCP 数据流中截取完整的数据包。
- 客户端消息序列号：用于消息的幂等处理，每个消息都有一个唯一的递增的序列 ID，同一个消息序列号只会被服务器处理一次。
- 消息请求 ID：用于区分每个请求对应的业务处理。比如 1001 表示登录，1002 表示创建角色等。
- 服务 ID：消息所要到达的服务 ID。这个主要用于后面的消息分发和负载均衡。

- 客户端发送时间：与本地时间结合，可以检测数据包在网络中的耗时。
- 服务器返回时间：游戏服务器处理完客户端请求，返回给客户端的发送时间。
- 协议版本：用于功能升级时对老版本的客户端兼容。比如某个功能，在 A 版本与 B 版本，需要的参数可能不一样，需要分开处理。也用于客户端版本的强制升级，比如可以强制指定只接收某个版本客户端的请求，如果不是这个版本，将强制客户端升级到这个版本。
- 是否压缩包体：标记包体是否压缩了。当包体达到了一定大小，为了节省带宽，可以对此包体进行压缩。相应的接收端接收之后需要解压。
- 错误码：主要是服务器返回给客户端，如果错误码不为 0，则包体的内容为空。
- 消息内容：发送的业务数据，用于对业务的处理。

6.2.4　客户端消息编码与解码开发

在应用程序内部，开发人员是以对象为基础操作数据的。通过 Debug 断点，可以看到数据的内容。但是当客户端向服务器发送消息时，首先是将消息序列化，再将对象数据转化为网络传输的二进制数据流，即消息编码。在 my-game-client 中添加 EncodeHandler 类，根据表 6.1 制定的协议，对客户端发送到服务器的消息进行编码，代码如下所示。

```java
public class EncodeHandler extends MessageToByteEncoder<IGameMessage> {
    /**
     * 发送消息的包头总长度，即消息总长度(4) + 客户端消息序列号长度(4) + 消息请求ID长度(4)+ 服务ID(2) + 客户端发送时间长度(8) + 协议版本长度(4) + 是否压缩长度(1)
     */
    private static final int GAME_MESSAGE_HEADER_LEN = 27;
    private GameClientConfig gameClientConfig;
    public EncodeHandler(GameClientConfig gameClientConfig) {
        this.gameClientConfig = gameClientConfig;
    }
    @Override
    protected void encode(ChannelHandlerContext ctx, IGameMessage msg, ByteBuf out) throws Exception {
        int messageSize = GAME_MESSAGE_HEADER_LEN;// 标记数据包的总大小
        byte[] body = msg.body();
        int compress = 0;// 标记包体是否进行了压缩
```

```
            if (body != null) {
                if (body.length >= gameClientConfig.
getMessageCompressSize()) { /** 判断包体是否达到了需要压缩的值 **/
                    body = CompressUtil.compress(body);/** 包体大小达到
需要压缩的值时，对包体进行压缩 **/
                    compress = 1;
                }
                messageSize += body.length;// 加上包体的长度，得到数据包的总大小
            }
            GameMessageHeader header = msg.getHeader();
            out.writeInt(messageSize);// 依次写入包头数据
            out.writeInt(header.getClientSeqId());
            out.writeInt(header.getMessageId());
            out.writeShort(header.getServiceId());
            out.writeLong(header.getClientSendTime());
            out.writeInt(gameClientConfig.getVersion());/** 从配置中获取客
户端版本 **/
            out.writeByte(compress);
            if (body != null) {// 如果包体不为空，写入包体数据
                out.writeBytes(body);
            }
        }
    }
```

Netty 是一个优秀的异步网络通信框架，已经对网络消息的编码和解码提供了一个完整的解决方案，开发人员只需要根据需求实现自定义的业务即可。MessageToByteEncoder 是 Netty 提供的一个编码抽象类，只需要继承这个类，实现 encode 方法即可。在 encode 方法中，把消息对象的数据依次写入 ByteBuf，完成消息应用层的序列化，Netty 的底层会在向网络发送数据时，从 ByteBuf 中读取序列化之后的 Bytes 数组，再发送到 Socket 中。

客户端接收到服务器发送的数据之后，需要将数据解码。接收方在最初接收的一个完整的数据包是一个 Bytes 数组，Netty 会把这个 Bytes 数组封装为 ByteBuf 返回给上层应用。解码要做的就是把 ByteBuf 中的 Bytes 数组数据转化为程序中使用的可读数据对象，在程序中使用。客户端解码代码如下所示。

```
    public class DecodeHandler extends ChannelInboundHandlerAdapter {
        private Logger logger = LoggerFactory.getLogger(DecodeHandler.
class);
```

```java
    @Override
     public void channelRead(ChannelHandlerContext ctx, Object msg) throws Exception {
        ByteBuf buf = (ByteBuf) msg; // 一个完整的数据包
        try {
            int messageSize = buf.readInt(); // 根据协议，依次读取包头的信息
            int clientSeqId = buf.readInt();
            int messageId = buf.readInt();
            long serverSendTime = buf.readLong();
            int version = buf.readInt();
            int commpress = buf.readByte();
            int errorCode = buf.readInt();
            byte[] body = null;
            if (errorCode == 0 && buf.readableBytes() > 0) {
            // 读取包体数据
                body = new byte[buf.readableBytes()];
                // 剩下的字节都是body数据
                buf.readBytes(body);
                if (commpress == 1) {// 如果包体压缩了，接收时需要解压
                    body = CompressUtil.decompress(body);
                }
            }
            GameMessageHeader header = new GameMessageHeader();
            header.setClientSeqId(clientSeqId);
            header.setErrorCode(errorCode);
            header.setMessageId(messageId);
            header.setServerSendTime(serverSendTime);
            header.setVersion(version);
            header.setMessageSize(messageSize);
            GameMessagePackage gameMessagePackage = new GameMessagePackage();// 构造数据包
            gameMessagePackage.setHeader(header);
            gameMessagePackage.setBody(body);
            logger.debug(" 接收服务器消息，大小：{}:<-{}", messageSize, header);
            ctx.fireChannelRead(gameMessagePackage);/**将解码出来的消息发送给后面的Handler**/
        } finally {/**这里做了判断，如果buf不是从堆内存分配，而是直接从内存中分配的，需要手动释放，否则，会造成内存泄漏**/
            ReferenceCountUtil.release(buf);
        }
    }
}
```

ChannelInboundHandlerAdapter 是 Netty 接收消息 Handler 接口的适配类。其实 Netty 还提供了一个 ByteToMessageDecoder 类，不过使用这个类，需要自己手动解决断包和粘包的问题。如果自己的解包业务比较特殊可以继承这个类，手动实现自己的解码方式。Netty 另外提供了一个成功的拆包类 LengthFieldBasedFrameDecoder，并提供了几种常见的网络数据传输协议格式。

它是基于 ByteToMessageDecoder 类实现的，从 LengthFieldBasedFrameDecoder 中 fireChannelRead 出来的 ByteBuf 都必定是一个完整的数据包，所以只要把自己实现的 DecodeHandler 类放到 Pipeline 中的 LengthFieldBasedFrameDecoder 后面即可。

LengthFieldBasedFrameDecoder 这个类有多种不同的构造方法，不同的参数代表了不同的网络通信传输协议格式，具体填写什么参数，也是根据制定的协议而确定的，这里使用的构造方法的字段意义如下。

- maxFrameLength：接收到完整数据包的最大大小。如果接收的数据包大于这个值，将抛出 TooLongFrameException 异常。这样可以防止客户端一次发送太大的数据，导致占用内存过多。
- lengthFieldOffset：在接收到数据流之后，标记完整包长度字节的偏移量。如果值是 0，就从头读取；如果值是 2，就从第 3 个字节读取。
- lengthFieldLength：标记完整包长度的值所占的字节数。如果是用一个 short 值表示整个包的长度，其值为 2；如果 int 表示整个包的长度，其值为 4。
- lengthAdjustment：对标记完整包长度的值所占数据包的补偿值。比如，目前一个完整的数据包前 4 个字节表示整个数据包的大小，而这个值也包括了这 4 个字节的长度，这里配置 -4，就是表示整个数据包的大小减去 4，才是数据包剩下的数据长度。
- initialBytesToStrip：跳过的字节数。在读取完前 4 个字节之后，获取了整个数据包的长度，再减去 4；然后再跳过 initialBytesToStrip 这个字节，才表示剩下的数据的真实长度。

根据这些参数配置，可以组合出多种数据包的解析方式，当然，这需要和自己的协议相对应。在 LengthFieldBasedFrameDecoder 的注释中，Netty 的作者给出了一些配置的例子，可供读者参考。

6.2.5 游戏服务器网关消息编码与解码开发

游戏服务器网关的解码就是获取客户的请求信息，并将数据流转化为数据对象，方便在程序中使用。根据客户端向服务器发送消息的协议，游戏服务器网关解码如下所示。

```java
public class DecodeHandler extends ChannelInboundHandlerAdapter {
    @Override
    public void channelRead(ChannelHandlerContext ctx, Object msg) throws Exception {
        ByteBuf byteBuf = (ByteBuf) msg;
        try {
            int messageSize = byteBuf.readInt();//依次读取各个字段的数据
            int clientSeqId = byteBuf.readInt();  // 读取客户端序列号
            int messageId = byteBuf.readInt(); // 读取消息号
            int serviceId = byteBuf.readShort(); // 读取服务ID
            long clientSendTime = byteBuf.readLong(); // 读取客户端发送时间
            int version = byteBuf.readInt();  // 读取版本号
            int compress = byteBuf.readByte(); // 读取是否压缩数据的判断
            byte[] body = null;
            if (byteBuf.readableBytes() > 0) {
                body = new byte[byteBuf.readableBytes()];
                byteBuf.readBytes(body);
                if (compress == 1) {// 如果压缩过，进行解压
                    body = CompressUtil.decompress(body);
                }
            }
            GameMessageHeader header = new GameMessageHeader();
            header.setClientSendTime(clientSendTime);
            header.setClientSeqId(clientSeqId);
            header.setMessageId(messageId);
            header.setServiceId(serviceId);
            header.setMessageSize(messageSize);
            header.setVersion(version);
            GameMessagePackage gameMessagePackage = new GameMessagePackage();
            gameMessagePackage.setHeader(header);
            gameMessagePackage.setBody(body);
            ctx.fireChannelRead(gameMessagePackage);
        } finally {// 一定要判断是否引用类byteBuf，如果是进行释放
            ReferenceCountUtil.release(byteBuf);
        }
    }
}
```

这里是对完整的数据包进行解码，从网络数据流中拆包也是使用了 Netty 的 LengthFieldBasedFrameDecoder 类，它拆出一个完整的数据包之后，就会传送到上面的 DecodeHandler 类的 channelRead 方法中，然后再解码成数据对象。另外，这里需要注意的是，在上面的 channelRead 方法中，只解码了包头的数据部分，包体 body 还是 Bytes 数组，解码 body 数据需要对应的数据请求在类中执行。

游戏服务器网关处理完消息之后，需要向客户端返回消息，这就需要将返回消息编码发送到客户端，编码代码如下。

```java
public class EncodeHandler extends MessageToByteEncoder<GameMessagePackage> {
    private static final int GAME_MESSAGE_HEADER_LEN = 29;
    private GatewayServerConfig serverConfig;
    public EncodeHandler(GatewayServerConfig serverConfig) {
        this.serverConfig = serverConfig;// 注入服务器配置
    }
    @Override
    protected void encode(ChannelHandlerContext ctx, GameMessagePackage msg, ByteBuf out) throws Exception {
        int messageSize = GAME_MESSAGE_HEADER_LEN;
        byte[] body = msg.getBody();
        int compress = 0;
        if (body != null) {// 达到压缩条件，进行压缩
            if (body.length >= serverConfig.getCompressMessageSize()) {
                body = CompressUtil.compress(body);
                compress = 1;
            }
            messageSize += body.length;
        }
        out.writeInt(messageSize);
        GameMessageHeader header = msg.getHeader();
        out.writeInt(header.getClientSeqId());
        out.writeInt(header.getMessageId());
        out.writeLong(header.getServerSendTime());
        out.writeInt(header.getVersion());
        out.writeByte(compress);
        out.writeInt(header.getErrorCode());
        if (body != null) {
            out.writeBytes(body);
```

            }
        }
}

6.2.6 使用 Netty 实现游戏服务器网关长连接服务

Netty 是一个高性能、异步事件驱动的 NIO 架构，它支持 TCP、UDP 及 HTTP。其中，Netty 的所有的 I/O 操作都是异步非阻塞的。它提供的 Future、Listener、Promise 机制，可以方便地实现多线程间的数据交互。

Netty 对 I/O 的处理采用的是 Reactor 模型，主要有 3 个模块，即多路复用器（Acceptor）、事件分发器（Dispatcher）、事件处理器（Handler）。要详细了解这 3 个模块的工作方法，需要先了解 Java NIO 的原生处理方式。

Acceptor 主要负责与客户端建立连接，Dispatcher 是收到消息后，将消息分布到相应的连接链路中，Handler 是一个责任链，用于处理消息的读写及相应的业务。

对于游戏来说，为了避免并发操作，同一个用户的所有消息应该顺序处理，那 Netty 是如何保证接收到的消息是按顺序处理的呢？

这是因为在 Netty 中每一个连接对应一个 Channel，而每一个 Channel 会拥有一个处理消息的单线程池，所有的消息都在这个单线程池中处理。如果有多个消息，则消息会在单线程池中排队，而这些单线程池是复用的。也就是说一个 Channel 有一个单线程池，而一个单线程池可以给多个 Channel 使用。

就像一个大楼有多个电梯，一个人只能使用其中的一个电梯，而一个电梯可以给多个人使用一样，人如同 Channel，单线程池如同电梯。因此，只要 Handler 中不另外启动线程处理消息，那么 Netty 接收到的消息都是顺序处理的。

客户端连接时，服务器必须将服务启动成功，等待客户端的连接，游戏服务器网关使用 Netty 提供高性能、异步的 TCP 长连接服务。在 my-game-gateway 中，添加 GatewayServerBoot 类，用于管理 NIO 服务的启动和关闭，代码如下所示。

```
@Service
public class GatewayServerBoot {
    @Autowired
    private GatewayServerConfig serverConfig;// 注入网关服务配置
    private NioEventLoopGroup bossGroup = null;
```

```java
        private EventLoopGroup workerGroup = null;
        private Logger logger = LoggerFactory.getLogger(GatewayServerBoot.
class);
        public void startServer() {
            bossGroup = new NioEventLoopGroup(serverConfig.
getBossThreadCount());
            // 业务逻辑线程组
            workerGroup = new NioEventLoopGroup(serverConfig.
getWorkThreadCount());
            int port = this.serverConfig.getPort();
            try {
                ServerBootstrap b = new ServerBootstrap();// 启动类
                /** 这里遇到一个小问题，如果把childHandler的加入放在option
的前面，option将会不生效。用java socket连接，一直没有消息返回 **/
                b.group(bossGroup, workerGroup).channel
(NioServerSocketChannel.class).option(ChannelOption.SO_
BACKLOG, 128).childOption(ChannelOption.SO_KEEPALIVE, true).
childOption(ChannelOption.TCP_NODELAY, true).childHandler(createChannel
Initializer());
                logger.info("开始启动服务，端口:{}", serverConfig.getPort());
                ChannelFuture f = b.bind(port).sync();// 阻塞
                f.channel().closeFuture().sync();// 等待服务关闭成功
            } catch (InterruptedException e) {
                e.printStackTrace();
            } finally {
                workerGroup.shutdownGracefully();
                bossGroup.shutdownGracefully();
            }
        }
        private ChannelInitializer<Channel> createChannelInitializer()
{// 连接Channel初始化的时候调用
            ChannelInitializer<Channel> channelInitializer = new
ChannelInitializer<Channel>() {
                @Override
                protected void initChannel(Channel ch) throws Exception {
                    ChannelPipeline p = ch.pipeline();
                    p.addLast("EncodeHandler", new EncodeHandler(serverConfig));
    // 添加编码Handler
                    p.addLast(new LengthFieldBasedFrameDecoder(1024 *
1024, 0, 4, -4, 0));
    // 添加拆包
```

```
                p.addLast("DecodeHandler", new DecodeHandler());// 添加解码
                p.addLast(new TestGameMessageHandler ());// 添加业务实现
            }
        };
        return channelInitializer;
    }
    public void stop() {// 优雅地关闭服务
        int quietPeriod = 5;
        int timeout = 30;
        TimeUnit timeUnit = TimeUnit.SECONDS;
        workerGroup.shutdownGracefully(quietPeriod, timeout, timeUnit);
        bossGroup.shutdownGracefully(quietPeriod, timeout, timeUnit);
    }
}
```

有两个重要的线程组，即上面代码中的 bossGroup 和 workGroup。bossGroup 负责监听端口，与客户端建立连接，workGroup 用于处理网络通信之间的消息，即到达 Channel Handler 中的消息，包括编码、解码和业务逻辑。

一般来说在一台服务器中，bossGroup 配置一个线程就足够使用了，而 workGroup 的线程数需要根据业务情况配置。在 Handler 中，最好不要有 I/O，或非常耗时的操作，因为它们会阻碍所有 Channel Handler 中的消息处理，导致吞吐量下降。

这里添加了 FirstMessageHandler 类，用于测试接收客户端发送的请求，并给客户端返回数据，代码如下所示。

```
public class TestGameMessageHandler extends ChannelInbound
HandlerAdapter {
    private Logger logger = LoggerFactory.getLogger(FirstMessage
Handler.class);
    @Override
    public void channelRead(ChannelHandlerContext ctx, Object msg) throws Exception {
        GameMessagePackage gameMessagePackage = (GameMessagePackage) msg;
        int messageId = gameMessagePackage.getHeader().getMessageId();
        if (messageId == 10001) {// 根据消息号处理不同的请求业务
```

```
            FirstMsgRequest request = new FirstMsgRequest();
            request.read(gameMessagePackage.getBody());
            logger.debug("接收到客户端消息：{}", request.getValue());
            FirstMsgResponse response = new FirstMsgResponse();
            response.setServerTime(System.currentTimeMillis());
            GameMessagePackage returnPackage = new GameMessagePackage();
            returnPackage.setHeader(response.getHeader());
            returnPackage.setBody(response.body());
            ctx.writeAndFlush(returnPackage);
        }
    }
}
```

然后修改 main 方法，添加启动网关服务代码，代码如下所示。

```
@SpringBootApplication(scanBasePackages= {"com.mygame"})
public class GameGatewayMain {
    public static void main(String[] args) {
        ApplicationContext context = SpringApplication.run(GameGatewayMain.class, args);
        GatewayServerBoot serverBoot = context.getBean(GatewayServerBoot.class);
        // 从 Spring 的上下文中获取实例
        serverBoot.startServer();// 启动服务
    }
}
```

6.3 请求消息参数与响应消息参数对象化

在平常的业务开发中，对于开发人员来说，最方便的就是直接操作数据对象，对于网络通信的底层操作不需要关心。所以对于请求和响应数据，开发人员只需要处理上层的数据对象即可，而不需要关心网络层的序列化与反序列化。这就需要对消息进行封装，让其自动实现序列化与反序列化。

6.3.1 请求与响应消息封装

为了区分客户端请求消息和服务器响应消息，先确定请求消息和响应消息的类名称，客户端向服务器发送的消息叫请求消息，全部以XXXMsgRequest命名，服务器返回的消息叫响应消息，全部以XXXXMsgResponse命名。请求消息和响应消息都包括包头和消息体。

在my-game-network-param中添加接口类IGameMessage和抽象类AbstractGameMessage，用于抽象每个request和reponse的公共代码，代码如下所示。

```java
public abstract class AbstractGameMessage implements IGameMessage {
    private GameMessageHeader header;
    private byte[] body;
    public AbstractGameMessage() {
         GameMessageMetadata gameMessageMetaData = this.getClass().getAnnotation(GameMessageMetadata.class);
         if (gameMessageMetaData == null) {
             throw new IllegalArgumentException("消息没有添加元数据注解: " + this.getClass().getName());
         }
         header = new GameMessageHeader();
         header.setMessageId(gameMessageMetaData.messageId());
         header.setServiceId(gameMessageMetaData.serviceId());
    }
    @Override
    public GameMessageHeader getHeader() {
        return header;
    }
    @Override
    public void setHeader(GameMessageHeader header) {
        this.header = header;
    }
    @Override
    public void read(byte[] body) {
        if (body != null) { /** 如果不为null，才反序列化，这样不用考虑为null的情况，防止忘记判断 **/
            this.decode(body);
        }
    }
    @Override
    public byte[] body() {
        if (body == null) {// 有可能会复用body，所以如果不为空才序列化
            if (!this.isBodyMsgNull()) { /** 如果内容不为null，再去序
```

列化，这样子类实现的时候，不需要考虑 null 的问题了 **/
```
                        body = this.encode();
                        if (body == null) { // 检测是否返回为空，防止开发者默认返回 null
                            throw new IllegalArgumentException(" 消息序列化
之后的值为 null:" + this.getClass().getName());
                        }
                    }
                }
                return body;
            }
            protected abstract byte[] encode();/** 这些方法由子类自己实现，因为
每个子类的这些行为是不一样的 **/
            protected abstract void decode(byte[] body);// 子类具体实现包体的解码操作
            protected abstract boolean isBodyMsgNull();// 子类判断包体是否为 null
        }
```

在抽象类中完成了消息体编码和解码的抽象操作，不同的请求消息和响应消息只需要继承这个抽象类，实现子类自己的消息编码和解码操作即可。这样做还有一个好处是，当网络通信需要修改编码和解码方式时，只需要修改这些请求消息类和响应消息类即可，不会影响上层的业务逻辑。

在子类中使用了一个新的注解 GameMessageMetadata，它需要加在所有继承自 AbstractGameMessage 的子类上面，这里面包括了一些子类的元数据。因为在服务启动的过程中，会去扫描并加载这些子类，从 GameMessageMetadata 获取 messageId 等，构造 messageId 与这些子类 Class 的对应关系，方便在接收到消息时，查找创建 messageId 对应的类对象。

比如定义一个简单的客户端请求类 FirstMsgRequest 和服务器响应类 FirstMsgResponse，这两个类的实现代码如下所示。

```
    @GameMessageMetadata(messageId = 10001, serviceId = 1,messageType=
EnumMesasageType.REQUEST) // 添加元数据信息
    public class FirstMsgRequest extends AbstractGameMessage {
        private String value;
        @Override
        protected void decode(byte[] body) {
            value = new String(body);/** 反序列化消息，这里不用判断 null，父
类上面已判断过 **/
```

```java
    }
    @Override
    protected byte[] encode() {
        return value.getBytes();/**序列化消息,这里不用判断null,父类上面已判断过**/
    }
    @Override
    protected boolean isBodyMsgNull() {// 返回要序列化的消息体是否为null
        return this.value == null;
    }
    public String getValue() {
        return value;
    }
    public void setValue(String value) {
        this.value = value;
    }
}
// 响应数据对象
@GameMessageMetadata(messageId = 10001, serviceId = 1, messageType = EnumMesasageType.RESPONSE) // 添加元数据信息
public class FirstMsgResponse extends AbstractGameMessage {
    private Long serverTime;// 返回服务器的时间
    @Override
    public byte[] encode() {
        ByteBuf byteBuf = Unpooled.buffer(8);
        byteBuf.writeLong(serverTime);
        return byteBuf.array();
    }
    @Override
    protected void decode(byte[] body) {
        ByteBuf byteBuf = Unpooled.wrappedBuffer(body);
        this.serverTime = byteBuf.readLong();
    }
    @Override
    protected boolean isBodyMsgNull() {
        return this.serverTime == null;
    }
    public Long getServerTime() {
        return serverTime;
    }
    public void setServerTime(Long serverTime) {
```

```
            this.serverTime = serverTime;
    }
}
```

在 my-game-network-param 中添加请求和响应对象的管理类 GameMessageService。此类的主要作用是在服务启动的时候，扫描并加载所有的请求和响应对象类，并根据 GameMessageMetadata，整理出 messageId、消息类型和这些类的缓存映射，便于解析数据时使用，代码如下所示。

```
@PostConstruct
    public void init() {
        /**初始化的时候，将每个请求的响应的Message的class和messageId对应起来**/
        Reflections reflections = new Reflections("com.mygame ");
        Set<Class<? extends AbstractGameMessage>> classSet = reflections.getSubTypesOf(AbstractGameMessage.class); /**获取AbstractGameMessage所有的子类Class对象**/
        classSet.forEach(c -> {
            GameMessageMetadata messageMetadata = c.getAnnotation(GameMessageMetadata.class);
            if (messageMetadata != null) {
                this.checkGameMessageMetadata(messageMetadata, c);     // 检测元数据是否正确
                int messageId = messageMetadata.messageId();
                EnumMesasageType mesasageType = messageMetadata.messageType();
                String key = this.getMessageClassCacheKey(mesasageType, messageId);
                // 根据messageId和消息类型枚举获取一个唯一的key
                gameMssageClassMap.put(key, c);/**把key和Class对象建立映射**/
            }
        });
    }
```

这里需要额外添加一个依赖的 Jar 包。因为这个包是一个工具类，所以放在 common 里，方便其他项目使用，在 my-game-common 的 pom.xml 添加依赖包。

```xml
<dependency>
    <groupId>org.reflections</groupId>
    <artifactId>reflections</artifactId>
    <version>0.9.11</version>
</dependency>
```

此工具类的更多用法可以到 GitHub 的开源项目 Wiki 上学习。这里用它映射某个包下面的所有 Java 类，以获取这些 Java 类的基本数据。然后在 GameMessageService 再添加 messageId 获取对应的实例的方法，代码如下所示。

```java
// 获取响应数据包的实例
public IGameMessage getResponseInstanceByMessageId(int messageId) {
    return this.getMessageInstance(EnumMesasageType.RESPONSE, messageId);
}
// 获取请求数据包的实例
public IGameMessage getRequestInstanceByMessageId(int messageId) {
    return this.getMessageInstance(EnumMesasageType.REQUEST, messageId);
}
// 获取数据反序列化的对象实例
private  IGameMessage getMessageInstance(EnumMesasageType messageType, int messageId) {
    String key = this.getMessageClassCacheKey(messageType, messageId);
    Class<? extends IGameMessage> clazz = this.gameMssageClassMap.get(key);
    if (clazz == null) {
        this.throwMetadataException("找不到 messageId:" + key + " 对应的响应数据对象 Class");
    }
    IGameMessage gameMessage = null;
    try {
        gameMessage = clazz.newInstance();
    } catch (InstantiationException | IllegalAccessException e) {
        String msg = " 实例化响应参数出现," + "messageId:" + key + ",class:" + clazz.getName();
        logger.error(msg, e);
        this.throwMetadataException(msg);
    }
    return gameMessage;
}
```

在my-game-client中，新增一个ResponseHandler，用于把网络数据包转化为数据对象，并下发到之后的业务Handler中，这样开发人员就可以忽略数据解析这一步了，可以直接使用数据对象，代码如下所示。

```
@Override
    public void channelRead(ChannelHandlerContext ctx, Object msg) throws Exception {
        GameMessagePackage messagePackage = (GameMessagePackage) msg;
        int messageId = messagePackage.getHeader().getMessageId();
        IGameMessage gameMessage = gameMessageService.getResponseInstanceByMessageId(messageId);
// 根据messageId 获取对应的对象实例
        gameMessage.setHeader(messagePackage.getHeader());
        gameMessage.read(messagePackage.getBody());// 解析消息体
        ctx.fireChannelRead(gameMessage);// 下发到之后的 Handler
    }
```

然后把这些Handler添加到GameClientBoot类中initChannel的Pipeline中，就可以接收和解析服务器返回的消息了。代码如下所示。

```
        bootStrap.group(eventGroup).channel(NioSocketChannel.class).option(ChannelOption.TCP_NODELAY, true).option(ChannelOption.SO_KEEPALIVE, true).option(ChannelOption.CONNECT_TIMEOUT_MILLIS, gameClientConfig.getConnectTimeout() * 1000).handler(new ChannelInitializer<Channel>() {
            @Override
            protected void initChannel(Channel ch) throws Exception {
                ch.pipeline().addLast("EncodeHandler", new EncodeHandler(gameClientConfig));// 添加编码
                ch.pipeline().addLast(new LengthFieldBasedFrameDecoder(1024 * 1024 * 4, 0, 4, -4, 0));// 添加解码
                ch.pipeline().addLast("DecodeHandler", new DecodeHandler());// 添加解码
                ch.pipeline().addLast("responseHandler", new ResponseHandler(gameMessageService));// 将响应消息转化为对应的响应对象
                ch.pipeline().addLast(new TestGameMessageHandler());// 测试Handler
            }
        });
```

6.3.2 客户端与游戏服务器网关通信测试

测试的时候，客户端根据用户输入的指令来发送指定的请求。首先在 my-game-client 中，添加 GameClientCommand 类，用于接收用户输入的指令，它根据 Spring Shell 的规则实现。代码如下所示。

```java
@ShellComponent
public class GameClientCommand {
    @Autowired
    private GameClientBoot gameClientBoot;
    @Autowired
    private GameClientConfig gameClientConfig;
    private Logger logger = LoggerFactory.getLogger(GameClientCommand.class);
    @ShellMethod("连接服务器,格式: connect-server [host] [port]")
    // 连接服务器命令
    public void connectServer(@ShellOption(defaultValue= "")String host,@ShellOption(defaultValue = "0")int port) {
            if(!host.isEmpty()) {/** 如果默认的 host 不为空,说明是连接指定的 host,如果没有指定 host,使用配置中的默认 host 和端口 **/
                if(port == 0) {
                    logger.error("请输入服务器口号");
                    return;
                }
                gameClientConfig.setDefaultGameGatewayHost(host);
                gameClientConfig.setDefaultGameGatewayPort(port);
            }
            gameClientBoot.launch();// 启动客户端并连接游戏服务器网关
    }
    @ShellMethod("发送测试消息,格式: send-test-msg 消息号")
    public void sendTestMsg(int messageId) {
        if(messageId == 10001) {
        // 向服务器发送一条消息
            FirstMsgRequest request = new FirstMsgRequest();
            request.setValue("Hello,server !!");
            request.getHeader().setClientSendTime(System.currentTimeMillis());
            gameClientBoot.getChannel().writeAndFlush(request);
        }
    }
}
```

上面的代码中有两个方法，代表两个命令，Spring Shell 组件会自动将方法名转化为命令。例如上面两个命令，一个用于连接服务器（connect-server，如果不指定host和端口，则使用默认值），一个用于向服务器发送指定的测试消息。

启动客户端和游戏服务器网关（把客户端配置中的useGameCenter设置为false）之后，可以看到控制台出现 shell:> 符号，表示等待输入命令。输入 connect-server，按 Enter 键，可以看到连接游戏服务器网关成功。输入 send-test-msg 10001，会向游戏服务器网关发送 FirstMsgRequest 请求。

在游戏服务器网关 my-game-gateway 项目中添加 TestGameMessageHandler，继承 ChannelInboundHandlerAdapter，用于接收处理客户端的请求，将 TestGameMessageHandler 实例添加到 GatewayServerBoot 类的 Channel 的 Pipeline 中，代码如下所示。

```
protected void initChannel(Channel ch) throws Exception {
    ChannelPipeline p = ch.pipeline();
    p.addLast("EncodeHandler", new EncodeHandler(serverConfig));
    // 添加编码 Handler
    p.addLast(new LengthFieldBasedFrameDecoder(1024 * 1024, 0, 4, -4, 0));// 添加拆包
    p.addLast("DecodeHandler", new DecodeHandler());// 添加解码
    p.addLast(new TestGameMessageHandler(gameMessageService));
    // 添加业务实现
}
```

然后在 TestGameMessageHandler 重写父类方法 channelRead，接收客户端请求，并返回响应的消息，代码如下所示。

```
@Override
public void channelRead(ChannelHandlerContext ctx, Object msg) throws Exception {
    GameMessagePackage gameMessagePackage = (GameMessagePackage) msg;
    int messageId = gameMessagePackage.getHeader().getMessageId();
    if (messageId == 10001) {// 判断消息号
        FirstMsgRequest request = new FirstMsgRequest();
        request.read(gameMessagePackage.getBody());// 读取消息体
        logger.debug("接收到客户端消息：{}", request.getValue());
        FirstMsgResponse response = new FirstMsgResponse();
```

```
                response.setServerTime(System.currentTimeMillis());
                GameMessagePackage returnPackage = new GameMessagePackage();
// 给客户端返回消息
                returnPackage.setHeader(response.getHeader());
                returnPackage.setBody(response.body());
                ctx.writeAndFlush(returnPackage);
            }
        }
```

同样，在客户端 my-game-client 中也添加一个 TestGameMessageHandler，用于接收和处理服务器响应的消息，并将 TestGameMessageHandler 的实例添加到 GameClientBoot 的 Channel 的 Pipeline 中。接收与处理服务器响应消息的代码如下所示。

```
public class TestGameMessageHandler extends ChannelInboundHandlerAdapter{
      private Logger logger = LoggerFactory.getLogger(TestGameMessageHandler.class);
      @Override
       public void channelRead(ChannelHandlerContext ctx, Object msg) throws Exception {
            if(msg instanceof FirstMsgResponse) {// 判断消息类型
                FirstMsgResponse response = (FirstMsgResponse)msg;
                logger.info("收到服务器响应:{}",response.getServerTime());
            }
        }
    }
```

重新启动客户端与游戏服务器网关项目，在客户端控制台的 shell> 中先输入 connect-server 命令，按 Enter 键，可以看到日志输出连接成功。然后再输入 send-test-msg 10001 命令，按 Enter 键，可以看到客户端日志输出了服务器返回的时间戳，表示客户端与服务器通信成功。

6.4 消息体对象序列化与反序列化

在 FirstMsgRequest 和 FirstMsgResponse 中，消息体都是简单的基本类型数据，手动序列化与反序列化还算简单。但在实际开发中，消息体一般都是复杂的数据对象，针对复杂的对象，再一个一个手动地写序列化与反序列化代码，不仅浪费时间，而且容易出错，也不一定高效。因此，需要考虑针对整个消息体对象的序列化与反序列化方式。目前常见的序列化与序列化方式有两种：JSON 与 Protocol Buffers。

6.4.1 消息体使用 JSON 序列化与反序列化

JSON 是一种简洁的可视化序列化方式，一个数据对象，可以按照 JSON 的标准格式，序列化为一行简单的字符串，在网络传输中，再把这个字符串转化为 byte[]。接收端接收到 byte[] 之后，再转化为字符串，然后根据 JSON 格式，解析这个字符串，将字符串转化为对象。在实际应用中，可以利用开源的 JSON 工具，实现对象与 JSON 字符串之间的转换，这些工具有阿里的 Fastjson、谷歌的 Gson 等。

例如，现在需要向服务器发送多个参数的请求，可以把这些参数封装为一个消息体的对象，把这个对象放到 request 中。为了方便使用，在 my-game-network-param 中添加抽象类 AbstractJsonGameMessage，这里面封装了一些公共的操作方法，代码如下所示。

```
public abstract class AbstractJsonGameMessage<T> extends AbstractGameMessage {
    private T bodyObj;/** 具体的参数类实例对象。所有的请求参数和响应参数，必须以对象的形式存在 **/
    public AbstractJsonGameMessage() {
        if (this.getBodyObjClass() != null) {
            try {
                bodyObj = this.getBodyObjClass().newInstance();/** 在子类实例化时，同时实例化参数对象 **/
            } catch (InstantiationException | IllegalAccessException e) {
                e.printStackTrace();
                bodyObj = null;
            }
        }
    }
    @Override
    protected byte[] encode() {// 使用JSON，将参数对象序列化
        String str = JSON.toJSONString(bodyObj);
        return str.getBytes();
    }
    @Override
    protected void decode(byte[] body) {// 使用JSON，将收到的数据反序列化
        String str = new String(body);
        bodyObj = JSON.parseObject(str, this.getBodyObjClass());
```

```java
    }
    @Override
    protected boolean isBodyMsgNull() {
        return this.bodyObj == null;
    }
    protected abstract Class<T> getBodyObjClass();/** 由子类返回具体的
参数对象类型 **/
    public T getBodyObj() {
        return bodyObj;
    }
    public void setBodyObj(T bodyObj) {
        this.bodyObj = bodyObj;
    }
    @Override
    public String toString() {// 重写 toString，方便输出日志
        String msg = null;
        if (this.bodyObj != null) {
            msg = JSON.toJSONString(bodyObj);
        }
        return "Header:" + this.getHeader() + ", " + this.getClass().getSimpleName() + "=[bodyObj=" + msg + "]";
    }
```

对于具体的请求或响应数据对象，如果使用 JSON 的方式序列化或反序列化消息体，只需要继承 AbstractJsonGameMessage 抽象类即可。现在再添加请求类 SecondMsgRequest 和响应类 SecondMsgResponse。代码如下所示。

```java
@GameMessageMetadata(messageId = 10002, messageType = EnumMesasageType.REQUEST, serviceId = 1)
public class SecondMsgRequest extends AbstractJsonGameMessage<SecondRequestBody > {
    @Override
    protected Class< SecondRequestBody > getBodyObjClass() {
        return SecondRequestBody.class;
    }
    public static class SecondRequestBody {// 请求消息体
        private String value1;
        private long value2;
        private String value3;
        // 以下省略 get / set 方法
```

```java
        }
    }
    @GameMessageMetadata(messageId = 10002, messageType = EnumMesasageType.
RESPONSE, serviceId = 1)
    public class SecondMsgResponse extends AbstractJsonGameMessage<
SecondMsgResponseBody > {
        @Override
        protected Class< SecondMsgResponseBody > getBodyObjClass() {
            return SecondMsgResponseBody.class;
        }
        public static class SecondMsgResponseBody {// 响应消息体
            private long result1;
            private String result2;
            // 以下省略 get / set 方法
        }
    }
```

这样就可以方便地构造请求和响应对象了,也不用关注序列化的具体细节。在 GameClientCommand 中添加发送请求的指令,同时在客户端和服务器的具体的 TestGameMessageHandler 中添加接收到消息后的处理。

使用 JSON 序列化的优点是使用方便、灵活。其缺点是由于传输中需要满足标准的 JSON 格式,会有一些额外数据需要和值一起传输,比如 JSON 的 key、大括号、引号等。所以相对来说,消息体的数据大,从而会占用更多的带宽;另外,其序列化与反序列化的速度也相对较慢一些。

所以 JSON 的序列化方式,满足快速开发,适合一些传输数据量并不是太大的游戏。为了解决这个问题,Google 提供了一种更快速高效的序列化工具——Protocol Buffers,使用它序列化对象,可以大大减少数据的体积,提高数据传输的效率。

6.4.2　消息体使用 Protocol Buffers 序列化与反序列化

Protocol Buffers 是一种快速高效的结构化数据序列化格式,可以用于结构化数据串行化(或者说序列化),可用于通信协议、数据存储,与开发语言、平台无关。

Protocol Buffers 可以将一个 Object 序列化成二进制数据进行传输与存储,同时可以将序列化的二进制数据反序列化为特定语言的 Object。Protocol Buffers 的优点有序列化、反序列化速度快,序列化的数据体积小,序列化的数据是二进制数据,便于高效传输存储。

因此，使用 Protocol Buffers 序列化消息体，可以大大减少消息体的体积，并提高序列化的速度。更多具体的用法，请自行查阅相关的 Protocol Buffers 的文档，本书只简单举例。

在 my-game-common 的 pom.xml 中添加 Protocol Buffers 的 Java 包，如下所示。

```
<dependency>
    <groupId>com.google.protobuf</groupId>
    <artifactId>protobuf-java</artifactId>
    <version>3.6.1</version>
</dependency>
<dependency>
    <groupId>com.google.protobuf</groupId>
    <artifactId>protobuf-java-util</artifactId>
    <version>3.6.1</version>
</dependency>
```

首先从 GitHub 上的开源地址下载 Protocol Buffers 的编译工具，根据操作系统和版本号，下载相应的压缩包，例如，如果是 macOS 操作系统，下载 protoc-3.6.1_osx-x86_64.zip，如果是 Windows 操作系统，下载 protoc-3.6.1-win32.zip。这里以 macOS 操作系统为例。

在 my-game-network-param 中添加文件夹 Protobuf，并把下载的 protoc-3.6.1_osx-x86_64.zip 中的 protoc 文件复制到 my-game-network-param 下的 Protobuf 中，记得给 protoc 添加可执行的权限。

可以手动执行，也可以使用 Eclipse 插件（这样更加方便）。如果使用 Eclipse 插件，需要安装 Eclipse 的 protobuf 插件。打开 Eclipse 中的 Eclipse Marketplace，搜索 protobuf，如图 6.6 所示。

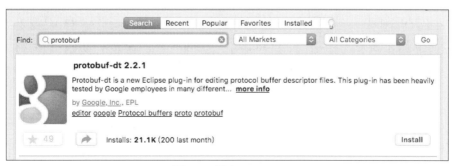

图 6.6　搜索 protobuf

单击 Install 按钮，直到安装完成。在 my-game-network-param/Protobuf 中，添加一个测试文件 ThirdMsgBody.proto，代码如下所示。

```
syntax = "proto2"; // 指定 protobuf 语法版本
option java_package = "com.mygame.game.messagebody";// 包名
option java_outer_classname = "ThirdMsgBody";// 源文件类名
message ThirdMsgRequestBody{// 请求消息体
optional string value1 = 1;
optional int64 value2 = 2;// 表示一个 long 类型的值
}
message ThirdMsgResponseBody{// 响应消息体
optional string value1 = 1;
optional int32 value2 = 2;// 表示一个 int 类型的值
}
```

单击 Eclipse → Preferences → Protocol Buffer → Compiler，配置 protoc，如图 6.7 所示。

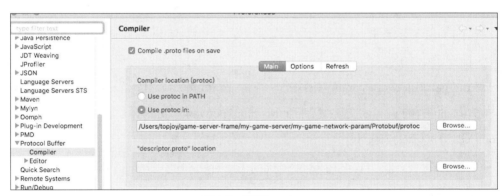

图 6.7　配置 protoc

然后选择图 6.7 上 Options 标签，选中 Generate Java，Compile .proto files on save，表示在保存 .proto 文件的时候，生成相应的 Java 类。另外，这个插件还会自动补齐 .proto 关键字，以及关键字高亮。当编辑完 .proto 文件，并保存时，Eclipse 的控制台会输出执行的命令，如下所示。

```
[[command] /Users/**/game-server-frame/my-game-server/my-game-
network-param/Protobuf/protoc --proto_path=/Users/**/game-server-frame/
my-game-server/my-game-network-param/Protobuf --java_out=/Users/**/
game-server-frame/my-game-server/my-game-network-param/src/main/java
```

/Users/**/game-server-frame/my-game-server/my-game-network-param/Protobuf/ThirdMsgBody.proto

注意：上面 ** 代表的是本地路径，如果 Eclipse 报错，是插件版本不兼容的问题，可以手动在命令窗口执行上面的命令。然后，添加请求和响应对象，如下面代码所示。

```
//----- 请求消息 --------
@GameMessageMetadata(messageId = 10003, messageType = EnumMesasageType.REQUEST, serviceId = 1)
public class ThirdMsgRequest extends AbstractGameMessage{// 请求消息
    private ThirdMsgBody.ThirdMsgRequestBody requestBody;/** 消息体使用 Protocol Buffers 生成的类 **/
    public ThirdMsgBody.ThirdMsgRequestBody getRequestBody() {/** 定义 getter 方法 **/
        return requestBody;
    }
    public void setRequestBody(ThirdMsgBody.ThirdMsgRequestBody requestBody) {
        // 定义 setter 方法
        this.requestBody = requestBody;
    }
    @Override
    protected byte[] encode() {
        return this.requestBody.toByteArray();/** 使用 Protocol Buffers 的方式将消息体序列化 **/
    }
    @Override
    protected void decode(byte[] body) {
        try {
            this.requestBody = ThirdMsgBody.ThirdMsgRequestBody.parseFrom(body);
            // 使用 Protocol Buffers 的方式反序列化消息体
        } catch (InvalidProtocolBufferException e) {
            e.printStackTrace();
        }
    }
    @Override
    protected boolean isBodyMsgNull() {
        return this.requestBody == null;// 判断消息体是否为空
    }
```

```java
    }
    //----- 响应消息 ------
    @GameMessageMetadata(messageId = 10003, messageType = EnumMesasageType.RESPONSE, serviceId = 1)
    public class ThirdMsgResponse extends AbstractGameMessage{
        private ThirdMsgBody.ThirdMsgResponseBody responseBody;// 声明消息体
        public ThirdMsgBody.ThirdMsgResponseBody getResponseBody() {
            return responseBody;
        }
         public void setResponseBody(ThirdMsgBody.ThirdMsgResponseBody responseBody) {
            this.responseBody = responseBody;
        }
        @Override
        protected byte[] encode() {
            return this.responseBody.toByteArray();// 序列化消息体
        }
        @Override
        protected void decode(byte[] body) {
            try {
                this.responseBody = ThirdMsgBody.ThirdMsgResponseBody.parseFrom(body);// 反序列化消息体
            } catch (InvalidProtocolBufferException e) {
                e.printStackTrace();
            }
        }
        @Override
        protected boolean isBodyMsgNull() {
            return this.responseBody == null;// 判断消息体是否为空
        }
    }
```

在 GameClientCommand 中添加发送请求的指令，同在客户端和服务器的具体的 TestGameMessageHandler 中添加接收到消息后的处理。

6.5 消息自动分发处理

根据上面的测试，当客户端向服务器发送请求或接收到服务器的响应消息之后，需要根据请求参数中的消息号判断本次请求是做什么操作的，于是在代码中累积了很多的 if else 判断。

在实际项目应用中，请求消息和响应消息可能有数百条，如果都累积在一个方法中，是多么可怕的一件事情。不仅增加代码冗余（想象一下，累积了一百多个 if else 判断），还会因为添加这些判断而增加额外的开发时间。为了解决这个问题，可以利用 Java 的反射机制，直接找到并调用这个请求对应的处理方法，实现消息的自动分发。

6.5.1 消息自动分发设计

既然要实现消息的自动分发，那么就需要抽象出来消息的处理过程行为。首先是获得消息号，然后根据消息号获得对应的请求或响应对象，再根据这个对象找到处理这个对象的方法，并把这个对象当前参数传到这个方法中，最后调用处理这个请求消息的方法。

因此，在项目启动的时候，就需要提取自动分发消息的过程中用到的数据，并把这些数据关联起来。很显然，这需要用到 Java 的反射和注解，在处理请求消息的类上面添加一个注解，标记这个类会用来处理客户端的消息，然后在类的方法上也添加某个注解，标记这个方法会处理某个对应的请求消息。在项目启动的时候，使用反射工具扫描配置的包路径，然后提取表示处理请求或响应消息的注解，根据这些注解找到相应的处理方法。

这个过程类似于 Spring MVC 处理 Web 请求，在 Web 服务启动的时候，会扫描所有的 Controller，然后提取 Controller 中所有方法上面的特定注解，比如 RequestMapping。这样和请求的路径匹配，在收到 Web 请求的时候，把请求转发到对应的方法上面。

在处理完消息之后，有可能还需要再继续发送新的消息。因此这个处理的消息的方法必须有两个参数，一个是要处理的消息，另一个是发送消息的 Channel 上下文管理器，所以该方法可以发送消息，也可以获取一些基本的用户信息。比如下面这个处理收到的消息类，我们要实现的目标就是当收到消息时，架构能自动找到处理当前消息的方法。代码如下所示。

```
@GameMessageHandler// 注解标记，类似于Spring MVC 中的Controller 注解
public class TestMessageHandler {// 处理消息类
    private Logger logger = LoggerFactory.getLogger(TestMessageHandler.class);
    @GameMessageMapping(FirstMsgResponse.class)/** 消息标记, 类型SpringMVC 中的 RequestMapping 注解**/
```

```java
        public void firstMessage(FirstMsgResponse response,GameClientCha-
nnelContext ctx) {
            logger.info("收到服务器响应:{}",response.getServerTime());
        }
        @GameMessageMapping(SecondMsgResponse.class)
        public void secondMessage(SecondMsgResponse response,GameClient
ChannelContext ctx) {
            logger.info("second msg response :{}",response.getBodyObj().
getResult1());
        }
        @GameMessageMapping(ThirdMsgResponse.class)
        public void thirdMessage(ThirdMsgResponse response,GameClient
ChannelContext ctx) {
            logger.info("third msg response:{}",response.getResponseBody().
getValue1());
        }
    }
```

如果某个类上面添加了 @ GameMessageHandler 注解，表示这个类会被用来处理请求消息；而这个类的方法上面标记 @ GameMessageMapping 注解，标记这个方法会处理这个注解上面携带的请求消息类型的消息。

6.5.2 消息自动分发开发

要实现在架构中自动分发收到的消息到相应的处理方法，就需要在项目启动的时候，知道哪些类是处理消息的类，这些类必须添加注解 GameMessageHandler。这样项目在启动的时候，通过反射，就可以扫描得到这些标记了 GameMessageHandler 注解的类。然后判断这些类的方法上面有没有 GameMessageMapping 注解，有的话，就从注解中获得这个方法要处理的对应的消息类。首先添加这两个注解，代码如下所示。

```java
@Target(ElementType.TYPE)    //使注解只能标记在类上面
@Retention(RetentionPolicy.RUNTIME)//在运行时有效
@Service /**使此注解继承@Service注解，在项目启动时，自动扫描被GameMessageHandler
注解的类**/
    public @interface GameMessageHandler {
    }
```

```
@Target(ElementType.METHOD) // 使注解只能标记在方法上面
@Retention(RetentionPolicy.RUNTIME)
public @interface GameMessageMapping {
    public Class<? extends IGameMessage> value(); /** 标记的注解必须赋值消息对象的 Class**/
}
```

当收到网络消息之后,根据 messageId 和消息类型,从 GameMessageService 实例中获取这个消息对应的对象,然后就可以拿到这个对象的 Class Name。既然要通过反射调用处理消息的相应方法,就需要根据消息的 Class Name,找到这个方法本身的对象和方法所在的对象。

可以在项目启动的时候,通过扫描标记了 GameMessageHandler 注解的类,然后获取标记了 GameMessageMapping 的方法,从 GameMessageMapping 获取消息的对象 Class Name,并把它们缓存起来。这样在收到网络消息之后,就可以根据 Class Name 找到调用处理消息的方法。

在 my-game-network-param 项目中添加 DispatchGameMessageService,在初始化中添加扫描 GameMessageHandler 注解的类和 GameMessageMapping 注解的方法,代码如下所示。

```
@Service
public class DispatchGameMessageService {
    private Logger logger = LoggerFactory.getLogger(DispatchGameMessageService.class);
    private Map<String, DispatcherMapping> dispatcherMappingMap = new HashMap<>();
    @Autowired
    private ApplicationContext applicationContext;// 注入 spring 上下文
    public static void scanGameMessages(ApplicationContext applicationContext, int serviceId, String packagePath) {// 构造一个方便的调用方法
        DispatchGameMessageService dispatchGameMessageService = applicationContext.getBean(DispatchGameMessageService.class);
        dispatchGameMessageService.scanGameMessages(serviceId, packagePath);
    }
    public void scanGameMessages(int serviceId, String packagePath) {
        Reflections reflection = new Reflections(packagePath);
```

```java
            Set<Class<?>> allGameMessageHandlerClass = reflection.getTypesAnnotatedWith(GameMessageHandler.class);/**扫描指定的包路径下的所有类，根据注解，获取所有标记了这个注解的所有类的Class**/
            if (allGameMessageHandlerClass != null) {
                allGameMessageHandlerClass.forEach(c -> {/**遍历获得的所有的Class**/
                    Object targetObject = applicationContext.getBean(c);
/**根据Class从spring中获取它的实例，从spring中获取实例的好处是，把处理消息的类纳入spring的管理体系中**/
                    Method[] methods = c.getMethods();
                    for (Method m : methods) {// 遍历这个类上面的所有方法
                        GameMessageMapping gameMessageMapping = m.getAnnotation(GameMessageMapping.class);
                        if (gameMessageMapping != null) {/**判断此方法上面是否有GameMessageMapping**/
                            Class<?> gameMessageClass = gameMessageMapping.value();
                            // 从注解中获取处理IGameMessage对象的Class
                            GameMessageMetadata gameMessageMetadata = gameMessageClass.getAnnotation(GameMessageMetadata.class);
                            if (serviceId == 0 || gameMessageMetadata.serviceId() == serviceId) {/**每个服务只加载自己可以处理的消息类型，如果为0则加载所有的类型**/
                                DispatcherMapping dispatcherMapping = new DispatcherMapping(targetObject, m);
                                this.dispatcherMappingMap.put(gameMessageClass.getName(), dispatcherMapping);
                            }
                        }
                    }
                });
            }
        }
        public void callMethod(IGameMessage gameMessage, IGameChannelContext ctx) {
        // 当收到网络消息之后，调用此方法
            String key = gameMessage.getClass().getName();
            DispatcherMapping dispatcherMapping = this.dispatcherMappingMap.get(key);
            // 根据消息的ClassName找到调用方法的信息
            if (dispatcherMapping != null) {
```

```
            Object obj = dispatcherMapping.getTargetObj();
            try {
                dispatcherMapping.getTargetMethod().invoke(obj, gameMessage,
ctx);
// 调用处理消息的方法
            } catch (IllegalAccessException | IllegalArgumentException
| InvocationTargetException e) {
                logger.error("调用方法异常，方法所在类：{}，方法名：{}", obj.
getClass().getName(), dispatcherMapping.getTargetMethod().getName(), e);
            }
        } else {
            logger.warn("消息未找到处理的方法，消息名：{}", key);
        }
    }
```

然后在 my-game-client 项目中添加 DispatchGameMessageHandler（记得将它添加在 Channel 的 Pipeline 中），负责接收到网络消息之后，调用处理消息的方法，代码如下所示。

```
public class DispatchGameMessageHandler extends ChannelInboundHandlerAdapter {
    private DispatchGameMessageService dispatchGameMessageService;
    public DispatchGameMessageHandler(DispatchGameMessageService
dispatchGameMessageService) {
        this.dispatchGameMessageService = dispatchGameMessageService;
    }
    @Override
    public void channelRead(ChannelHandlerContext ctx, Object msg)
throws Exception {
        IGameMessage gameMessage = (IGameMessage)msg;
        GameClientChannelContext gameClientChannelContext = new
GameClientChannelContext(ctx.channel(),gameMessage);// 构造消息处理的上下文信息
        dispatchGameMessageService.callMethod(gameMessage,
gameClientChannelContext);
    }
}
```

在 my-game-client 初始化类 GameClientInitService 的 init 方法中及 my-game-gateway 的启动方法中添加 scanGameMessage 方法的调用。这样，在架构中收到网络消息之后，就可以自动分发到相应的处理消息的方法上面，开发人员只需要关心处理消息的方法即可，

不用再考虑消息怎么分发了。

6.6 网络通信安全

在网络通信中，信息安全是被特别关注的。游戏服务器网关的 IP 和端口是很容易获取的，只要用户账号注册成功，就可以从游戏服务中心获取一个有效的游戏服务器网关 IP 和端口。也就是说，任何人获取了 IP 和端口都可以与游戏服务器网关建立连接，因此需要对连接进行检测与认证。另外，通信的数据不加任何防护是明文传输的，也很容易被第三方恶意破解，所以需要对通信数据进行加密保护。

6.6.1 连接认证

用户登录成功之后，从游戏服务中心获得 IP 和端口，就可以连接具体的游戏服务器网关，并可以向游戏服务器网关发送消息。如果客户端足够多，可以创建无限个连接。试想，如果有人获取了游戏服务器网关的 IP 和端口之后，写一个死循环一直与游戏服务器网关创建连接，那么游戏服务器网关的 Socket 资源很快就会被完全占用，正常的客户端也无法连接。

因此需要对无效的连接进行清理。但是当游戏服务器网关收到客户端的连接之后，怎么确认这些连接是合法的呢？如果非法连接占用正常连接的资源，就会导致正常的客户端连接不上。这就需要对连接的客户端身份进行认证，如果认证不能通过，就不是正常连接，游戏服务器网关将主动关闭连接，以释放被占用的资源。

另一个办法是游戏服务器网关收到客户端连接创建成功之后，如果客户端在一定时间内没有发起连接认证，那么服务器将视其为无效连接，直接关闭此连接。这需要在服务收到创建连接成功之后，添加一个延时任务，在这个任务中检测是否完成了连接认证。在 my-game-gateway 中添加 ConfirmHandler（记得将它添加到 Channel 的 Pipeline 中）类，用于处理连接检测与认证，代码如下所示。

```
public class ConfirmHandler extends ChannelInboundHandlerAdapter {
    private GatewayServerConfig serverConfig;// 注入服务器配置
    private boolean confirmSuccess = false;// 标记连接是否认证成功
```

```java
        private ScheduledFuture<?> future;// 定时器的返回值
        public ConfirmHandler(GatewayServerConfig serverConfig) {
            this.serverConfig = serverConfig;
        }
        @Override
        public void channelActive(ChannelHandlerContext ctx) throws Exception {
            // 此方法会在连接建立成功 Channel 注册之后调用
            int delay = serverConfig.getWaiteConfirmTimeoutSecond();/** 从配置中获取延迟时间 **/
            future = ctx.channel().eventLoop().schedule(() -> { // 添加延时任务
                if (!confirmSuccess) {// 如果没有认证成功,则关闭连接
                    ctx.close();
                }
            }, delay, TimeUnit.SECONDS);
        }
        @Override
        public void channelInactive(ChannelHandlerContext ctx) throws Exception {
            if(future != null) {
                future.cancel(true);// 如果连接关闭了,取消定时检测任务
            }
            ctx.fireChannelInactive();// 接下来告诉下面的 Handler
        }
    }
```

在 Channel 激活的时候,表示连接创建成功,此时添加一个延时任务。如果在延时任务触发时,客户端已经完成了连接认证,则保持连接,否则游戏服务器网关直接主动断开连接。

连接成功之后,紧接着客户端应该发送连接认证请求。首先添加连接认证请求类和响应类。认证的请求需要发送一个 token,这个 token 是在游戏服务中心获取游戏服务器网关信息时返回的。游戏服务器网关收到连接认证请求之后,解析收到的 token,得到明文数据。如果 token 解析成功,表示其为正常的连接,否则表示其为非法连接,直接关闭此连接。

这个 token 也有过期时间,如果 token 已过期需要告诉客户端,让客户端重新从游戏服务中心获取。从 token 中可以解析出一些用户的基本信息,包括第三方唯一 ID(openId)、用户 ID(userId)、角色 ID(playerId)、区 ID(zoneId)、客户端加密公钥(用于通信加密)。

6.6.2 通信协议加密和解密

在开发游戏服务器网关的时候，已经介绍过加密的重要性。游戏服务器网关这里也需要对通信进行加密，保证通信内容的安全。常见的加密方式有两种：对称加密和非对称加密。

对称加密算法也有很多种，目前常用的就是高级加密标准（Advanced Encryption Standard，ASE）。对称加密的特点是加密和解密使用的都是同一个密钥，所以通信双方首先要约定好密钥。对称加密的优点是加密计算量相对比较小，而且速度快，适合对大量数据进行加密。

在使用对称加密的时候，首先要考虑两个问题：一是密钥的同步；二是密钥的管理。对称加密的安全就是密钥的安全，如果密钥不小心泄露了，别有用心者就可以使用这个密钥解密数据，修改之后，再使用密钥加密传给服务器，导致数据错误或服务异常。

比如将密钥记录在客户端代码中，可以通过反编译得到密钥。另外，所有的用户都使用一个相同的密钥是不可以的，这样若一个用户的密钥泄露，会直接威胁所有的用户。因此每个用户需要单独生成自己的密钥，并只能自己使用，从而可以最大程度地保证不同用户的密钥安全。

非对称加密也有很多种，目前常用的是RSA。RSA的加密特点是它有两个密钥，一个是公钥，另一个是私钥。私钥是自己的，只有自己可以使用；而公钥是公开的，任何人都可以看到。比如小明和小红两个人要通信，小明把自己的公钥给小红，小红使用小明的公钥加密，然后将加密的信息发送给小明。这段加密的信息，只有小明自己使用的私钥可以解密出来，而私钥只有小明自己知道，所以是安全的。而小明想给小红回信息，可以使用小红的公钥加密信息，发给小红，小红使用自己的私钥解密信息。这样就可以不暴露私钥而保证通信的安全。

RSA虽然是目前最安全的，但是它有一个明显的缺点——计算量大，导致处理速度慢。特别是对数量比较大的数据进行加密时，RSA比对称加密要慢几个数量级，而且对密码的明文长度有限制。如果明文太长，一个解决办法是分段加密，所以不建议使用RSA加密长明文。

在实际应用中，一般将对称加密和非对称加密结合使用。使用非对称加密给通信双方同步对称加密的密钥，保证在传输的过程中，对称加密的密钥不会泄露。之后的通信再使用对称加密方法加密，这样既能保证数据安全性又能兼顾效率。

在连接网关之前,客户端需要从游戏服务中心获取 token 的时候,游戏服务中心会生成客户端使用的私钥和公钥,并把公钥放到 token 的加密信息中,客户端保留私钥。在客户端连接游戏服务器网关认证连接时,游戏服务器网关从认证信息中获取 token,并解密成功之后,获取到客户端的公钥,并使用客户端的公钥对对称加密的密钥加密返回给客户端。

客户端收到认证请求之后,使用私钥解密,获取对称加密的密钥。之后客户端与服务器的通信都统一使用对称加密的密钥进行加密和解密。因为 token 本身的加密和解密都是在服务器完成的,所以不会泄漏非对称加密的公钥。

在 my-game-common 项目中添加两个工具类,即 AESUtils.java 和 RSAUtils.java,分别用于对称加密解密和非对称加密解密。在游戏服务中心返回 token 的时候,创建此客户端使用的 RSA 的公钥和私钥。因为在正式上线之后,客户端使用 HTTPS 与游戏服务中心交互数据,所以传输是安全的,将公钥放到 token 中,私钥直接返回给客户端。

在 my-game-center 项目的 UserController 类的 selectGameGateway 方法中添加 RSA 的公钥和私钥生成,与选择的网关信息一起返回给客户端,代码如下所示。

```
@PostMapping(MessageCode.SELECT_GAME_GATEWAY)
public Object selectGameGateway(@RequestBody SelectGameGatewayParam param) throws Exception {
        param.checkParam();
        long playerId = param.getPlayerId();
        GameGatewayInfo gameGatewayInfo = gameGatewayService.getGameGatewayInfo(playerId);
        GameGatewayInfoMsg gameGatewayInfoMsg = new GameGatewayInfoMsg(gameGatewayInfo.getId(), gameGatewayInfo.getIp(), gameGatewayInfo.getPort());
        Map<String, Object> keyPair = RSAUtils.genKeyPair();
        // 生成 RSA 的公钥和私钥
        byte[] publickKeyBytes = RSAUtils.getPublicKey(keyPair);
        // 获取公钥
        String publickKey = Base64Utils.encodeToString(publickKeyBytes);// 为了方便传输,对 Bytes 数组进行 base64 编码
        String token = gameGatewayService.createToken(param, gameGatewayInfo.getIp(),publickKey);// 根据这些参数生成 token
        gameGatewayInfoMsg.setToken(token);
        byte[] privateKeyBytes = RSAUtils.getPrivateKey(keyPair);
```

```
        String privateKey = Base64Utils.encodeToString(privateKeyBytes);
        gameGatewayInfoMsg.setRsaPrivateKey(privateKey);// 给客户端返回私钥
        logger.debug("player {} 获取游戏服务器网关信息成功: {}", playerId, 
gameGatewayInfoMsg);
        ResponseEntity<GameGatewayInfoMsg> responseEntity = new Respon-
seEntity<>(gameGatewayInfoMsg);
        return responseEntity;
    }
```

这样，客户端在收到游戏服务中心的返回之后，就可以拿到一个属于它的私钥。在连接游戏服务器网关之后，进行连接认证的时候，将 token 传到游戏服务器网关；游戏服务器网关解密 token，就可获得客户端的加密公钥；然后使用此公钥将 AES 的对称加密密钥加密，返回给客户端。

之后客户端与服务器通信都使用 AES 加密和解密。在 my-game-gateway 项目的 ConfirmHandler 中添加读取认证信息，并返回加密后的对称加密密钥。代码如下所示。

```
    @Override
    public void channelRead(ChannelHandlerContext ctx, Object msg) 
throws Exception {
        GameMessagePackage gameMessagePackage = (GameMessagePackage) 
msg;
        int messageId = gameMessagePackage.getHeader().getMessageId();
        if (messageId == GatewayMessageCode.ConnectConfirm.getMessageId()) {
    // 如果是认证消息，在这里处理
            ConfirmMesgRequest request = new ConfirmMesgRequest();
            request.read(gameMessagePackage.getBody());// 反序列化消息内容
            String token = request.getBodyObj().getToken();
            ConfirmMsgResponse response = new ConfirmMsgResponse();
            if (StringUtils.isEmpty(token)) {// 检测 token
                logger.error("token 为空，直接关闭连接");
                ctx.close();
            } else {
                try {
                    tokenBody = JWTUtil.getTokenBody(token);/** 解析
token 里面的内容，如果解析失败，会抛出异常 **/
                    this.confirmSuccess = true;// 标记认证成功
                    String aesSecretKey = AESUtils.createSecret(tokenBody.
```

```java
getUserId(), tokenBody.getServerId());// 生成此连接的 AES 密钥
                        // 将对称加密密钥分别设置到编码和解码的 Handler 中
                        DecodeHandler decodeHandler = ctx.channel().
pipeline().get(DecodeHandler.class);
                        decodeHandler.setAesSecret(aesSecretKey);
                        EncodeHandler encodeHandler = ctx.channel().
pipeline().get(EncodeHandler.class);
                        encodeHandler.setAesSecret(aesSecretKey);
                        byte[] clientPublicKey = this.getClientRsaPublick
Key();
                        byte[] encryptAesKey = RSAUtils.encryptByPublicKey
(aesSecretKey.getBytes(),clientPublicKey);// 使用客户端的公钥加密对称加密密钥
                        response.getBodyObj().setSecretKey(Base64Utils.
encodeToString(encryptAesKey));// 返回给客户端
    GameMessagePackage returnPackage = new GameMessagePackage();
                        returnPackage.setHeader(response.getHeader());
                        returnPackage.setBody(response.body());
                        ctx.writeAndFlush(returnPackage);
                    } catch (Exception e) {
                        if (e instanceof ExpiredJwtException) {/** 告诉客
户端 token 过期,让客户端重新获取并重新连接 **/
                            response.getHeader().setErrorCode(GameGateway
Error.TOKEN_EXPIRE.getErrorCode());
                            ctx.writeAndFlush(response);
                            ctx.close();
                            logger.warn("token 过期,关闭连接");
                        } else {
                            logger.error("token 解析异常,直接关闭连接",e);
                            ctx.close();
                        }
                    }
                }
            } else {
                if(!confirmSuccess) {
                    logger.trace(" 连接未认证,不处理任务消息,关闭连接,
channelId:{}", ctx.channel().id().asShortText());
                    ctx.close();
                }
                ctx.fireChannelRead(msg);/** 如果不是认证消息,则向下发送消息,
让后面的 Handler 去处理,如果不下发,后面的 Handler 将接收不到消息 **/
            }
```

```
        }
        // 从 token 中获取客户端的公钥
        private byte[] getClientRsaPublickKey() {
            String publickKey = tokenBody.getParam()[1];/** 获取客户端的
公钥字符串 **/
            return Base64Utils.decodeFromString(publickKey);
        }
```

当客户端收到 ConfirmMsgReponse 的时候，从中获取对称加密的密钥，然后修改客户端与服务器的 DecodeHandler 和 EncodeHandler，添加加密和解密代码。测试的时候需要注意，设置 my-game-client 中 application.yml 中 use-game-center 为 true，需要从游戏服务中心获取 token 和密钥。

6.6.3 游戏服务器网关流量限制

前文已经介绍了流量限制的作用及实现，在游戏服务器网关中也需要开发流量限制，防止有恶意的客户端攻击网关或者流量暴增导致服务超载。因此也需要有全局限流和单个连接限制。在 my-game-gateway 中添加 RequestRateLimiterHandler，代码如下所示。

```
    public class RequestRateLimiterHandler extends ChannelInboundHandlerAdapter {
        private RateLimiter globalRateLimiter; // 全局限流器
        private static RateLimiter userRateLimiter;/** 用户限流器,用于限制
单个用户的请求 **/
        private static Logger logger = LoggerFactory.getLogger(Request-
RateLimiterHandler.class);

        public RequestRateLimiterHandler(RateLimiter globalRateLimiter,
int requestPerSecond) {
            this.globalRateLimiter = globalRateLimiter;
            userRateLimiter = RateLimiter.create(requestPerSecond);
        }
        @Override
        public void channelRead(ChannelHandlerContext ctx, Object msg)
throws Exception {
            if (!userRateLimiter.tryAcquire()) {// 获取令牌失败,触发限流
                logger.debug("channel {} 请求过多,连接断开", ctx.channel().
id().asShortText());
```

```
                ctx.close();
                return;
            }
            if (!globalRateLimiter.tryAcquire()) {// 获取全局令牌失败，触发限流
                logger.debug(" 全局请求超载, channel {} 断开", ctx.
channel().id().asShortText());
                ctx.close();
                return;
            }
            ctx.fireChannelRead(msg);/** 不要忘记添加这个，若忘记了，后面的
Handler 收不到消息 **/
        }
    }
```

在 GatewayServerConfig 类中添加限流参数的配置，并把 RequestRateLimiterHandler 添加到 GatewayServerBoot 的 initChannel 方法中，因为限制不需要解码请求，所以放在 LengthFieldBasedFrameDecoder 之前。

6.7 网络连接管理

客户端与游戏服务器网关的连接建立成功之后，就可以相互发送消息了。但是当业务服务返回消息给游戏服务器网关之后，游戏服务器网关需要知道这个消息是发给哪个客户端的。为了网络连接的可靠和节省资源，需要对连接进行心跳检测、空闲检测、异地登录。

6.7.1 连接管理

游戏服务器网关需要维护和很多客户端的连接，每一个连接代表一个用户。当一个连接收到消息的时候，需要知道这个消息是发给哪个用户的；当业务服务返回用户的消息到网关，网关需要知道这个消息是哪个连接的客户端的。因此需要对这些连接和用户进行映射管理，使它们彼此能找到对方。

在游戏服务器网关中，一个连接就是一个 Channel，将这些连接集中到容器中管理，就会涉及多线程并发的问题。可能第一个想到的就是 ConcurrentHashMap，但是它只是保证这个容器的线程安全，并不能保证一些业务状态变更的原子性。

比如在网络不好的状态下，客户端发起多次服务器重连。第一次连接的 Channel 在线程 A，第二次连接的 Channel 在线程 B。A 连接没有认证，认证超时会从 Channel 容器管理中移除 Channel；而 B 认证成功了，需要保存在 Channel 容器中。因为 A、B 是不同的线程，所以有可能 B 认证成功保存连接而 A 移除连接存在临界状态，导致 A 会把 B 的正常连接移除掉。

为了解决这个问题，容器的并发操作要使用读写锁 ReentrantReadWriteLock 实现，而 Channel 的容器使用 HashMap 就可以了，它相对于 ConcurrentHashMap 效率高一些。

使用读写锁，允许多个线程读取数据，但只允许一个线程进行写入。这样方便将读和写操作使用同一个 ReentrantReadWriteLock 对象实例分开，使其保证在同一时刻，只存在一种状态的变更。在 my-game-gateway 项目中添加 ChannelService 类，代码如下所示。

```
@Service
public class ChannelService {
    private Map<Long, Channel> playerChannelMap = new HashMap<>();/**playerId 与 Netty Channel 的映射容器，注意，这里使用的是 HashMap，所以，对于 Map 的所有操作都要放在锁里面**/
    private ReentrantReadWriteLock lock = new ReentrantReadWriteLock();
    // 读写锁，使用非公平锁
    private Logger logger = LoggerFactory.getLogger(ChannelService.class);
    private void readLock(Runnable task) {/**封装添加读锁，统一添加，防止写错**/
        lock.readLock().lock();// 加锁
        try {
            task.run();// 执行任务
        } catch (Exception e) {  // 统一异常捕获
            logger.error("ChannelService 读锁处理异常 ",e);
        }finally {
            lock.readLock().unlock(); // 解锁
        }
    }
    private void writeLock(Runnable task) {// 封装添加写锁，统一添加，防止写错
        lock.writeLock().lock();
        try {
            task.run();
        } catch (Exception e) {   // 统一异常捕获
            logger.error("ChannelService 写锁处理异常 ",e);
```

```java
        }finally {
            lock.writeLock().unlock();
        }
    }
    public void addChannel(Long playerId, Channel channel) {
        this.writeLock(() -> {// 数据写入，添加写锁
            playerChannelMap.put(playerId, channel);
        });
    }
    public Channel getChannel(Long playerId) {
        lock.readLock().lock();
        try {
            Channel channel = this.playerChannelMap.get(playerId);
            return channel;
        } finally {
            lock.readLock().unlock();
        }
    }
    public void removeChannel(Long playerId, Channel removedChannel) {
        this.writeLock(() -> {
            Channel existChannel = playerChannelMap.get(playerId);
            if (existChannel != null && existChannel == removedChannel) {
// 必须是同一个对象才可以移除
                playerChannelMap.remove(playerId);
                existChannel.close();
            }
        });
    }
    public void broadcast(BiConsumer<Long, Channel> consumer) {/** 向 Channel 广播消息 **/
        this.readLock(() -> {
            this.playerChannelMap.forEach(consumer);
        });
    }
    public int getChannelCount() {// 获取当前连接的数量
        lock.writeLock().lock();
        try {
            int size = this.playerChannelMap.size();
            return size;
        }finally {
```

```
            lock.writeLock().unlock();
        }
    }
}
```

把 ChannelService 注入 ConfirmHandler 中,在 token 验证通过之后,调用 channelService. addChannel(tokenBody.getPlayerId(), ctx.channel()); 加入连接管理。在 channelInActive 方法中,检测到连接断开之后,调用 channelService.removeChannel(playerId, ctx.channel()); 方法,移除连接,否则会出现内存泄漏的问题。代码如下所示。

```
    @Override
    public void channelInactive(ChannelHandlerContext ctx) throws Exception {
        if (future != null) {
            future.cancel(true);// 如果连接关闭了,取消定时检测任务
        }
        if (tokenBody != null) { // 连接断开之后,移除连接
            long playerId = tokenBody.getPlayerId();
            this.channelService.removeChannel(playerId, ctx.channel());
// 调用移除,否则出现内存泄漏的问题
        }
        ctx.fireChannelInactive();// 接下来告诉下面的 Handler
    }
```

另外,如果同一个账号在不同的设备连接游戏服务器网关。为了保证用户数据的正常性,同一个账号不能同时建立两个连接,这样会引起数据并发问题,需要关闭旧的连接,保留新的连接。

所在的 token 验证通过之后,先调用检测重复连接的方法。在 ConfirmHandler 的 channelRead 方法中添加调用重复连接检测方法 this.repeatedConnect(),该方法代码如下所示。

```
    private void repeatedConnect() {
        if(tokenBody != null) {
            Channel existChannel = this.channelService.getChannel(tokenBody.getPlayerId());
            if(existChannel != null) {
                // 如果检测到同一个账号创建了多个连接,则把旧连接关闭,保留新连接
```

```
                ConfirmMsgResponse response = new ConfirmMsgResponse();
                response.getHeader().setErrorCode(GameGatewayError.
REPEATED_CONNECT.getErrorCode());
                GameMessagePackage returnPackage = new GameMessagePackage();
                returnPackage.setHeader(response.getHeader());
                returnPackage.setBody(response.body());
                existChannel.writeAndFlush(returnPackage);/** 在关闭
之后，给这个连接返回一条提示信息，告诉客户端账号可能异地登录了 **/
                existChannel.close();
            }
        }
    }
```

6.7.2 连接心跳检测

这里说的心跳检测是业务层的一种连接检测机制。它可以检测网络是否正常，客户端是否一直处于空闲等待状态，方便业务逻辑根据这些状态做一些处理，比如关闭空闲连接、保存用户数据到数据库、更新好友在线状态、统计用户在线时间等。如果依赖于 TCP 底层的 keep-alive 机制，没有及时性，因为它默认两小时才检测一次。

业务的心跳一般是由客户端发起。为了减少消息的发送量，心跳并不是固定周期的发送，而是客户端检测到当前连接在一定时间内没给服务器发送任何消息（比如用户长时间不做任务操作），才会开始发送心跳消息，而且要在连接认证成功之后才开始发送。心跳消息要尽量地小，不要占过多的资源。也可以使用心跳来同步客户端与服务器的时间，即客户端可以只发一个空消息体的包，而服务器返回的消息中只包括一个当前服务器的时间戳。

如果服务器长时间接收不到任何消息，包括心跳消息（比如网络拥堵，手机应用长时间切到后台），服务器就认为客户端已联系不上了，就会主动断开连接。调用 ctx.close() 方法，并向业务服务发布客户端掉线的事件，处理相应的下线逻辑。

如果一直接收到心跳消息，说明客户端闲置。若一直没有用户操作，需要设置一个接收到的心跳消息数的上限。如果达到这个上限了，服务器也要主动断开连接。收到非心跳消息时，再重新计数。这样做的目的是节省连接资源，让更多的人可以连接游戏服务器网关服务。当然，客户端需要重新连接，遵循正常的连接流程即可。

这里有个大家很关心的问题，就是最合适的心跳的时间间隔是多久。遗憾的是，作者也不能给出一个确定的答案，这要根据游戏类型或交互强度来确定。比如一般的卡牌游戏，是根据用户的操作来向服务器发送请求的，可以间隔长一点，15～30s 都可以。而同屏在线的游戏，对连接断开比较敏感，心跳的时间间隔就需要短一些，比如 3～5s。总之，心跳时间间隔根据游戏类型来确定。

在 Netty 中，提供了一个用于检测连接空闲的 IdleStateHandler，它有 3 个重要的参数。

- readerIdleTimeSeconds：读取空闲时间，单位是 s。如果连接在这个时间段内一直没有收到消息，就会向本连接的 Channel 发送一个状态是 IdleState.READER_IDLE 的 IdleStateEvent 事件。

- writerIdleTimeSeconds：写出空闲时间，单位是 s。如果连接在这个时间段内一直没有向外发送消息，就会向本连接的 Channel 中发送一个状态是 IdleState.WRITER_IDLE 的 IdleStateEvent 事件。

- allIdleTimeSeconds：读写所有空闲时间，单位是 s。如果连接在这个时间段内一直没有接收到消息，也没有发送过消息，就会向本连接的 Channel 发送一个状态是 IdleState.ALL_IDLE 的 IdleStateEvent 事件。

使用这些参数的组合，很容易满足心跳实现的需求。其中，服务器是接收请求的，它判断的是 readerIdleTimeSeconds 时间，如果连接的 Channel 收到状态是 IdleState.READER_IDLE 的 IdleStateEvent 事件了，说明客户端已不能正常发送消息了，服务器就主动断开连接。

而客户端是发送消息，所以判断的是 writerIdleTimeSeconds 时间。如果连接的 Channel 收到的是 IdleState.WRITER_IDLE 的 IdleStateEvent 事件，说明用户已经有一段时间不操作了，这个时间需要向服务器发送心跳消息了。在 my-game-client 中的 GameClientBoot 中添加两个 Handler，如下面代码所示。

```
ch.pipeline().addLast(new IdleStateHandler(15, 6, 20));/** 如果 6s 内没有消息写出，发送写出空闲事件，触发心跳 **/
ch.pipeline().addLast("HeartbeatHandler",new HeartbeatHandler());
// 心跳 Handler
```

其中，HeartbeatHandler 是自定义的心跳 Handler，如下面代码所示。

```
public class HeartbeatHandler extends ChannelInboundHandlerAdapter {
    private boolean confirmSuccess;// 标记连接是否认证成功
    public void setConfirmSuccess(boolean confirmSuccess) {/** 在连接
```

认证成功的方法中调用此方法，标记连接认证成功 **/
            this.confirmSuccess = confirmSuccess;
        }
        @Override
        public void userEventTriggered(ChannelHandlerContext ctx, Object evt) throws Exception {
            if (evt instanceof IdleStateEvent) {
                IdleStateEvent event = (IdleStateEvent) evt;
                if (event.state() == IdleState.WRITER_IDLE) {/** 接收写出空闲事件，说明一定时间内没有向服务器发送消息了 **/
                    if (confirmSuccess) {// 连接认证成功之后再发送
                        HeartbeatMsgRequest request = new HeartbeatMsgRequest();
                        ctx.writeAndFlush(request);// 发送心跳消息
                    }
                }
            }
        }

userEventTriggered 方法是用于接收 Channel 中的事件信息，当 IdleStateHandler 检测到一定时间内客户端没有再向服务器发送消息时，会主动发送这个事件。也可以根据实际需要发送自定义的事件，这个在以后的章节中会介绍。在 SystemMessageHandler 添加接收心跳响应消息的方法，如下面代码所示。

    @GameMessageMapping(HeartbeatMsgResponse.class)
    public void heartbeatResponse(HeartbeatMsgResponse response,GameClientChannelContext ctx) {
        logger.debug(" 服务器心跳返回，当前服务器时间：{}",GameTimeUtil.getStringDate(response.getBodyObj().getServerTime()));
    }

在 my-game-gateway 项目中的 GatewayServerBoot 同样添加两个 Handler，代码如下所示。

    int readerIdleTimeSeconds = serverConfig.getReaderIdleTimeSeconds();
    // 读取空闲时间

```
        int writerIdleTimeSeconds = serverConfig.getWriterIdleTimeSeconds();
        // 写出空闲时间
        int allIdleTimeSeconds = serverConfig.getAllIdleTimeSeconds();
        // 读写空闲时间
        p.addLast(new IdleStateHandler(readerIdleTimeSeconds, writerIdleTimeSeconds,
allIdleTimeSeconds));
        p.addLast("HeartbeatHandler",new HeartbeatHandler());
        // 处理心跳的 Handler
```

HeartbeatHandler 是请求客户端心跳并处理的 Handler，代码如下所示。

```
public class HeartbeatHandler extends ChannelInboundHandlerAdapter{
    private Logger logger = LoggerFactory.getLogger(HeartbeatHandler.class);
    private int heartbeatCount = 0;/**心跳计数器，如果一直接收到的是心跳消息，
达到一定数量之后，说明客户端一直没有用户操作了，服务器就主动断开连接**/
    private int maxHeartbeatCount = 66;// 最大心跳数
        @Override
        public void userEventTriggered(ChannelHandlerContext ctx,
Object evt) throws Exception {
            if(evt instanceof IdleStateEvent) {// 在这里接收 Channel 中的事件信息
                IdleStateEvent idleStateEvent = (IdleStateEvent) evt;
                if(idleStateEvent.state() == IdleState.READER_IDLE) {
// 若一定时间内，没有收到客户端信息，则断开连接
                    ctx.close();
                    logger.debug("连接读取空闲，断开连接, channelId:{}",
ctx.channel().id().asShortText());
                }
            }
            ctx.fireUserEventTriggered(evt);
        }
        @Override
        public void channelRead(ChannelHandlerContext ctx, Object msg)
throws Exception {
            GameMessagePackage gameMessagePackage=(GameMessagePackage) msg;
            // 拦截心跳请求，并处理
            if(gameMessagePackage.getHeader().getMessageId() ==
GatewayMessageCode.Heartbeat.getMessageId()) {
                logger.debug("收到心跳信息,channelid:{}",ctx.channel().
id().asShortText());
```

```
                HeartbeatMsgResponse response = new HeartbeatMsgResponse();
                response.getBodyObj().setServerTime(System.
currentTimeMillis());//返回服务器时间
                GameMessagePackage returnPackage = new GameMessagePackage();
                returnPackage.setHeader(response.getHeader());
                returnPackage.setBody(response.body());
    ctx.writeAndFlush(returnPackage);
    this.heartbeatCount ++;
    if(this.heartbeatCount > maxHeartbeatCount) {
        ctx.close();
    }
            } else {
this.heartbeatCount = 0;// 收到非心跳消息之后，重新计数
                ctx.fireChannelRead(msg);
            }
        }
    }
```

如此，客户端与服务器连接并认证成功之后，等一段时间连接空闲时，就可以看到客户端与服务器之间的心跳请求了。

6.7.3 消息幂等处理

消息幂等处理是指，同样的一条消息，只处理一次即可。怎么样确认是同一条消息呢？根据消息包头里面的序列 ID 区分。对于同一个用户的同一条连接，发送的消息序列 ID 都是递增的。游戏服务器网关在连接认证之后，会记录最近一次收到的消息的序列 ID，如果收到的新消息的序列 ID 小于等于上次收到的序列 ID，表示此消息已处理过，丢弃此次请求的消息。重新连接之后，会重置这个序列 ID。

这样做的目的是防止转包攻击。在网络通信中，可以使用第三方软件，截取通信的网络包，第三方软件不对通信的网络包进行任何修改，不破坏数据包的完整性和合法性，只是不停地转发请求。如果不做幂等处理，就会导致同样的请求被处理多次，有可能对用户造成损失或使服务器数据异常。

在 my-game-client 的编码类中，添加自增的消息序列号，每发送一个消息，此序列号就自增加 1。在 my-game-gateway 的 RequestRateLimiterHandler 中记录最近收到的客户端消息序列号，代码如下所示。

```
GameMessagePackage gameMessagePackage = (GameMessagePackage)msg;
int clientSeqId = gameMessagePackage.getHeader().getClientSeqId();
if(lastClientSeqId > 0) {
    if(clientSeqId <= lastClientSeqId) {
        return ;// 直接返回，不再处理
    }
}
this.lastClientSeqId = clientSeqId;// 记录本次处理的消息序列号
```

6.8 本章总结

本章主要介绍了使用 Netty 实现游戏服务器网关的基本功能。客户端可以与游戏服务器网关建立长连接通信。在游戏服务器网关实现了网络通信开发，消息序列化与反序列化，连接安全认证等功能。对客户端与服务器通信的消息进行了封装，这样做的好处是更换消息体的序列化方式时，不会影响上层的业务逻辑代码。

第7章 游戏服务器网关与游戏业务服务数据通信

网关在收到消息，并对消息进行解压、解密、验证过滤后，就需要将消息转发到相应的业务服务之中。消息转发是网关最主要的职能之一，这些业务服务处于网关的后面，负责处理请求消息对应的功能。本章主要解决的问题如下。

- 消息转发通信——消息总线服务。
- 消息的序列化与反序列化。
- 游戏服务器网关对客户端请求消息负载均衡。
- 游戏服务器网关转发客户端请求消息。

7.1 游戏服务器网关与游戏业务服务通信定义

游戏服务器网关和游戏业务服务是两个不同的进程，在分布式系统中属于不同的部署节点。它们之间只能通过网络连接实现消息通信，因此需要建立网络连接，实现消息的序列化与反序列化。在游戏服务器网关和游戏业务服务通信过程中，需要考虑架构的伸缩性和扩展性，涉及消息负载均衡的策略，因此它们之间的信息交互需要做好严格的设计。

7.1.1 游戏服务器网关消息转发

游戏服务器网关作为客户端消息与游戏业务服务之间的消息中转站，最基本的功能就是对消息进行转发和分流。在游戏服务中心的服务中，Spring Cloud 的网关组件 Spring Cloud Gateway，已经实现了对 HTTP 请求的消息过滤、负载均衡、转发等功能，只需要简单配置就可以实现 Web 服务器网关与业务服务之间的数据交互。

但是它们之间的网络通信使用的是 HTTP 短连接协议。每次通信都需要先建立新的 HTTP 连接，然后再发送消息，增加了等待创建连接的时间，而且 HTTP 会使用相对较多的网络资源，比如 HTTP 消息体相对较大，每一个 HTTP 消息都会有一个固定的 HTTP 包头数据。另外它对消息的序列化与反序列化操作也相对比较慢，最终导致客户端消息处理的网络延迟变大。

对于网络游戏来说，网络的延迟越小，用户的体验越好。如果客户端发送一条消息，让用户明显感觉到有时间等待，客户端就会出现明显卡顿的现象，用户一定会因此而流失的。所以游戏服务器网关的消息转发就需要满足高吞吐、低延迟。为了满足这两点，游戏服务器网关与游戏业务服务的网络通信必须使用长连接，在服务启动的时候建立连接即可，不用每次转发消息都重新建立连接，直接发送消息即可，减少消息的等待时间。

在转发消息时，消息在网关附加的信息越少越好，即序列化之后的消息体要尽量小，而且序列化与反序列化的速度要尽量地快。例如使用 JSON 格式序列化的时候，如果一个消息是这样的：{"name":"小明"}，业务真正需要的内容是"小明"，但是在传输的过程中，还需要"name"及其他的符号信息（双引号，大括号），而使用 ByteBuf 序列化消息只需要序列化"name"的值即可减小消息包在网络传输中的大小，而且消息的序列化与反序列化的速度也非常快。

对于游戏服务器网关转发消息时的负载均衡，在架构设计上和 Spring Cloud Gateway 本质上是相通的，可以参考 Spring Cloud Gateway 的设计实现，只不过需要把短连接修改为长连接，自定义实现消息的序列化和反序列化。

7.1.2 定义消息通信模型

游戏服务器网关需要将消息发送到业务服务，就需要和业务服务建立连接。如果是一个网关对应一个业务服务，那就非常简单了，直接建立一条 Socket 连接即可，但是考虑到架构的伸缩性和扩展性，并且整个游戏的服务器系统可以由多个服务组成、比如数据服务、副本服务、战斗服务。这样游戏服务器网关和业务服务就需要建立多条连接了。

另外，一个服务为了应对越来越多的消息请求，必须提供多个服务实例，实现请求的负载均衡，这样方便服务系统的伸缩。比如游戏服务器，1 台服务器可能只支持 8000 人，3 台可以支持 20000 人。这时网关还需要对消息进行负载均衡，使消息正确地到达处理这条消息的服务器。

假如游戏服务器网关与游戏业务服务直接建立连接的话，那么游戏服务器网关与业务服务就会形成一个连接网，如图 7.1 所示。

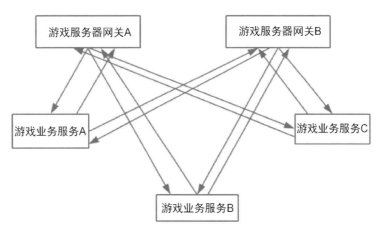

图 7.1　游戏服务器网关与游戏业务服务通信

这样的连接网不仅在维护和开发时很麻烦，而且基本上没有可扩展性，即"牵一发而动全身"。想象一下，添加一个新服务，为了让消息到达这个新服务，需要修改游戏服务器网关的配置，并且使配置生效；然后需要创建新的连接，部署一个新的游戏业务服务，同时也需要更新并重启游戏服务器网关。游戏服务器网关重启的时候，全部客户端需要断开并重新连接，登录并进入游戏，没办法实现版本灰度发布和测试。因此，游戏服务器网关与游戏业务服务直连的通信方式不适合分布式的游戏服务架构。

如果要实现需求中描述的可以动态添加业务服务而不影响游戏服务器网关，就需要把游戏服务器网关与业务服务进行解耦，不让它们直接连接，让游戏服务器网关对游戏业务服务无感知。这就需要一个消息中间件了。

游戏服务器网关收到客户端消息之后，将消息发布到消息中间件之中，哪个服务可以处理这个消息，即表示对这个消息有兴趣，就订阅这个消息，消息中间件会自动将消息转发到订阅这个消息的服务之中。这样游戏服务器网关和游戏业务服务都只需要和消息中间件建立一条连接即可，这个消息中间件可以称之为消息总线服务，如图 7.2 所示。

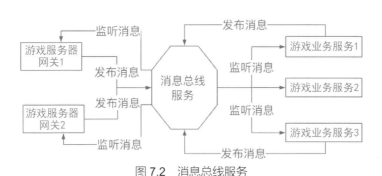

图 7.2　消息总线服务

当网关收到客户端的消息之后，经过一系列的预处理，将消息发布到消息总线服务的一个固定的 Topic 上面。游戏业务服务器监听这个 Topic，获取发布到这个 Topic 上面的消息，并处理客户端请求的消息。处理完消息之后，再将结果发布到网关监听的 Topic 中，网关收到消息之后再转发到客户端。

为了实现上面所说的功能，需要设定一些参数。在游戏服务器网关与游戏业务服务通信的过程中，使用消息总线服务的时候，需要有两个 Topic。一个是游戏业务服务器监听的 Topic，暂时叫 business-game-message-topic，游戏服务器网关收到客户端的请求消息之后，向这个 Topic 中发布消息，游戏业务服务则监听 Topic，来接收网关发布的消息。另一个是网关监听的返回消息的 Topic，暂且叫 gateway-game-message-topic，游戏服务处理完请求之后，向这个 Topic 中发布消息，游戏服务器网关监听它来接收游戏业务服务发布的消息，然后再转发到客户端。传输的消息对象就是前面定义的 XXXMsgRequest 和 XXXMsgResponse。

另外，为了实现架构的伸缩性和扩展性，需要支持多个网关和多个业务服务部署。为了服务的负载均衡，一个业务服务可以部署多个服务实例。比如游戏业务服务由两台物理服务器组成；战斗服务也是由两台物理服务器组成，一部分客户请求的消息会被负载到服务器 1 上面处理，另一部分客户端消息被负载到服务器 2 上面处理。因此，游戏服务器网关在发布一个客户端的请求消息时，必须发布到正确对应的 Topic 上面，如图 7.3 所示。

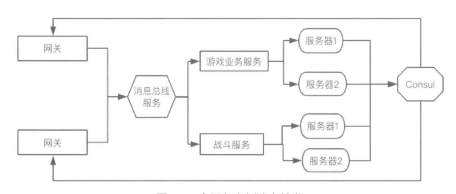

图 7.3　多服务实例消息转发

也就是说，游戏服务器网关和游戏业务服务之间必须有一个且唯一对应的 Topic，这个 Topic 可以使用前缀加 serverId 的方式组成。在消息的负载均衡策略中，需要知道这个消息属于哪个服务，所以消息头中必须有一个服务 ID，即 serviceId。一个 serviceId 对应一个服务实例列表，请求消息具体到达哪个服务实例，就需要在游戏服务器网关中根据负载均衡策略选择一个服务实例，作为一个具体处理请求消息的服务实例，并把这个服务实例的服务器 ID 放到消息头里面，暂且叫 toServerId，方便以后的消息追踪。

当服务实例处理完客户端请求的消息时，需要将返回消息发布到网关监听的消息总线服务的 Topic 上面，但是网关也是有多个的。因此，游戏服务器网关监听的 Topic 也必须加上网关的服务器唯一 ID，所在业务服务接收的客户端请求消息中必须包括转发这条消息的网关的服务器 ID，暂且叫 fromServerId。

在请求消息和响应消息中，toServerId 和 fromServerId 两个参数的值是相反的。比如请求消息包头中 fromServerId = 101，toServerId = 102，那么在响应消息包头中 fromServerId=102，toServerId = 101。

对于网关来说，fromServerId 可以从本地的配置文件中获取，因为每个服务都必须有一个属于自己的唯一的 serverId，而 toServerId 是根据负载策略选择出来的，在图 7.3 中可以看到，所有的服务实例启动之后，都会向 Consul 服务注册中心注册本实例的信息。这些信息中需要包括服务 ID（即 serviceId）和服务实例 ID（即 serverId），如果是同一个服务的多个服务实例，则这些服务实例的 serviceId 是一样的，serverId 是不同的。

在 Spring Cloud 的网关组件 Spring Cloud Gateway 中，它本身自带了很多种负载均衡的算法，我们也可以实现这个参数，在游戏服务器网关实现针对不同的游戏业务服务可以配置不同的负载均衡策略。开发这个就需要大量的时间了，有需求的读者可以尝试。

为了快速实现游戏服务器网关对客户端消息的负载均衡，这里先实现一个简单的策略，使用 playerId 的 hashCode 和 serviceId 对应的服务实例列表进行求余得到一个索引值，使用这个索引值从实例列表中获取一个服务实例。

7.1.3 Spring Cloud Bus 消息总线

Spring Cloud Bus 是 Spring Cloud 体系中的一个服务组件，从字面上理解是总线的意思，它可以连接分布式系统中所有的服务节点。它是 Spring Cloud 中为了解决微服务中各个节点之间消息同步问题而存在的。一个服务节点可以向其他的节点广播消息，其他节点根据消息改变自身的状态。

它就像一个大桥，服务节点所有的消息进出都必须经过它。这样可以解耦各个服务节点的依赖。它底层的网络通信依赖于消息中间件。目前支持的有 Kafka 和 RabbitMQ。这里选择使用 Kafka，因为 Kafka 是一种高吞吐、低延迟的消息中间件，后期也可以基于

Kafka 和 Spring Cloud Config 实现配置中心，实现配置自动更新和统一管理。这里使用它作为游戏服务器网关和游戏业务服务之间的消息通信服务，只需要使用简单的配置就可以启动应用，大大减少网络底层的功能开发和维护，节省大量的研发时间。

因为 Spring Cloud Bus 是所有的项目都需要用到，所以把它的依赖添加到 my-game-server 的 pom.xml 中。配置如下所示。

```xml
<dependency>
<groupId>org.springframework.cloud</groupId>
<artifactId>spring-cloud-starter-bus-kafka</artifactId>
</dependency>
```

Spring Cloud Bus 封装和简化了对底层消息中间件的调用，并且做了自动化配置。安装好 Kafka 服务之后，只需要在 Spring Boot 的项目中添加少量配置，即可使用消息中间件实现服务节点间的网络通信，在所有使用消息总线的服务的 config/application.yml 中添加如下配置。

```yaml
spring:
  cloud:
    bus:
      enabled: true    # 开启消息总线服务
    stream:
      kafka:
        binder:
          brokers:
            - localhost:9092   # 配置 Kafka 地址
  kafka:
    producer:
      key-serializer:
        org.apache.kafka.common.serialization.StringSerializer   # 指定生产者的 key 的序列化方式
```

7.1.4　消息总线通信层——Kafka

Kafka 是一个分布式的流式平台，它可以发布和订阅数据流，就像一个消息队列或企业消息系统。它有很好的容错性，以集群的方式运行在多个服务器上，单个节点的失败，基本上不会影响集群的服务。此外，它是把消息存储在硬盘上的，所以可以存储大量的消息，可以从容地处理流量的峰流，起到削峰的作用。它支持高并发的读/写，允许数千个客户端的同时读/写。

Kafka 消息中间件与以前的消息中间件 ActiveMQ、RabbitMQ 不同，它良好的设计可以支持更高的并发。Kafka 中的消息是以 Topic 为基本单位存储的，在创建 Topic 的时候，可以指定 Topic 的分区，即 partition。当向一个 Topic 发送一条消息时，Kafka 会根据消息的 key，计算消息应该存储到哪个分区上面，类似于消息的负载均衡，Topic 分区如图 7.4 所示。

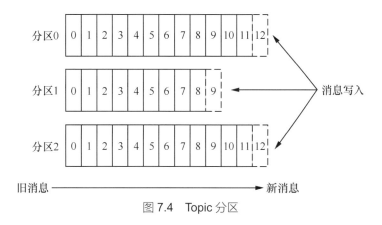

图 7.4 Topic 分区

而在消费者消费这个 Topic 的消息时，可以指定一个消费者组，即 groupId。在同一个 groupId 下面可以有 n 个消费者，但是同一条消息只能被同一个 groupId 下的某个消费者消费。一般来说，同一个 groupId 下面消费者的数量应该等于分区数量，这样一个 Topic 分区就对应一个消费者，这个分区的消息始终被这个对应的消费者消费。

一个消费者对应一个线程，保证这个分区的消息在线程中是顺序处理的。多个分区就可以对应实现多个线程并发处理消息了。

Kafka 有几种不同的安装方式，如单节点单 Broker 部署、单节点多 Broker 部署及集群部署（多节点多 Broker）。本书为了方便开发，只进行单节点单 Broker 部署。正式上线之后，对服务的要求必须支持可高用，因为 Kafka 服务如果出现故障，整个系统将处于瘫痪状态，无法再提供服务，所以建议使用集群部署。

本例在 macOS 环境下安装 Kafka，其他环境请自行安装。从 Kafka 官网下载 Kafka 的运行包，并在本地解压，进入 bin 目录，首先启动 ZooKeeper server，执行命令 ./zookeeper-server-start.sh ../config/zookeeper.properties，输出如下所示。

```
    [2019-05-04 15:27:37,902] INFO Server environment:java.io.tmpdir=/
tmp (org.apache.zookeeper.server.ZooKeeperServer)
    [2019-05-04 15:27:37,903] INFO Server environment:java.compiler=<NA>
(org.apache.zookeeper.server.ZooKeeperServer)
    [2019-05-04 15:27:37,903] INFO Server environment:os.name=Linux
(org.apache.zookeeper.server.ZooKeeperServer)
    [2019-05-04 15:27:37,903] INFO Server environment:os.arch=amd64
(org.apache.zookeeper.server.ZooKeeperServer)
    [2019-05-04 15:27:37,903] INFO Server environment:os.version=2.6.32-
431.23.3.el6.x86_64 (org.apache.zookeeper.server.ZooKeeperServer)
    [2019-05-04 15:27:37,903] INFO Server environment:user.name=root
(org.apache.zookeeper.server.ZooKeeperServer)
    [2019-05-04 15:27:37,903] INFO Server environment:user.home=/root
(org.apache.zookeeper.server.ZooKeeperServer)
    [2019-05-04 15:27:37,903] INFO Server environment:user.dir=/
home/kafka/kafka_2.11-2.1.1/bin (org.apache.zookeeper.server.
ZooKeeperServer)
    [2019-05-04 15:27:37,930] INFO tickTime set to 3000 (org.apache.
zookeeper.server.ZooKeeperServer)
    [2019-05-04 15:27:37,930] INFO minSessionTimeout set to -1 (org.
apache.zookeeper.server.ZooKeeperServer)
    [2019-05-04 15:27:37,930] INFO maxSessionTimeout set to -1 (org.
apache.zookeeper.server.ZooKeeperServer)
    [2019-05-04 15:27:37,953] INFO Using org.apache.zookeeper.server.
NIOServerCnxnFactory as server connection factory (org.apache.zookeeper.
server.ServerCnxnFactory)
    [2019-05-04 15:27:37,997] INFO binding to port 0.0.0.0/0.0.0.0:2181
(org.apache.zookeeper.server.NIOServerCnxnFactory)
```

使用这种启动方式时不能关闭当前操作窗口，否则 ZooKeeper 程序会自动关闭。如果需要后台运行 ZooKeeper，需要添加 -daemon 参数，即 ./zookeeper-server-start.sh -daemon ../config/zookeeper.properties。这种方式不会有任何输出，可以通过 ps –ef|grep zookeeper 命令查看 zookeeper 进程，若它已存在，表示启动成功。

然后以后台运行的方式，启动 Kakfa 服务，执行命令 ./kafka-server-start.sh -daemon ../config/server.properties 即可。通过 ps -aux|grep kafka 命令查看 Kafka 进程，若它已存在，表示启动成功。（Windows 环境下 ZooKeeper 和 Kafka 的命令在 bin/windows 目录下，执行的命令和 macOS 环境下一样）

此外，为了便于查看 Kafka 服务的运行状态，需要安装一个管理工具，即 kafka-manager。它是一个开源的基于 Web 的 Kafka 管理工具，可以很方便地查看 Kafka 服务中 Topic 的状态及运行参数。

首先，从 kafka-manager 官网下载源码包，然后安装 sbt 构建工具，它类似于 Ant、Maven，专门用来构建 Scala 项目。macOS 操作系统上执行命令 brew install sbt@1。其他操作系统的 sbt 构建工具的安装方式读者可自行搜索，这里不再叙述。

进入下载的 kafka-manager 源码包：/wgs/kafka/kafka-manager-1.3.3.22/。执行构建命令 ./sbt clean dist（注意 JDK 版本为 1.8，如果是 JDK10 会报错）。第一次编译需要下载很多依赖包，会慢一些。构建成功之后，在 target/universal/ 目录下找到 kafka-manager-1.3.3.22.zip。

解压 unzip kafka-manager-1.3.3.22.zip，打开 conf/application.conf 配置文件，修改配置，这里主要修改两个配置。

```
kafka-manager.zkhosts="localhost:2181"    # zookeeper 地址
http.port=8887           # kafka-manager 的启动端口
#kafka-manager.zkhosts=${?ZK_HOSTS}   # 这个没用，注释掉
```

进入 bin 目录，启动 kafka-manager：./kafka-manager。然后在浏览器中输入 http://localhost:8887/ 即可打开管理页面。添加集群管理，单击 Cluster → Add Cluster，如图 7.5 所示。

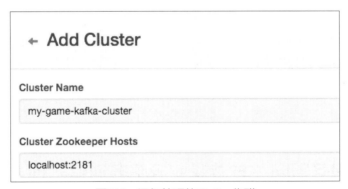

图 7.5　添加管理的 Kafka 集群

单击 save 按钮之后，返回主页 http://localhost:8887/，可以看到在 Cluster 列表出现了 my-game-kafka-cluster，单击它就可以进入它的管理页面。因为目前没有创建 Topic，所以是空的。

7.1.5 消息总线消息发布订阅测试

为了测试 Kafka 的有效性，在 my-game-gateway 中添加一个测试类。在项目启动的时候，向消息总线服务的一个 Topic 中发布一条消息。然后通过 @ KafkaListener 注解，配置并启动一个消费者，监听同样的 Topic，从消息总线中获取消息，代码如下所示。

```java
@Service
public class KafkaBusTest {
    @Autowired
    private KafkaTemplate<String, byte[]> kafkaTemplate;
    @PostConstruct
    public void init() {
        String str = "你好, kafka";
        ProducerRecord<String, byte[]> record = new ProducerRecord<String, byte[]>("KafkaTestTopic", "hello", str.getBytes());
        kafkaTemplate.send(record);
    }
    @KafkaListener(topics = {"KafkaTestTopic"}, groupId = "my-game")
    public void receiver(ConsumerRecord<String, byte[]> record) {
        byte[] body = record.value();
        String value = new String(body);
        System.out.println(" 收到 kafka 的消息: " + value);
    }
}
```

然后启动 Kafka 服务和 my-game-gateway 项目，可以看到控制台中输出了消息，说明消息总线通信成功了。

7.2 游戏服务器网关与游戏业务服务通信实现

前一节对游戏服务器网关与游戏业务服务通信进行了设计，这一节使用代码实现这些设计，主要实现消息的序列化与反序列化，消息的发布与监听接收，以及消息的负载均衡，使客户端请求的消息正确到达处理消息的服务器，并使返回的消息正确到达请求的客户端。

7.2.1　消息序列化与反序列化实现

一提到网络通信，最先考虑的就是消息的序列化与反序列化。一个消息必须包括处理这个消息包的所有数据。在前文已实现客户端与游戏服务器网关的网络通信的序列化与反序列化，本质上游戏服务器网关与业务服务之间的网络通信序列化与反序列化与其是一样的，只是两者包括的数据字段不一样。

之前介绍过，网关最主要的职责就是对客户端的消息进行转发，客户端的一些常用数据也必须放在转发的包中，比如客户端的 IP 地址。为了方便通信协议的扩展，在 GameMessageHeader 类中添加一个扩展类 HeaderAttribute，将来可以根据需要添加一些常用的参数，它在序列化的时候使用的是 JSON 格式，所以支持动态增减，类似于 HTTP 里面的 Header。

在 my-game-network-param 中添加 GameMessageInnerDecoder，它的两个主要功能就是序列化发送消息并送到消息总线中，和反序列化从消息总线中接收消息。代码如下所示。

```java
public class GameMessageInnerDecoder {
    private final static int HEADER_FIX_LEN = 84;

    public static void sendMessage(KafkaTemplate<String, byte[]> kafkaTemplate, GameMessagePackage gameMessagePackage, String topic) {
        int initialCapacity = HEADER_FIX_LEN;
        GameMessageHeader header = gameMessagePackage.getHeader();

        String headerAttJson = JSON.toJSONString(header.getAttribute());
        // 把包头的属性类序列化为 JSON
        byte[] headerAttBytes = headerAttJson.getBytes();
        initialCapacity += headerAttBytes.length;
        if (gameMessagePackage.getBody() != null) {
            initialCapacity += gameMessagePackage.getBody().length;
        }
        ByteBuf byteBuf =Unpooled.buffer(initialCapacity);/** 这里
使用 Unpooled 创建 ByteBuf，可以直接使用 byteBuf.array(); 获取 byte[]**/
        byteBuf.writeInt(initialCapacity);// 依次写入包头的数据
        byteBuf.writeInt(header.getToServerId());
        byteBuf.writeInt(header.getFromServerId());
        byteBuf.writeInt(header.getClientSeqId());
```

```java
            byteBuf.writeInt(header.getMessageId());
            byteBuf.writeInt(header.getServiceId());
            byteBuf.writeInt(header.getVersion());
            byteBuf.writeLong(header.getClientSendTime());
            byteBuf.writeLong(header.getServerSendTime());
            byteBuf.writeLong(header.getPlayerId());
            byteBuf.writeInt(headerAttBytes.length);
            byteBuf.writeBytes(headerAttBytes);
            byteBuf.writeInt(header.getErrorCode());
            byte[] value = null;
            if (gameMessagePackage.getBody() != null) {// 写入包体信息
                ByteBuf bodyBuf = Unpooled.wrappedBuffer(gameMessagePackage.getBody());// 使用byte[]包装为ByteBuf,减少一次byte[]复制
                ByteBuf allBuf = Unpooled.wrappedBuffer(byteBuf,bodyBuf);
                value = allBuf.array();// 获取消息包的最终byte[]
            } else {
                value = byteBuf.array();
            }
            ProducerRecord<String, byte[]> record = new ProducerRecord<String, byte[]>(topic, String.valueOf(header.getPlayerId()), value);
            kafkaTemplate.send(record);// 向消息总线中发布消息
    }

    public static GameMessagePackage readGameMessagePackage(byte[] value) {
            ByteBuf byteBuf = Unpooled.wrappedBuffer(value);/** 直接使用byte[]包装为ByteBuf,减少一次数据复制 **/
            int messageSize = byteBuf.readInt();// 依次读取包头信息
            int toServerId = byteBuf.readInt();
            int fromServerId = byteBuf.readInt();
            int clientSeqId = byteBuf.readInt();
            int messageId = byteBuf.readInt();
            int serviceId = byteBuf.readInt();
            int version = byteBuf.readInt();
            long clientSendTime = byteBuf.readLong();
            long serverSendTime = byteBuf.readLong();
            long playerId = byteBuf.readLong();
            int headerAttrLength = byteBuf.readInt();
            HeaderAttribute headerAttr = null;
            if(headerAttrLength > 0) {// 读取包头属性
                byte[] headerAttrBytes = new byte[headerAttrLength];
```

```java
                byteBuf.readBytes(headerAttrBytes);
                String headerAttrJson = new String(headerAttrBytes);
                hearderAttr = JSON.parseObject(headerAttrJson,
HeaderAttribute.class);
            }
            int errorCode = byteBuf.readInt();
            byte[] body = null;
            if(byteBuf.readableBytes() > 0) {
                body = new byte[byteBuf.readableBytes()];
                byteBuf.readBytes(body);
            }
            GameMessageHeader header = new GameMessageHeader();/**向包
头对象中添加数据**/
            header.setAttribute(hearderAttr);
            header.setClientSendTime(clientSendTime);
            header.setClientSeqId(clientSeqId);
            header.setErrorCode(errorCode);
            header.setFromServerId(fromServerId);
            header.setMessageId(messageId);
            header.setMessageSize(messageSize);
            header.setPlayerId(playerId);
            header.setServerSendTime(serverSendTime);
            header.setServiceId(serviceId);
            header.setToServerId(toServerId);
            header.setVersion(version);
            GameMessagePackage gameMessagePackage = new GameMessagePackage();
            // 创建消息对象
            gameMessagePackage.setHeader(header);
            gameMessagePackage.setBody(body);
            return gameMessagePackage;
        }
    }
```

7.2.2 游戏服务器网关消息负载均衡

在上面的章节曾提到，一个服务可以由多个服务实例组成，以集群的方式提供服务，并用于对客户端请求的消息实现负载均衡，增加消息的吞吐量。所以在网关收到消息之后，需要对消息到达的服务是否需要负载均衡进行判断。当服务的服务器数量大于 1 的时候就需要根据负载均衡算法，计算出消息要到达的服务器。

那么如何获取某一个服务的服务器信息呢？当然是从服务注册中心获取。以游戏服务为例，它有一个服务 ID，即 serviceId，假如有两个服务实例提供游戏服务，给运行这两个服务的物理服务器分别设定不同的服务器 ID，即 serverId。在游戏服务启动的时候，都会向服务注册中心注册当前游戏服务的服务 ID 和所在服务器 ID，因为它们都是游戏服务，所以 serviceId 是一样的。

网关在启动的时候，就会向服务注册中心获取所有已注册成功的服务信息，而且之后会定时刷新这些信息。从这些信息中，我们可以得到一个服务对应的所有的服务器信息。网关负载均衡如图 7.6 所示。

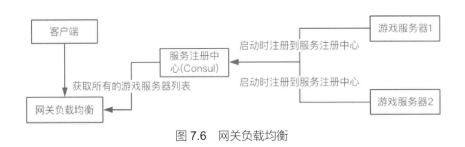

图 7.6　网关负载均衡

在 my-game-gateway 项目中添加业务服务管理类 BusinessServerService，代码如下所示。

```java
@Service
public class BusinessServerService implements ApplicationListener<HeartbeatEvent> {
    private Logger logger = LoggerFactory.getLogger(BusinessServerService.class);
    @Autowired
    private DiscoveryClient discoveryClient;// 注入服务发现客户端
    @Autowired
    private KafkaTemplate<String, byte[]> kafkaTemplate; // 注入 Kafka 客户端
    private Map<Integer, List<ServerInfo>> serverInfos; /**serviceId 对应的服务器集合，一个服务可能部署到多台服务器上面，实现负载均衡**/
    @PostConstruct
    public void init() {
        this.refreshBusinessServerInfo();// 从服务注册中心，刷新服务信息
    }

    public KafkaTemplate<String, byte[]> getKafkaTemplate() {
```

```java
            return kafkaTemplate;
        }
        private void refreshBusinessServerInfo() {/** 从服务注册中心刷新网关后面的服务列表 **/
            Map<Integer, List<ServerInfo>> tempServerInfoMap = new HashMap<>();
            List<ServiceInstance> businessServiceInstances = discoveryClient.getInstances("game-logic");// 读取网关后面的服务实例
            logger.debug("获取游戏服务器网关配置成功,{}", businessServiceInstances);
            businessServiceInstances.forEach(instance -> {
                int weight = this.getServerInfoWeight(instance);
                for (int i = 0; i < weight; i++) {// 根据权重计算服务实例分布
                    ServerInfo serverInfo = this.newServerInfo(instance);
                    List<ServerInfo> serverList = tempServerInfoMap.get(serverInfo.getServiceId());
                    if (serverList == null) {
                        serverList = new ArrayList<>();
                        // 映射一个服务对应多个服务器信息
                        tempServerInfoMap.put(serverInfo.getServiceId(), serverList);
                    }
                    serverList.add(serverInfo);
                }
            });
            this.serverInfos = tempServerInfoMap;
        }
        public ServerInfo selectServerInfo(Integer serviceId,Long playerId) {// 从游戏服务器网关列表中选择一个游戏服务器网关信息返回
            // 再次声明，防止游戏服务器网关列表发生变化，导致数据不一致
            Map<Integer, List<ServerInfo>> serverInfoMap = this.serverInfos;
            List<ServerInfo> serverList = serverInfoMap.get(serviceId);
            if (serverList == null || serverList.size() == 0) {
                throw GameErrorException.newBuilder(GameCenterError.NO_GAME_GATEWAY_INFO).build();
            }
            int hashCode = Math.abs(playerId.hashCode());/** 负载均衡的一个算法，使用playerId进行hash和服务器数量求余 **/
            int gatewayCount = serverList.size();
            int index = hashCode % gatewayCount;
```

```java
            if (index >= gatewayCount) {
                index = gatewayCount - 1;
            }
            return serverList.get(index);
        }

        private ServerInfo newServerInfo(ServiceInstance instance) {
            String serviceId = instance.getMetadata().get("serviceId");
            String serverId =  instance.getMetadata().get("serverId");
            if (StringUtils.isEmpty(serviceId)) {
                throw new IllegalArgumentException(instance.getHost() +
" 的服务未配置 serviceId");
            }
            if (StringUtils.isEmpty(serverId)) {
                throw new IllegalArgumentException(instance.getHost() +
" 的服务未配置 serverId");
            }
            ServerInfo serverInfo = new ServerInfo();
            serverInfo.setServiceId(Integer.parseInt(serviceId));
            serverInfo.setServerId(Integer.parseInt(serverId));
            serverInfo.setHost(instance.getHost());
            serverInfo.setPort(instance.getPort());

            return serverInfo;
        }
        private int getServerInfoWeight(ServiceInstance instance) {
            String value = instance.getMetadata().get("weight");
            if (value == null) {
                value = "1";
            }
            return Integer.parseInt(value);
        }
        @Override
        public void onApplicationEvent(HeartbeatEvent event) {
// 接收服务注册中心的心跳事件，每发生一次心跳事件，就刷新一次服务信息
            this.refreshBusinessServerInfo();
        }
}
```

当游戏服务器网关收到客户端的消息时，从消息头里面读取服务 ID，即 serviceId，

然后和 playerId 一起作为调用 selectServerInfo 方法的参数。根据负载均衡算法，从 serviceId 对应的服务器列表中，选择一个 serverId，赋值到转发消息中。

7.2.3 游戏服务器网关消息转发实现

一个游戏服务器网关与游戏服务是一对多的关系，如果它们都使用同一个 Topic 的话，就会造成每个游戏服务都收到游戏服务器网关转发的消息，如图 7.7 所示。还需要判断消息到达的服务器 ID 与当前服务器的 ID 是否一样，不一样的话，丢掉消息；一样的话再处理消息。

图 7.7　使用同一个 Topic

本来游戏服务器网关转发一条消息到游戏服务 1，但是游戏服务 2 和游戏服务 3 同样会收到消息，这就造成了网络资源的浪费。因此可以采用另一种方式，游戏服务器网关与每个游戏服务都使用独自的 Topic，如图 7.8 所示。实现方法是在原来的 Topic 上面加上服务器 ID，组成一个新的 Topic。

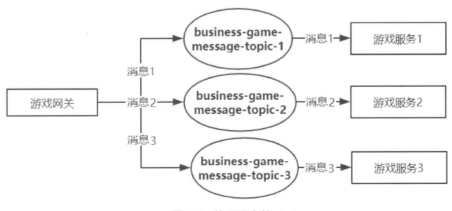

图 7.8　使用独自的 Topic

在 my-game-gateway 服务中添加 DispatchGameMessageHandler 类,此类用于转发客户端消息到后面的业务服务中。在网关收到客户端的请求之后,经过一系列的处理,最后传到 DispatchGameMessageHandler 中,从 PlayerServiceInstance 的 selectServerId 方法中选择一个消息可以到达的服务器 ID,并缓存这个服务器 ID 的信息。

向游戏服务的服务器转发消息之前,需要先验证该服务器是否还在服务列表里面。避免由于服务器关闭而处理不了消息。代码如下所示。

```java
public class DispatchGameMessageHandler extends ChannelInboundHandlerAdapter {
    private PlayerServiceInstance playerServiceInstance;
    // 注入业务服务管理类,从这里获取负载均衡的服务器信息
    private GatewayServerConfig gatewayServerConfig;  /** 注入游戏服务器网关服务配置信息 **/
    private TokenBody tokenBody;
    private KafkaTemplate<String, byte[]> kafkaTemplate;
    private static Logger logger = LoggerFactory.getLogger(DispatchGameMessageHandler.class);
    public DispatchGameMessageHandler(KafkaTemplate<String, byte[]> kafkaTemplate,PlayerServiceInstance playerServiceInstance, GatewayServerConfig gatewayServerConfig) {/** 在构造方法中注入一些类的实例,完成初始化 **/
        this.playerServiceInstance = playerServiceInstance;
        this.gatewayServerConfig = gatewayServerConfig;
        this.kafkaTemplate = kafkaTemplate;
    }
    @Override
    public void channelRead(ChannelHandlerContext ctx, Object msg) throws Exception {
        GameMessagePackage gameMessagePackage = (GameMessagePackage) msg;
        int serviceId = gameMessagePackage.getHeader().getServiceId();
        if (tokenBody == null) {// 如果首次通信,获取验证信息
            ConfirmHandler confirmHandler = (ConfirmHandler) ctx.channel().pipeline().get("ConfirmHandler");
            tokenBody = confirmHandler.getTokenBody();
        }
        String clientIp = NettyUtils.getRemoteIP(ctx.channel());
        dispatchMessage(kafkaTemplate, ctx.executor(), playerServiceInstance, tokenBody.getPlayerId(), serviceId, clientIp, gameMessagePackage, gatewayServerConfig);
```

```java
        }
        public static void dispatchMessage(KafkaTemplate<String, byte[]> 
kafkaTemplate, EventExecutor executor, PlayerServiceInstance playerServiceInstance, 
long playerId,int serviceId,String clientIp, GameMessagePackage gameMessage
Package, GatewayServerConfig gatewayServerConfig) {
            Promise<Integer> promise = new DefaultPromise<>(executor);
            playerServiceInstance.selectServerId(playerId, serviceId, 
promise).addListener(new GenericFutureListener<Future<Integer>>() {/** 从
多个服务实例中,选择一个合适的服务 ID**/
                @Override
                public void operationComplete(Future<Integer> future) 
throws Exception {
                    if (future.isSuccess()) {
                        Integer toServerId = future.get();
                        gameMessagePackage.getHeader().setToServerId
(toServerId);
                        gameMessagePackage.getHeader().setFromServer
Id(gatewayServerConfig.getServerId());
                        gameMessagePackage.getHeader().getAttribute().
setClientIp(clientIp);
                        gameMessagePackage.getHeader().setPlayerId
(playerId);
                        String topic = TopicUtil.generateTopic(gatew-
ayServerConfig.getBusinessGameMessageTopic(), toServerId);
    // 动态创建与业务服务交互的消息总线 Topic
                        byte[] value = GameMessageInnerDecoder.send-
Message(gameMessagePackage);
    // 向消息总线服务发布客户端请求消息
                        ProducerRecord<String, byte[]> record = new 
ProducerRecord<String, byte[]>(topic, String.valueOf(playerId), value);
                        kafkaTemplate.send(record);
                        logger.debug("发送到{}消息成功->{}",gameMessage
Package.getHeader());
                    } else {
                        logger.error(" 消息发送失败 ",future.cause());
                    }
                }
            });
        }
        @Override
        public void exceptionCaught(ChannelHandlerContext ctx,
```

```
Throwable cause) throws Exception {
            ctx.close();
               logger.error("服务器异常，连接{}断开",ctx.channel().id().
asShortText(),cause);
        }
    }
```

将新加的 DispatchGameMessageHandler 类添加到 GatewayServerBoot 的 initChannel 方法中，代码如下所示。

```
    protected void initChannel(Channel ch) throws Exception {
                ChannelPipeline p = ch.pipeline();
                p.addLast("EncodeHandler", new EncodeHandler(server
Config));
    // 添加编码 Handler
                    p.addLast(new LengthFieldBasedFrameDecoder(1024 * 1024,
0, 4, -4, 0));
    // 添加拆包
                    p.addLast("DecodeHandler", new DecodeHandler());
    // 添加解码
                    p.addLast("ConfirmHandler", new ConfirmHandler(server
Config, channelService));
                // 添加限流 Handler
                    p.addLast("RequestLimit", new RequestRateLimiter-
rHandler(globalRateLimiter, serverConfig.getRequestPerSecond()));
                    int readerIdleTimeSeconds = serverConfig.getReaderIdle
TimeSeconds();
                    int writerIdleTimeSeconds = serverConfig.getWriterIdle
TimeSeconds();
                    int allIdleTimeSeconds = serverConfig.getAllIdle
TimeSeconds();
                    p.addLast(new IdleStateHandler(readerIdleTime-
Seconds, writerIdleTimeSeconds, allIdleTimeSeconds));
                    p.addLast("HeartbeatHandler", new HeartbeatHandler());
                    p.addLast(new DispatchGameMessageHandler(busin-
essServerService, serverConfig));
                    // p.addLast(new TestGameMessageHandler(gameMes-
sageService));// 添加业务实现
            }
```

游戏服务器网关收到消息之后，根据选择的服务实例信息获取此服务实例的服务器 ID，然后生成游戏服务器网关与此服务实例通信的 Topic，将消息序列化，并发送到消息总线服务的 Topic 中。而此服务实例在启动的时候，会监听同样的 Topic 信息，用于接收游戏服务器网关发布的消息。

7.2.4　游戏服务器网关监听接收响应消息

游戏服务器网关还有一个职责就是接收游戏服务返回的消息，并把消息推送到客户端。在游戏服务处理完消息之后，会把消息发送到 Topic 为 gateway-game-message-topic-网关服务器 ID 的消息总线服务上面，网关接收消息就需要监听这个 Topic。在 my-game-gateway 的 application.yml 中添加 Topic 的相关配置，配置如下所示。

```yaml
game:
  gateway:
    server:
      config:
        port: 6003    # 游戏服务器网关的长连接端口，这里的数据是自定义配置
        boss-thread-count: 1
        work-thread-count: 4
        server-id: 1001
        business-game-message-topic: business-game-message-topic
        # 向游戏服务发送消息的 Topic 前缀
        gateway-game-message-topic: gateway-game-message-topic-${game.gateway.server.config.server-id}   # 接收游戏服务响应消息的 Topic
```

在 GatewayServerConfig 中添加相应的字段。当网关收到消息之后，会只解析消息的包头，从包头中获取 playerId。根据 playerId 查找这个 playerId 对应的客户端与游戏服务器网关连接的 Channel，然后使用这个 Channel 向客户端返回游戏服务器响应的信息。在 my-game-gateway 项目中添加 ReceiverGameMessageResponseService 类，代码如下所示。

```java
@Service
public class ReceiverGameMessageResponseService {
    private Logger logger = LoggerFactory.getLogger(ReceiverGameMessageResponseService.class);
    @Autowired
```

```
    private GatewayServerConfig gatewayServerConfig;
    @Autowired
    private ChannelService channelService;
    @PostConstruct
    public void init() {
      logger.info("监听消息接收业务消息topic:{}",gatewayServerConfig.
getGatewayGameMessageTopic());
    }
    @KafkaListener(topics = {"${game.gateway.server.config.gateway-
game-message-topic}"}, groupId = "${game.gateway.server.config.server-id}")
    public void receiver(ConsumerRecord<String, byte[]> record) {
        GameMessagePackage gameMessagePackage = GameMessageInner
Decoder.readGameMessagePackage(record.value());
        Long playerId = gameMessagePackage.getHeader().
getPlayerId();// 从包头中获取这个消息包归属的playerId
        Channel channel = channelService.getChannel(playerId);
        // 根据playerId找到这个客户端的连接Channel
        if(channel != null) {
            channel.writeAndFlush(gameMessagePackage);// 给客户端返回消息
        }
      }
    }
```

注意：在通信过程中，一定要把 Topic 对应上，它是整个消息服务通信的纽带。如果发布消息的 Topic 和监听消息的 Topic 对应不上，是完成不了消息服务通信的。

7.2.5 添加游戏业务服务项目

游戏服务器网关发布出去的消息，有一部分由游戏业务服务接收并处理。游戏业务服务也是整个游戏功能的核心实现，基本上游戏中所有的逻辑都在游戏业务服务中实现，游戏业务服务在启动成功之后需要监听。在 my-game-server 中添加 my-game-xinyue，（xinyue 是一个游戏名，因为每个游戏的服务功能是不一样的）。在 pom.xml 中添加依赖包，配置如下所示。

```
<dependencies>
  <dependency>
    <groupId>com.game</groupId>
```

```xml
        <artifactId>my-game-common</artifactId>
        <version>0.0.1-SNAPSHOT</version>
    </dependency>
    <dependency>
        <groupId>com.game</groupId>
        <artifactId>my-game-network-param</artifactId>
        <version>0.0.1-SNAPSHOT</version>
    </dependency>
</dependencies>
```

然后在 my-game-xinyue 项目下面创建 config 文件夹，在 config 文件夹中，添加 log4j2.xml 配置文件，从其他项目中复制一个即可。然后添加 application.yml 配置文件，配置如下所示。

```yaml
logging:
  config: file:config/log4j2.xml
server:
  port: 7001
spring:
  application:
    name: game-xinyue
  cloud:
    consul:
      host: localhost
      port: 7777
      discovery:
        prefer-ip-address: true
        ip-address: 127.0.0.1
        register: true
        service-name: game-logic      # 注册到 Consul 上面的服务名称，用于区分此服务是否为游戏逻辑
        health-check-critical-timeout: 30s   # 如果健康检测失败，30s 之后从注册服务删除
        tags:
          - serviceId= ${game.server.config.service-id}    # 服务的 serviceId，用于获取一组服务
          - serverId= ${game.server.config.server-id}  # 服务的 serverId，用于定位某一个具体的服务
          - weight=3                  # 服务器负载权重
```

```yaml
    stream:
      kafka:
        binder:
          brokers:
            - localhost:9092    # 配置Kafka地址
    kafka:
      producer:
        key-serializer:
          org.apache.kafka.common.serialization.StringSerializer   # 指定生产者的key的序列化方式
    game:
      service-id: 101     # 服务器中配置服务ID
      server-id: 10101    # 当前服务器的ID
      business-game-message-topic: business-game-message-topic-${game.server.config.server-id}#监听的游戏服务接收消息的topic
      gateway-game-message-topic: gateway-game-message-topic    # 游戏服务器网关topic前缀
```

在游戏服务启动的时候，就会自动向服务注册中心 Consul 注册自己的信息，并包括自定义的 serverId 和 serviceId 等元数据。然后添加游戏服务的 main 方法，代码如下所示。

```java
@SpringBootApplication(scanBasePackages = {"com.mygame"})
public class XinyueGameServerMain {
    public static void main(String[] args) {
        ApplicationContext context = SpringApplication.run(XinyueGameServerMain.class, args);
        ServerConfig serverConfig = context.getBean(ServerConfig.class);
        DispatchGameMessageService.scanGameMessages(context, serverConfig.getServiceId(), "com.mygame");// 扫描此服务可以处理的消息
    }
}
```

在启动的时候，调用 scanGameMessages 是为了扫描 com.mygame 包下面所有的请求消息类和响应消息类，参数中添加 serviceId 是为了过滤其他服务处理的消息类，表示这个服务只会接收处理 @GameMessageMetadata 中 serviceId 与本服务 serviceId 相等的消息类。

7.2.6 游戏服务接收并响应网关消息

当游戏服务 my-game-xinyue 启动的时候，需要监听来自游戏服务器网关转发的消息，这里先不实现任何的游戏业务功能，只是纯粹接收网关转发的消息并返回一个响应。添加消息接收类 ReceiverGameMessageRequestService，代码如下所示。

```
@Service
public class ReceiverGameMessageRequestService {
    private Logger logger = LoggerFactory.getLogger(ReceiverGame
MessageRequestService.class);
    @Autowired
    private ServerConfig serverConfig;
    @Autowired
    private GameMessageService gameMessageService;
    @Autowired
    private KafkaTemplate<String, byte[]> kafkaTemplate;
    @KafkaListener(topics = {"${game.server.config.business-game-
message-topic}"}, groupId = "${game.server.config.server-id}")/** 从
application.yml 中获取订阅的 topic 和 server-id**/
    public void consume(ConsumerRecord<String, byte[]> record) {
        GameMessagePackage gameMessagePackage = GameMessageInner
Decoder.readGameMessagePackage(record.value());
        logger.debug("接收网关消息：{}",gameMessagePackage.getHeader());
        GameMessageHeader header = gameMessagePackage.getHeader();
        if(serverConfig.getServerId() == header.getToServerId()) {
            // 如果此条消息的目标是这台服务器，则处理这条消息
            IGameMessage gameMessage = gameMessageService.getRequestI
nstanceByMessageId(header.getMessageId());
            if(gameMessage instanceof EnterGameMsgRequest) {
                EnterGameMsgResponse response = new EnterGameMsgResponse();
                // 给客户端返回消息，测试
                GameMessageHeader responseHeader = this.createRespon
seGameMessageHeader(header);
                response.setHeader(responseHeader);
                response.getBodyObj().setNickname("天地无极");
                response.getBodyObj().setPlayerId(header.getPlayerId());
                GameMessagePackage gameMessagePackage2 = new GameMessage
Package();
```

```java
                    gameMessagePackage2.setHeader(responseHeader);
                    gameMessagePackage2.setBody(response.body());
// 动态创建游戏服务器网关监听消息的topic
                    String topic = TopicUtil.generateTopic(serverConfig.
getGatewayGameMessageTopic(), header.getFromServerId());
                    GameMessageInnerDecoder.sendMessage(kafkaTemplate,
gameMessagePackage2, topic);

                }
            }
        }
        /**
         * 根据请求的包头，创建响应的包头
         * @param requestGameMessageHeader
         * @return
         */
        private GameMessageHeader createResponseGameMessageHeader(Game-
MessageHeader requestGameMessageHeader) {
            GameMessageHeader newHeader = new GameMessageHeader();
            newHeader.setClientSendTime(requestGameMessageHeader.
getClientSendTime());
            newHeader.setClientSeqId(requestGameMessageHeader.
getClientSeqId());
            newHeader.setFromServerId(requestGameMessageHeader.
getToServerId());
            // 返回的消息中，消息来源的serverId就是接收消息时消息到达的serverId
            newHeader.setMessageId(requestGameMessageHeader.
getMessageId());
            newHeader.setPlayerId(requestGameMessageHeader.getPlayerId());
            newHeader.setServerSendTime(System.currentTimeMillis());
            newHeader.setServiceId(requestGameMessageHeader.getServiceId());
            newHeader.setToServerId(requestGameMessageHeader.
getFromServerId());
            // 返回消息要到达的serverId就是接收消息的来源serverId
            newHeader.setVersion(requestGameMessageHeader.getVersion());
            return newHeader;
        }
    }
```

@KafkaListener 注解来自 spring-kafka 依赖包，表示这个方法将处理监听 Topic 的消息。这里监听的 Topic 是从配置中获取的业务服务的 Topic（注意，一定要在 config/applicaltion.yml 中配置 business-game-message-topic，否则启动会报错），即 business-game-message-topic，网关将会把消息发布到这个 Topic 之中。

当有消息过来时，这个方法会被自动调用，groupId 是监听 Topic 的分组 ID。Kafka 的消费规则是，一个 Topic 下的消息，只能被监听这个 Topic 的同一个 groupId 下的某个消费者消费，因为将来会部署多个游戏服务，它们监听的都是同一个 Topic，所以让 groupId 为当前服务器的 serverId，这样可以保证一个服务器只消费一次消息。

7.3 游戏服务器网关与游戏服务通信测试

在 my-game-network-param 项目中，新创建一条请求和响应消息，暂时为 EnterGameMsgRequest 和 EnterGameMsgResponse。请求消息的参数为空，返回模拟的用户昵称和用户 ID 信息。首先为了测试方便，需要在客户端创建一个发送 EnterGameMsgRequest 请求的命令。在 my-game-client 的 GameClientCommand 的 sendTestMsg 方法中添加请求命令，代码如下所示。

```
if(messageId == 201) {//进入游戏请求
    EnterGameMsgRequest request = new EnterGameMsgRequest();
    gameClientBoot.getChannel().writeAndFlush(request);
}
```

当客户端收到游戏服务器网关的响应消息时，需要解析并读取消息的内容，为了区别之前的测试，这里添加一个新类来处理 EnterGameMsgResponse，在 my-game-client 项目中添加 EnterGameHandler 类，用于接收服务器返回的消息，代码如下所示。

```
@GameMessageHandler
public class EnterGameHandler {
    private Logger logger = LoggerFactory.getLogger(EnterGameHandler.class);
    @GameMessageMapping(EnterGameMsgResponse.class)
    public void enterGameResponse(EnterGameMsgResponse response,
```

```
GameClientChannelContext ctx) {
            logger.debug("进入游戏成功: {}",response.getBodyObj().getNickname());
    }
}
```

因为客户端要用到所有的请求消息类和响应消息类，所以在客户端启动的时候，需要扫描所有的消息。因此，修改 GameClientInitService 类 init 方法中的代码 DispatchGameMessageService.scanGameMessages(applicationContext, 0, "com.mygame");，其中参数 0 就是表示扫描所有的请求和响应消息。

按照顺序启动 my-game-xinyue、my-game-gateway、my-game-center、my-game-client。在 my-game-client 启动成功之后，在 Eclipse 的控制台就可以输入请求命令了。依次输入命令：connect-server（连接游戏服务器网关）、send-test-msg 1（验证连接）、send-test-msg 201（发送 EnterGameMsgRequest 请求）。从日志上可以看到消息返回成功，如下所示。

```
shell:>send-test-msg 201
shell:>2019-05-19 23:22:19 DEBUG com.mygame.client.service.handler.
codec.DecodeHandler.channelRead(DecodeHandler.java:63) - 接收服务器消息，
大小: 77:<-GameMessageHeader [messageSize=77, messageId=201, serviceId=0,
clientSendTime=0, serverSendTime=1558279339675, clientSeqId=69,
version=0, errorCode=0, fromServerId=0, toServerId=0, playerId=0,
attribute=HeaderAttribute [clientIp=null]]
    2019-05-19 23:22:19 DEBUG com.mygame.client.service.logichandler.
EnterGameHandler.enterGameResponse(EnterGameHandler.java:15) - 进入游戏成
功：天地无极
```

因此，客户端发送消息到游戏服务器网关，游戏服务器网关转发消息到消息总线服务，游戏服务从消息总线服务中监听、接收游戏服务器网关转发的消息；游戏服务处理消息，然后请响应消息发送到消息总线服务中；游戏服务器网关监听消息总线服务收到游戏服务的响应消息，再把响应消息发送到客户端，整个消息通信流程全部成功，如图 7.9 所示。

图 7.9　消息通信流程

7.4　本章总结

本章介绍了游戏服务器网关与游戏业务服务之间的网络通信，主要实现的功能有搭建消息总线服务、消息序列化与反序列化、游戏服务器网关对客户端请求的消息的负载均衡实现以及 Kafka 消息中间件的安装与简单使用。使用了消息中间件，就不需要花费时间再去做进程之间的网络通信开发了，大大节约了游戏服务器内部通信开发的时间。而且它使服务器的各个服务系统之间解耦，便于服务的动态伸缩，保持了服务的扩展性。

第8章 游戏业务处理框架开发

通过之前章节的描述和开发，现在客户端请求一条消息，已经可以正常精确地发送到对应的游戏业务服务上面了，游戏业务服务接收到客户端的消息之后，就需要处理这些消息。本章开发游戏业务处理框架，主要的内容如下。

- 游戏服务器中的多线程管理。
- Netty 线程池模型。
- 消息处理管理。
- 不同用户之间的数据交互。

8.1 游戏服务器中的多线程管理

在多核处理器上，充分利用每个 CPU 的处理能力，可以提高服务器的并发处理效率，而要充分利用多个 CPU，就需要在游戏服务中使用多线程。理论上，为了提高游戏服务的并发处理能力，每收到一个消息，就创建一个线程去处理这个消息，这就可以并发地处理 N 个消息。但是，在一台物理服务器上面，创建更多的线程就能提升服务器的并发性能吗？答案是不能。相反，创建过多的线程反而会降低服务器的处理能力。

8.1.1 线程数量的管理

对于多核 CPU 来说，如果一个运行的进程的线程数超过 CPU 内核数，那么同一个 CPU 内核并不是被同一个线程一直占用的。在一定时间内，如果执行中的线程没有主动退出 CPU，那么 CPU 会自动将当前线程挂起，变成可运行状态排队，然后从可运行状态排队的线程中根据优先级随机选择一个线程执行。从线程开始运行，到线程执行一段时间之后，被 CPU 自动挂起，这个就是 CPU 的时间片。而线程从运行状态到挂起，再选择其他的线程执行的过程叫 CPU 上下文切换。

可以看到每个 CPU 在同一个时间片内，只能使一个线程处于运行状态，而且创建一个线程也会占用较多内存资源。如果线程的数量过多，那么大量的线程将在较少的 CPU 和内存资源上发生竞争，这会导致更高的内存使用量，而且还可能耗尽资源。另外，由于大量线程对 CPU 的竞争，会产生大量的 CPU 上下文切换，导致 CPU 花更多的时间片去处理线程切换。CPU 使用率看似很高，但是业务吞吐量却很小。因此在一个服务中，线程数只能设置一个适当的值，并不是越多越好。

线程的资源如此珍贵，又如此特殊。为了最大效率地使用线程，就必须对线程进行严格管理。游戏服务中线程数量必须可控，线程分配必须精确合理。因此，我们必须明确知道哪些地方需要分配线程。为了方便线程的管理，最好不要直接使用 Thread 去创建线程。一般使用 Thread 创建的线程都是固定任务，也就是说这个线程会一直运行、处理相应的任务。比如在生产者消费者模式中，一般是启动几个固定的线程一直不停地从队列中获取、消费这些消息。

更好地使用线程的方式是使用线程池，它不仅可以重用线程，减少线程创建的时间，从而提高线程的利用率，而且在高并发的情况下，还可以缓存部分等待任务。在关闭服务器的时候，可以等待线程池中的任务执行完毕之后，手动停止整个线程池。

到底设置多少个线程池比较合适呢？这个也没有固定的值，因为它受很多因素的影响。要想正确设置线程池的大小，必须分析计算硬件环境、资源预算和任务的特性，如在部署的系统中有多少个 CPU？有多大的内存？线程执行的任务是计算密集型、I/O 密集型还是二者都有？它们是否需要像 JDBC 连接这样的稀缺资源？

如果需要执行不同类型的任务，并且它们之间的行为相差很大，那么应该考虑使用多个线程池，从而使每个线程池可以根据各自的工作负载来调整。比如业务处理是纯内存操作，而数据库是 I/O 操作，这两种行为应该使用两个独立的线程池，这样可以使业务处理不受数据库操作的影响。

对于计算密集型任务，比如游戏中总战力的计算、战报检验、业务逻辑处理等，在拥有 N 个处理器的系统上，当线程池的大小为 $N+1$ 时，通常可以实现 CPU 的最优利用率。而对于包含 I/O 操作或其他阻塞操作的任务，由于线程不会一直执行，因此线程池的线程数量应该更大。

为了正确设置线程池的大小，一种方式是估算任务的等待时间与计算时间的比值，这种估算不需要非常精准，可以通过一些分析或监控工具来获得。另外一种方式是通过压力测试，设置不同的线程数，来观察 CPU 的利用率和吞吐量，然后获取一个合适的线程数值。

8.1.2 游戏服务线程池分配

对于整个游戏服务来说，它的任务类型有很多种，比如数据库操作（数据库和 Redis 读写）、网络 I/O 操作（不同进程通信）、磁盘 I/O 操作（日志文件写入）、业务逻辑操作（纯内存操作）等，这些任务类型之间的行为差别很大。

为了游戏的流畅性，在用户进入游戏之后，会把用户的数据缓存在内存中，中间不会再有 I/O 操作。这样对于用户在游戏中的业务处理，就可以在内存中迅速完成，并立刻给客户端返回结果。

所以这部分操作需要在一个单独的线程池中完成，可以称之为业务线程池。在这些线程池的线程中，要保证没有 I/O 任务，防止线程阻塞。但是在游戏中，I/O 事件是不可避免的。比如数据发生改变之后，需要同步到数据库，或者需要从其他的服务器拉取数据等，那么这些操作就应该在另外一个单独的线程池中，可以称为 I/O 线程池。

有时候，也可以把数据库操作放在一个单独的线程池里面，称之为数据库线程池。因为数据库操作相对较慢一些，这样可以避免阻塞其他处理较快的任务。

另外，在使用第三方组件的时候，也需要注意，如果这些组件支持异步操作，一般也会自带线程池的配置，比如日志异步写入、RPC 组件异步请求、第三方定时器等。这些组件的线程池都是可以配置的，在项目后期可以统一优化。

因此，在对线程的使用上，一定要严格按照不同的任务类型，使用对应的线程池。在游戏服务开发中，要严格规定开发人员不可随意创建新的线程。如果有特殊情况，需要特殊说明，并做好其使用性的评估，防止创建线程的地方过多，最后不可控制。

8.2 Netty 线程池模型

Netty 是一个异步网络通信框架，为了管理好线程池的应用，它在 Java 的线程模型上做了一些优化和封装，更加适用于事件异步处理。由于后面的章节中要使用到这些线程模型，本节先介绍这些线程模型的使用方法。

8.2.1　Netty 线程模型的核心类

在 Netty 中，最常用的几个线程模型核心类有 EventExecutorGroup、DefaultEventExecutorGroup、EventExecutor、DefaultEventExecutor、NioEventLoopGroup、NioEventLoop。其中，NioEventLoopGroup 和 NioEventLoop 主要应用于 NIO 的网络通信。在游戏服务器网关服务初始化的时候，创建的 bossGroup 和 workerGroup 就是 NioEventLoopGroup。在业务中，不涉及 NIO 操作，所以都是 EventExecutorGroup 和 EventExecutor，DefaultXXXX 是它们默认的实现类。

在 JDK 的线程池中，一个线程池管理 N 个线程。在 Netty 中，EventExecutorGroup 类似于线程池，EventExecutor 类似于一个线程。它们之间的不同点是，当任务比较多时，一个线程处理不过来，就需要一些任务排队等待。其实一个 EventExecutor 就相当于 JDK 中 Executors.newSingleThreadExecutor() 创建的一个单线程池。

这样，当有多个任务同时提交到 EventExecutor 中执行的时候，一些任务就可以排除等待了，还可以设置任务上限。一个 EventExecutorGroup 可以管理多个 EventExecutor，相当于一个线程池对多个 EventExecutor 统一管理。

在游戏服务开发过程中，需要创建一个线程池组，并从线程池组中获取一个线程池。当服务器关闭的时候，需要关闭线程池，并等待线程池组所有的线程池中的任务执行完毕，代码如下所示。

```
public void test() {
        EventExecutorGroup executorGroup = new DefaultEventExecutorGroup(3);// 创建一个事件线程池组
        EventExecutor executor = executorGroup.next();/** 从线程池组中获取一个线程池，它是递增获取的，比如第一次是第一个，第二次是第二个，依次类推，如果索引到数组长度，则从头开始返回**/

        executorGroup.shutdownGracefully();/** 使用默认的参数关闭线程池组中的所有线程池**/
        executorGroup.shutdownGracefully(10, 120, TimeUnit.SECONDS);/** 使用指定的参数关闭线程池组中的所有线程池**/
        executorGroup.isShuttingDown();/** 判断线程池是否在关闭中。在调用 shutdownGracefully 方法之后，就会返回 true**/
```

```
        executorGroup.isTerminated();/**调用shutdownGracefully方法之后，
且所有任务都执行完毕返回true**/
    }
```

8.2.2　获取线程池执行结果

在游戏开发过程中，把不同类型的任务分到不同的线程池组中执行，但是，有时候需要获取线程池执行的结果。比如，把一个查询数据库的任务放到数据库线程池中，当数据查询完成之后，查询者需要得到这个结果，代码如下所示。

```
    private EventExecutorGroup dbExecutorGroup = new DefaultEvent
ExecutorGroup(4);
    //声明一个数据库线程池组
    @Autowired
    private PlayerDao playerDao;//注入数据库操作类
    public Player queryPlayer(long playerId) throws InterruptedException,
ExecutionException {
        Future<Player> future = dbExecutorGroup.next().submit(()->{
            Player player = playerDao.findById(playerId).orElse(null);
            return player;
        });
        Player player = future.get();//等待返回查询结果
        return player;
    }
```

但是这种获取方式会阻塞调用queryPlayer方法的线程，这时线程不能处理其他任务了，直到查询完毕为止。特别是一个事件驱动的模型里面，一个线程会处理N个事件，如果有一个事件阻塞了，那么后面所有的事件都必须等待，降低了线程的利用率。

还有一种方式是利用异步回调返回结果。在任务中添加回调方法，当查询结束之后，通过回调方法返回结果，并在回调方法中继续处理拿到数据之后的数据。代码如下所示。

```
    public void queryPlayer(long playerId,Consumer<Player> conumer) {
        //异步查询Player，并通过回调方法返回结果
        dbExecutorGroup.next().execute(()->{
            Player player = playerDao.findById(playerId).orElse(null);
            conumer.accept(player);
```

```
        });
    }
    public void test() {//这个方法测试获取Player并操作Player
        // 当前线程是线程1，调用查询Player的方法
        this.queryPlayer(1L, player->{// 通过回调方式获取Player
            if(player != null) {/**执行回调方法的是数据库查询线程，并不是原来的线程1了**/
                // 对Player进行其他操作
                player.getMap().forEach((k,v)->{
                    System.out.println(k + "-" + v);
                });
            }
        });
    }
```

这种方式虽然不会阻塞调用者，但它有另外一个问题，就是在数据查询完成之后，执行回调方法的线程不是原来调用 queryPlayer 的那个线程，而是数据库查询的线程。如果控制不好回调方法的上下文的话，也有可能发生多线程并发操作同一个对象的问题。

Netty 线程模型中，解决了上面的两个问题，重写了 JDK 的 Future，添加了 Listener 方法，并新添加了 Promise 类，它继承自 Netty 的 Future。Promise 中可以设置返回的结果，然后会调用 Listener 方法。Promise 是和 EventExecutor 一起使用的，在创建 Promise 的时候，会在构造方法中添加一个 EventExecutor 参数，这样监听方法就会在 EventExecutor 线程中执行，代码如下所示。

```
public Future<Player>queryPlayer(Long playerId,Promise<Player> promise) {
    dbExecutorGroup.next().execute(()->{
        Player player = playerDao.findById(playerId).orElse(null);
        promise.setSuccess(player);// 查询完成之后，设置结果
    });
    return promise;
}
public void futureTest() {
    EventExecutor executor = new DefaultEventExecutor();
    executor.execute(()->{
        Promise<Player> promise = new DefaultPromise<Player>(executor);
```

```java
            queryPlayer(1L,promise).addListener(new GenericFutureListener
<Future<Player>>() {
                @Override
                public void operationComplete(Future<Player> future)
throws Exception {// 在 listener 中处理返回的结果
                    if(future.isSuccess()) {
                        Player player= future.get();// 获取结果
                        // 对 Player 进行其他操作
                        player.getMap().forEach((k,v)->{
                            System.out.println(k + "-" + v);
                        });
                    }
                }
            });
        });
    }
```

当调用 promise.setSuccess(player) 方法之后, 就会触发 GenericFutureListener 监听接口, 调用 operationComplete, 它是在 executor 这个线程中执行的。setSuccess 方法的实现, 代码如下所示。

```java
    @Override
    public Promise<V>setSuccess(V result) {
        if (setSuccess0(result)) {
notifyListeners();
            return this;
        }
        throw new IllegalStateException("complete already: " + this);
}
    private void notifyListeners() {
        EventExecutor executor = executor();
        if (executor.inEventLoop()) {/** 如果是和调用线程在同一个线程中,
就直接调用监听接口 **/
            final InternalThreadLocalMap threadLocals =
InternalThreadLocalMap.get();
            final int stackDepth = threadLocals.
futureListenerStackDepth();
            if (stackDepth < MAX_LISTENER_STACK_DEPTH) {
                threadLocals.setFutureListenerStackDepth(stackDepth + 1);
```

```
                try {
notifyListenersNow();
                } finally {
                    threadLocals.setFutureListenerStackDepth(stack-
Depth);
                }
                return;
            }
        }
        safeExecute(executor, new Runnable() {
// 如果是跨线程的操作，就把它作为一个任务，放到 Promise 的线程池中处理
            @Override
            public void run() {
notifyListenersNow();
            }
        });
    }
```

因此，只要保证调用者和 Promise 是使用同一个 EventExecutor，它们要处理的业务逻辑就可以统一在同一个线程中处理。

8.3 客户端消息处理管理

游戏服务器的本质是处理客户端请求，并保证数据的正确性。因此需要对客户端的消息处理方式进行统一管理，这样我们在开发业务功能的时候，就可以按统一的标准处理客户端的请求。

在游戏服务器中，大多数用户只是操作自己的数据，也有功能是使一个用户的操作影响另一个用户的数据。如果是用户操作自己的数据，只需要将客户端消息按顺序处理即可，不会出现并发现象。如果是一个用户查询或修改另一个用户的数据，可能会比较麻烦，这会涉及多线程的并发操作，如果管理不好，就会出现异常或脏数据。

8.3.1 借鉴 Netty 的消息处理机制

借鉴也是一种非常好的学习方式。像 Netty 框架中值得借鉴的东西非常多，消息处理

机制就是其中之一，它对消息处理的设计具有顺序性、异步性、可扩展性。在 Netty 中，当客户端与服务器创建连接之后，在逻辑上会创建一个连接 Channel，默认情况下，在这个 Channel 中的客户端消息都是按顺序处理的（也支持 ChannelHandler 的异步配置）。

因为一个 Channel 中的消息，始终默认在同一个 EventExecutor 中处理。Netty 处理消息有几个核心类，Channel、ChannelPipeline（默认实现类是 DefaultChannelPipeline）、ChannelInboundHandler、ChannelOutboundHandler、ChannelHandlerContext，它们构成了 Netty 消息处理的整个框架，如图 8.1 所示。

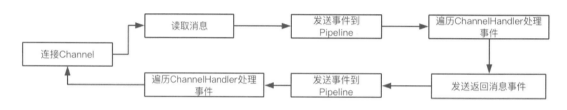

图 8.1 Netty 消息处理框架

Channel 是网络连接层的接口，它负责监听客户端的连接和客户端发送的请求消息。客户端与服务器创建一个连接时，Netty 就会创建一个 Channel 的实现类，比如 TCP Socket 的 NioServerSocketChannel。

ChannelPipeline 中会管理一个由多个 ChannelOutboundHandler 和 ChannelInboundHandler 组成的链表，ChannelInboundHandler 负责处理接收到的消息，ChannelOutboundHandler 负责管理服务器发送出去的消息。Channel 接收到客户端的消息，会将消息通过 ChannelPipeline 发送到 ChannelHandler 的链表中。

Netty 的整个消息处理系统类似于一个责任链，这个责任链由 ChannelHandler 组成。例如在 my-game-gateway 的项目中，初始化 Channel 时，会向 ChannelPipeline 的 Handler 链表中添加 Handler，代码如下所示。

```
    private ChannelInitializer<Channel>createChannelInitializer() {/** 连
接 Channel 初始化的时候调用 **/
        ChannelInitializer<Channel> channelInitializer = new
ChannelInitializer<Channel>() {
            @Override
            protected void initChannel(Channel ch) throws Exception {
```

```java
            // 初始化 Channel 时，添加 Handler
                    ChannelPipeline p = ch.pipeline();
                    p.addLast("EncodeHandler", new EncodeHandler(serverConfig));
            // 添加编码 Handler
                    p.addLast(new LengthFieldBasedFrameDecoder(1024 * 1024, 0, 4, -4, 0));
            // 添加拆包
                    p.addLast("DecodeHandler", new DecodeHandler());
                    // 添加解码
        p.addLast("ConfirmHandler", new ConfirmHandler(serverConfig, channelService));
                    // 添加限流 Handler
        p.addLast("RequestLimit", new RequestRateLimiterHandler(globalRateLimiter, serverConfig.getRequestPerSecond()));
                    int readerIdleTimeSeconds = serverConfig.getReaderIdleTimeSeconds();
                    int writerIdleTimeSeconds = serverConfig.getWriterIdleTimeSeconds();
                    int allIdleTimeSeconds = serverConfig.getAllIdleTimeSeconds();
        p.addLast(new IdleStateHandler(readerIdleTimeSeconds, writerIdleTimeSeconds, allIdleTimeSeconds));
        p.addLast("HeartbeatHandler", new HeartbeatHandler());
        p.addLast(new DispatchGameMessageHandler(businessServerService, serverConfig));
                     // p.addLast(new TestGameMessageHandler(gameMessageService));
        // 添加业务实现
                }
            };
            return channelInitializer;
        }
```

打开 XXXHandler 类的实现，就会发现 Handler 有的是 ChannelInboundHandler 的子类，有的是 ChannelOutboundHandler 的子类。如果是 ChannelInboundHandler 的子类，则会在收到消息的时候调用 Handler 里面的一些处理事件的方法，比如 ChannelRead 方法；如果是 ChannelOutboudHandler 的子类，则会在向客户端发送消息的时候调用 Handler 里面的一些方法，比如 write 方法。消息处理链表如图 8.2 所示。

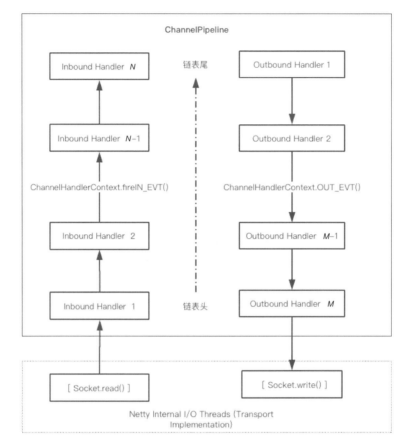

图 8.2　消息处理链表

当 Handler 方法调用时，就要处理 Channel 事件，如果 Handler 判断其不是自己想处理的消息，可以把这个事件通过 ChannelHandlerContext 中的 fireXXX 方法发送到下一个 Handler 中处理。也可以处理完之后，向下一个 Handler 中发送一个新的事件信息。例如在 DecodeHandler 中网络消息的解码操作。

Handler 链表的好处是提供了灵活的扩展性，想添加一个事件的处理，只需要添加一个 Handler 即可。例如在项目后期需要添加一些监控统计，比如流量统计、消息吞吐量等，只需要添加相应功能的 Handler 实现类即可。但是要注意 Handler 处理的顺序性，进入的消息是从链表头部向链表尾部流动，发出的消息是从链表尾部向链表头部流动。

如果某个 Handler 想异步处理事件，可以在向 channelPipeline 中添加 Handler 的时候，指定一个 EventExecutorGroup，这个 Handler 事件的处理方法将会在 EventExecutorGroup 中的某个 EventExecutor 中调用。比如一些消息统计类的业务和游戏业务本身没有关系，一般会有网络或磁盘 I/O 操作，可以异步处理。比如在 createChannelInitializer() 方法中添加请求统计的 Handler，代码如下所示。

```
EventExecutorGroup asyncGroup = new DefaultEventExecutorGroup(4);
// 这是一个共用的事件线程池组
p.addLast(asyncGroup,"RequestStatistics",new RequestStatistics
Handler());
// 向 channelPipeline 中添加统计请求的 Handler
```

8.3.2 客户端消息事件处理框架模型

本书借鉴 Netty 的消息处理模型，设计用户消息的处理模型，这个框架也是一个事件驱动的模型。这个模型和 Netty 的模型非常类似，可以说是 Netty 处理消息的复制版或精简版。毕竟 Netty 是处理 Socket 消息的，有些方法在游戏业务处理中用不到，而且为了简便，把一些接口也去掉了，直接使用相应的实现类。

这个框架是用来处理所有的用户请求消息的，以后也会用来处理 RPC 请求，其内部会有多个接收网关消息的业务功能项目，因此它是一个通用模块。在 my-game-server 中添加子模块 my-game-gateway-message-starter，并在 pom.xml 中添加依赖，配置如下所示。

```xml
<dependencies>
    <dependency>
        <groupId>com.game</groupId>
        <artifactId>my-game-network-param</artifactId>
        <version>0.0.1-SNAPSHOT</version>
    </dependency>
    <dependency>
        <groupId>com.game</groupId>
        <artifactId>my-game-dao</artifactId>
        <version>0.0.1-SNAPSHOT</version>
    </dependency>
</dependencies>
```

由于客户端的消息是由用户触发的，大多数情况下，只需处理单个用户数据。因此，为了方便处理用户的数据，在框架中约定，一个 playerId 映射一个 GameChannel；所有和这个 playerId 相关的操作都需要在它映射的 GameChannel 中进行，在其他的地方不可以处理用户的数据。这样可以防止多线程并发处理同一个用户的数据。

这就需要一个集合，管理多个 playerId 和 GameChannel 实例的映射，这个集合必须是线程安全的。整个框架是事件驱动类型的，不希望出现锁的操作，因此使用一个 EventExecutor 来管理这个集合。代码如下所示。

```
public class GameMessageEventDispatchService {
    private static Logger logger = LoggerFactory.getLogger(GameMes-
sageEventDispatchService.class);
    private Map<Long, GameChannel> gameChannelGroup = new
HashMap<>();// 管理 playerId 与 GameChannel 的集合
    private GameEventExecutorGroup workerGroup;// 业务处理线程池组
    private EventExecutor executor;/** 当前管理 gameChannelGroup 集合的
事件线程池 **/
    private IMessageSendFactory messageSendFactory; /** 向客户端发送消
息的接口类，可以根据需求，有不同的实现，这里默认发送到 Kafka 的消息总线服务中 **/
    private GameChannelInitializer channelInitializer;
    private GameRpcService gameRpcSendFactory;
    private ApplicationContext context;
    public GameMessageEventDispatchService(ApplicationConte
xt context, GameEventExecutorGroup workerGroup, IMessageSendFactory
messageSendFactory, GameRpcService gameRpcSendFactory,
GameChannelInitializer channelInitializer) {
        this.executor = workerGroup.next();
        this.workerGroup = workerGroup;
        this.messageSendFactory = messageSendFactory;
        this.channelInitializer = channelInitializer;
        this.gameRpcSendFactory = gameRpcSendFactory;
        this.context = context;
    }
    private void safeExecute(Runnable task) {
// 将方法的请求变成事件，在此类所属的事件线程池中执行
        if (this.executor.inEventLoop()) {
// 如果当前调用这个方法的线程和此类所属的线程是同一个线程，则可以立刻执行
            try {
                task.run();
            } catch (Throwable e) {
                logger.error("服务器内部错误", e);
            }
        } else {
            this.executor.execute(() -> {
```

/** 如果当前调用这个方法的线程和此类所属的线程不是同一个线程，将此任务提交到线程池中等待执行 **/
```java
                try {
                    task.run();
                } catch (Throwable e) {
                    logger.error("服务器内部错误", e);
                }
            });
        }
    }
    private GameChannel getGameChannel(Long playerId) {
        GameChannel gameChannel = this.gameChannelGroup.get(playerId);
        if (gameChannel == null) {/** 从集合中获取一个 GameChannel，如果这个 GameChannel 为空，则重新创建，并初始化注册这个 Channel，完成 GameChannel 的初始化 **/
            gameChannel = new GameChannel(playerId, this, messageSendFactory, gameRpcSendFactory);
            this.gameChannelGroup.put(playerId, gameChannel);
            this.channelInitializer.initChannel(gameChannel);/** 初始化 Channel，可以通过这个接口向 GameChannel 中添加处理消息的 Handler**/
            gameChannel.register(workerGroup.select(playerId), playerId);
            // 发注册 GameChannel 的事件
        }
        return gameChannel;
    }
    public void fireReadMessage(Long playerId, IGameMessage message) {
        // 发送接收到的消息事件
        this.safeExecute(() -> {
            GameChannel gameChannel = this.getGameChannel(playerId);
            gameChannel.fireReadGameMessage(message);
        });
    }
    public void fireUserEvent(Long playerId, Object msg, Promise<Object> promise) {
        // 发送用户定义的事件
        this.safeExecute(() -> {
            GameChannel gameChannel = this.getGameChannel(playerId);
            gameChannel.fireUserEvent(msg, promise);
        });
    }
```

```java
        public void fireInactiveChannel(Long playerId) {/** 发送 GameChannel
失效的事件，在这个事件中可以处理一些数据落地的操作 **/
            this.safeExecute(() -> {
                GameChannel gameChannel = this.gameChannelGroup.remove(playerId);
                if (gameChannel != null) {
                    gameChannel.fireChannelInactive();
                    // 发布 GameChannel 失效事件
                    GameChannelCloseEvent event = new GameChannelCloseEvent(this, playerId);
                    context.publishEvent(event);
                }
            });
        }
        public void broadcastMessage(IGameMessage gameMessage, long... playerIds) {
        // 发送消息广播事件，向多个客户端发送消息
            if (playerIds == null || playerIds.length == 0) {
                logger.debug(" 广播的对象集合为空，直接返回 ");
                return;
            }
            this.safeExecute(() -> {
                for (long playerId : playerIds) {
                    if (this.gameChannelGroup.containsKey(playerId)) {
                        GameChannel gameChannel = this.getGameChannel(playerId);
                        gameChannel.pushMessage(gameMessage);
                    }
                }
            });
        }
    }
```

这个类中包括了所有对 GameChannel 集合的操作，包括 GameChannel 的创建、注册、消息发布、消息广播等。一个 GameChannel 代表一个活跃的用户，在用户的消息第一次到来时，如果当前 playerId 对应的 GameChannel 实例在集合 gameChannelGroup 不存在，就需要完成以下操作。

首先创建一个 GameChannel 实例，并注册这个 GameChannel 实例，在注册的过程中，需要从数据库初始化游戏用户的所有的数据到内存中，这样以后的消息在操作用户的数据

时，直接操作内存的数据即可。由于注册可能是异步的，如果这个时候又有新的消息进来，发现还没有注册成功，就会在 GameChannel 的 waitTaskList 队列中排队，等 GameChannel 注册成功之后，一次执行完排队的任务。

在消息处理的过程中，如果有跨线程的操作，都需要把操作封装为一个单独的事件处理。把请求作为事件处理的好处是，事件是可以流动传递的，也是有顺序性的。

8.3.3 实现自定义 MultithreadEventExecutorGroup

在 Netty 中，一个连接对应一个 Channel，每个 Channel 会从 NioEventLoopGroup 工作线程组（workerGroup）中选择一个 EventLoop。它是 EventExecutor 的一个子类，专门用于处理 I/O 事件。从 NioEventLoopGroup 中选择一个 EventLoop 时，是根据选择次数的递增方式选择，这样每次选择获取的 EventLoop 实例都是不一样的，这就是无状态的行为。

NioEventLoopGroup 继承自 MultithreadEventExecutorGroup，当需要一个 EventLoop 的时候，调用 MultithreadEventExecutorGroup 的 next 方法，在 next 方法中有一个 EventExecutor 的选择器，它是根据 MultithreadEventExecutorGroup 在创建时的线程数决定的，代码如下所示。

```
children = new SingleThreadEventExecutor[nThreads];
if (isPowerOfTwo(children.length)) {
    chooser = new PowerOfTwoEventExecutorChooser();
} else {
    chooser = new GenericEventExecutorChooser();
}
```

如果线程数是 2 的幂，比如 4、8、16、32 等，则使用 PowerOfTwoEventExecutor-Chooser；如果总的线程数不是 2 的幂，则使用 GenericEventExecutorChooser。这两个类的计算方法不同，这么做是为了提高计算的效率。调用选择器的 next 之后，选择器会自动加 1，再次调用 next 的时候，就会返回下一个 EventExecutor 实例。

在处理用户的消息的时候，一个 playerId 对应一个 GameChannel。为了保证用户的消息处理始终是顺序执行的，同一个 playerId 注册 GameChannel 的时候，必须使用同一个 EventExecutor，这是一个有状态的选择。因此，需要重新实现一个线程组，在选择事件线程时，如果是同样的 playerId，则返回相同的 EventExecutor 实例。这是一个公共工具类，在 my-game-common 中添加 GameEventExecutorGroup，代码如下所示。

```java
public class GameEventExecutorGroup extends AbstractEventExecutorGroup {
    private final EventExecutor[] children;// 线程组中线程数量
    private final AtomicInteger childIndex = new AtomicInteger();
    private final AtomicInteger terminatedChildren = new AtomicInteger();
    @SuppressWarnings("rawtypes")
    private final Promise<?> terminationFuture = new DefaultPromise(GlobalEventExecutor.INSTANCE);
    static final int DEFAULT_MAX_PENDING_EXECUTOR_TASKS = Math.max(16,
            SystemPropertyUtil.getInt("io.netty.eventexecutor.maxPendingTasks", Integer.MAX_VALUE));// 单个线程中任务的排队最大数量
    public GameEventExecutorGroup(int nThreads) {
        this(nThreads, null);
    }
    public GameEventExecutorGroup(int nThreads, ThreadFactory threadFactory) {
        this(nThreads, threadFactory, DEFAULT_MAX_PENDING_EXECUTOR_TASKS, RejectedExecutionHandlers.reject());
    }
    public GameEventExecutorGroup(int nThreads, ThreadFactory threadFactory, int maxPendingTasks, RejectedExecutionHandler rejectedHandler) {
        if (nThreads <= 0) {
            throw new IllegalArgumentException(String.format("nThreads: %d (expected: > 0)", nThreads));
        }
        if (threadFactory == null) {
            threadFactory = newDefaultThreadFactory();/** 使用默认的线程创建工厂 **/
        }
        children = new SingleThreadEventExecutor[nThreads];/** 创建线程组 **/
        for (int i = 0; i < nThreads; i++) {
            boolean success = false;
```

```java
                try {
                    children[i] = newChild(threadFactory,
maxPendingTasks, rejectedHandler);
    // 创建具体的 EventExecutor
                    success = true;
                } catch (Exception e) {
                    // TODO: Think about if this is a good exception type
                    throw new IllegalStateException("failed to create
a child event loop", e);
                } finally {
                    if (!success) {// 如果没有成功, 需要关闭已创建的
EventExecutor
                        for (int j = 0; j < i; j++) {
                            children[j].shutdownGracefully();
                        }

                        for (int j = 0; j < i; j++) {
                            EventExecutor e = children[j];
                            try {
                                while (!e.isTerminated()) {
    e.awaitTermination(Integer.MAX_VALUE, TimeUnit.SECONDS);
                                }
                            } catch (InterruptedException interrupted) {
                                Thread.currentThread().interrupt();
                                break;
                            }
                        }
                    }
                }
            }
            final FutureListener<Object> terminationListener = new
FutureListener<Object>() {
    // 创建停止监听接口
                @Override
                public void operationComplete(Future<Object> future)
throws Exception {
                    if (terminatedChildren.incrementAndGet() ==
children.length) {
                        terminationFuture.setSuccess(null);
                    }
                }
```

```java
                };
                for (EventExecutor e : children) {
    e.terminationFuture().addListener(terminationListener);
                }
            }
            protected ThreadFactory newDefaultThreadFactory() {/**返回默认的
线程创建工厂**/
                return new DefaultThreadFactory(getClass());
            }
            @Override
            public EventExecutor next() {// 按顺序获取一个 EventExecutor
                return this.getEventExecutor(childIndex.getAndIncrement());
            }
            public EventExecutor select(Object selectKey) {/**根据某一个 key
获取一个 EventExecutor，如果 key 相同，证明获取的是同一个 EventExecutor**/
                if (selectKey == null) {
                    throw new IllegalArgumentException("selectKey 不能为空 ");
                }
                int hashCode = selectKey.hashCode();
                return this.getEventExecutor(hashCode);
            }
            private EventExecutor getEventExecutor(int value) {/**根据索引值选择一
个 EventExecutor**/
                if (isPowerOfTwo(this.children.length)) {
                    return children[value & children.length - 1];
                } else {
                    return children[Math.abs(value % children.length)];
                }
            }
            // 以下省略一些与 DefaultEventExecutorGroup 类似的方法。
```

在这个类中删掉了 EventExecutor 的选择器，使用 getEventExecutor 方法替代，它根据 value 返回一个 EventExecutor，如果 value 值一样，返回 EventExecutor 也是一样的。增加 EventExecutor select(Object selectKey) 方法，根据 selectKey 的 hashCode 方法获取一个唯一的 value 值，再根据 value 值选择固定的 EventExecutor 返回。在 GameMessageEventDispatchService 中注册 GameChannel 实例的时候，用到 getEventExecutor 方法，获取一个 playerId 对应的 EventExecutor。

8.3.4　实现 GameChannel

GameChannel 负责管理用户消息事件的接收和发送。GameChannel 是消息处理的主体，在 GameChannel 第一次创建的时候，会发送一个注册事件。有的注册事件中，需要加载处理消息的必要条件。比如从数据库加载用户的所有数据。

只有在 GameChannel 注册成功之后，才会继续处理请求过来的消息，否则就需要把请求消息事件放到队列中等待注册成功。在处理注册事件的时候，可能会有异步操作，比如异步获取用户的数据。因此处理注册事件的方法中会有一个 GameChannelPromise，注册成功之后，调用它的 success 方法。而 GameChannel 通过监听 GameChannelPromise 的 setSuccess 方法，知道注册成功之后，再处理在等待中的任务事件。

当收到客户端的消息时，根据 playerId 找到 GameChannel 的实例，调用 GameChannel 的 fireReadGameMessage()，将消息发送到 GameChannel 中处理，GameChannel 负责将消息发送到 channelPipleline 的链表之中。这里会把本次调用封装为一个任务事件，如果 GameChannel 没有注册成功，放到 waitTaskList 中排队。

因为注册成功的处理也是在 GameChannel 的 EventExecutor 中处理的，所以在注册成功之后处理等待的任务时，不会有新的任务被添加到 waitTaskList 之中。只会在 EventExecutor 中排队，等待处理完 waitTaskList 的任务之后，再有新的任务事件需要处理时，registered 已经为 true，直接发送消息到 channelPipeline 中即可。代码如下所示。

```
public class GameChannel {
    private static Logger logger = LoggerFactory.getLogger(GameChannel.class);
    private volatile EventExecutor executor;// 此 Channel 所属的线程
    private IMessageSendFactory messageSendFactory; /** 发送消息的工厂类接口 **/
    private GameChannelPipleline channelPipeline;// 处理事件的链表
    private GameMessageEventDispatchService gameChannelService;// 事件分发管理器
    private volatile boolean registered; // 标记 GameChannel 是否注册成功
    private List<Runnable> waitTaskList = new ArrayList<>(5);/** 事件等待队列，如果 GameChannel 还没有注册成功，这个时候又有新的消息过来了，就让事件在这个队列中等待 **/
    private long playerId;
    public GameChannel(long playerId, GameMessageEventDispatchService
```

```java
        gameChannelService, IMessageSendFactory messageSendFactory) {
    this.gameChannelService = gameChannelService;
    this.messageSendFactory = messageSendFactory;
            channelPipeline = new GameChannelPipeline(this);
    this.playerId = playerId;
        }
        public long getPlayerId() {
            return playerId;
        }
        public void register(EventExecutor executor, long playerId) {
    this.executor = executor;
            GameChannelPromise promise = new DefaultGameChannelPromise
(this);
    this.channelPipeline.fireRegister(playerId, promise);
    promise.addListener(new GenericFutureListener<Future<? super 
Void>>() {
                @Override
                public void operationComplete(Future<? super Void> 
future) throws Exception {
                    if (future.isSuccess()) {// 注册成功的时候，设置为 true
                        registered = true;
                        waitTaskList.forEach(task -> {
                            task.run();/** 注册 Channel 成功之后，执行等
待的任务，因为执行这些任务和判断是否注册完成是在同一个线程中，所以此处执行完之后，
waitTaskList 中不会再有新的任务了 **/
                        });
                    } else {
                        gameChannelService.fireInactiveChannel(playerId);
                        logger.error("player {} channel 注册失败", playerId, 
future.cause());
                    }
                }
            });
        }
        public GameChannelPipeline getChannelPiple() {
            return channelPipeline;
        }
        public EventExecutor executor() {
            return executor;
        }
        private void safeExecute(Runnable task) {
```

```java
            if (this.executor.inEventLoop()) {
                this.safeExecute0(task);
            } else {
                this.executor.execute(() -> {
                    this.safeExecute0(task);
                });
            }
        }
        private void safeExecute0(Runnable task) {
            try {
                if (!this.registered) {
                    waitTaskList.add(task);
                } else {
                    task.run();
                }
            } catch (Throwable e) {
                logger.error("服务器异常", e);
            }
        }
        public void fireChannelActive() {
            this.safeExecute(() -> {
                this.channelPipeline.fireChannelActive();
            });
        }
        public void fireChannelInactive() {
            this.safeExecute(() -> {
                this.channelPipeline.fireChannelInactive();
            });
        }
        public void fireReadGameMessage(IGameMessage gameMessage) {
            this.safeExecute(() -> {
                this.channelPipeline.fireChannelRead(gameMessage);
            });
        }
        public void fireUserEvent(Object message, DefaultPromise<Object> promise) {
            this.safeExecute(() -> {
                this.channelPipeline.fireUserEventTriggered(message, promise);
            });
        }
        protected void unsafeSendMessage(Object object, GameChannelPromise
```

```
promise) {
    this.messageSendFactory.sendMessage(object, promise);
    }
}
```

因为 GameChannel 是和 playerId 映射的，所以这里可以获得 playerId 的信息。messageSendFactory 是向消息总线中发送返回消息的接口，具体的业务由它的实现类提供，这里的实现类是 GameGatewayMessageSendFactory，负责将消息发送到 Kafka 中。

8.3.5　实现 GameChannelPipeline

GameChannelPipeline 主要负责管理 Handler 的链表。这里面自定义了链表头的 Handler 和链表尾的 Handler。每一个 Handler 被封装在一个 AbstractGameChannelHandlerContext，具体的消息传递调用都是在 AbstractGameChannelHandlerContext 中实现的。

GameChannelPipeline 中提供了添加 GameChannelHandler 的方法，可以添加到链表头部，也可以添加到链表尾部。当有事件进来时，这个事件会从链表的头部开始执行，代码如下所示。

```
    public final GameChannelPipeline fireRegister(long playerId,
GameChannelPromise promise) {// 发送注册事件
        AbstractGameChannelHandlerContext.invokeChannelRegistered
(head, playerId, promise);
        return this;
    }
    public final GameChannelPipeline fireChannelInactive() {/** 发送
GameChannel 失效事件 **/
        AbstractGameChannelHandlerContext.invokeChannelInactive
(head);
        return this;
    }
    public final GameChannelPipeline fireExceptionCaught(Throwable
cause) {// 发送异常事件
        AbstractGameChannelHandlerContext.invokeExceptionCaught(head,
cause);
        return this;
    }
```

```java
        public final GameChannelPipeline fireUserEventTriggered(Object event,Promise<Object> promise) {// 发送用户自定义事件
            AbstractGameChannelHandlerContext.invokeUserEventTriggered(head, event,promise);
            return this;
        }
        public final GameChannelPipeline fireChannelRead(Object msg) {// 发送读取消息的事件
            AbstractGameChannelHandlerContext.invokeChannelRead(head, msg);
            return this;
        }
```

如果是向外发送返回的消息，则是从链表尾部开始，代码如下所示。

```java
    public final GameChannelFuture writeAndFlush(Object msg, GameChannelPromise promise) {// 发送写出事件，当消息发送成功时，需要调用 promise.setSuccess()
        return tail.writeAndFlush(msg, promise);
    }
    public final GameChannelFuture writeAndFlush(Object msg) {/** 发送写出事件的重载方法 **/
        return tail.writeAndFlush(msg);
    }
```

当事件被传递到链表的头部之后，说明消息传递已结束，这时就可以将消息发送出去了，代码如下所示。

```java
    final class HeadContext extends AbstractGameChannelHandlerContext implements GameChannelOutboundHandler, GameChannelInboundHandler {
        HeadContext(GameChannelPipeline pipeline) {
            super(pipeline, null, HEAD_NAME, false, true);
        }
        @Override
        public GameChannelHandler handler() {
            return this;
        }
        @Override
        public void write(AbstractGameChannelHandlerContext ctx, Object msg, GameChannelPromise promise) throws Exception {
```

```
        channel.unsafeSendMessage(msg, promise);
        // 调用 GameChannel 的方法，向外部发送消息
    }
    // 省略其他代码
}
```

8.3.6 实现 AbstractGameChannelHandlerContext

AbstractGameChannelHandlerContext 是 GameChannelHandler 的上下文类，它包括一个具体的 GameChannelHandler 的实例和执行 GameChannelHandler 的 EventExecutor。它也是 GameChannelPipeline 中链表的一个节点。

这里默认提供的实现类是 DefaultGameChannelHandlerContext，代码如下所示。

```
public class DefaultGameChannelHandlerContext extends AbstractGameChannelHandlerContext{
    private final GameChannelHandler handler;
    public DefaultGameChannelHandlerContext(GameChannelPipeline pipeline, EventExecutor executor, String name, GameChannelHandler channelHandler) {
        super(pipeline, executor, name,isInbound(channelHandler), isOutbound(channelHandler));/** 判断这个 channelHandler 是处理接收消息的 Handler 还是处理发出消息的 Handler**/
        this.handler = channelHandler;
    }
    private static boolean isInbound(GameChannelHandler handler) {
        return handler instanceof GameChannelInboundHandler;
    }
    private static boolean isOutbound(GameChannelHandler handler) {
        return handler instanceof GameChannelOutboundHandler;
    }
    @Override
    public GameChannelHandler handler() {
        return this.handler;
    }
}
```

在向 GameChannelPipeline 中添加一个新的 GameChannelHandler 的时候，就会创建一个新的 DefaultGameChannelHandlerContext 实例，并将这个 GameChannelHandler 的实例放

到 DefaultGameChannelHandlerContext 实例中。

因为在处理事件的时候可以在 GameChannel 的 EventExecutor 中执行，也可以在添加 GameChannelHandler 的时候指定 EventExecutor 执行，所以需要判断处理事件的线程和 GameChannelHandler 的执行是否是同一个线程。如果是同一个线程，则任务可以立刻执行，如果不是在同一个线程中，则需要将本次操作封装成任务事件，传递到 GameChannelHandler 指定的线程中。比如处理 fireChannelRead 事件，代码如下所示。

```
    public AbstractGameChannelHandlerContext fireChannelRead(final Object msg) {
        invokeChannelRead(findContextInbound(), msg);
        return this;
    }
    static void invokeChannelRead(final AbstractGameChannelHandlerContext next, final Object msg) {
        ObjectUtil.checkNotNull(msg, "msg");
        EventExecutor executor = next.executor();
        if (executor.inEventLoop()) {
            next.invokeChannelRead(msg);
        } else {
            executor.execute(new Runnable() {
                @Override
                public void run() {
                    next.invokeChannelRead(msg);
                }
            });
        }
    }
    private void invokeChannelRead(Object msg) {
        try {
            ((GameChannelInboundHandler) handler()).channelRead(this, msg);
        } catch (Throwable t) {
            notifyHandlerException(t);
        }
    }
```

与 fireChannelRead 类似，每处理一个不同的事件类型，都有类似的三个方法。这里面的静态方法 invokeChannelRead 是一个共用的方法，在 GameChannelPipeline 中，调用

fireChannelRead 会调用这个静态方法，传入的是链表头部的 AbstractGameChannelHandlerContext。在这个方法中会获取处理当前 GameChannelHandler 的 EventExecutor，如果没有指定，则默认使用 GameChannel 的 EventExecutor 实例。

8.3.7 实现客户端消息处理与消息返回

要接收网关转发的消息，必须在服务启动时，监听网关发布消息的 Topic。在 my-game-gateway-message-starter 中添加请求监听类 GatewayMessageConsumerService，在类中添加监听 Kafka 的 Topic 及 groupId。当收到客户端请求的消息之后，将消息发送到处理消息的 GameChannel 中。

在 start 方法中初始化一些配置信息和必要的类，比如处理消息的线程数、处理消息的 GameChannelHandler 等，GameChannelHandler 由具体的业务在使用的时候初始化到 GameChannel 之中。代码如下所示。

```
@Service
public class GatewayMessageConsumerService {
    private GameGatewayMessageSendFactory gameGatewayMessageSendFactory;
    //默认实现的消息发送接口，GameChannel 返回的消息通过此接口发送到 Kafka 中
    private Logger logger = LoggerFactory.getLogger(GatewayMessageConsumerService.class);
    @Autowired
    private GameChannelConfig serverConfig;//GameChannel 的一些配置信息
    @Autowired
    private GameMessageService gameMessageService;
    // 消息管理类，负责管理根据消息 ID，获取对应的消息类实例
    @Autowired
    private KafkaTemplate<String, byte[]> kafkaTemplate; //Kafka 客户端类
    private GameMessageEventDispatchService gameChannelService;
    // 消息事件分发类，负责将用户的消息发到相应的 GameChannel 之中
    private GameEventExecutorGroup workerGroup;// 业务处理的线程池
    @Autowired
    private PlayerDao playerDao;// 用户数据库操作类
    public void start(GameChannelInitializer gameChannelInitializer) {
        // 启动客户端消息处理，这里需要手动传进来处理消息的 Handler
        workerGroup = new GameEventExecutorGroup(serverConfig.getWorkerThreads());
```

```
            gameGatewayMessageSendFactory = new GameGatewayMessageSend
Factory(kafkaTemplate, serverConfig.getGatewayGameMessageTopic());
            gameChannelService = new GameMessageEventDispatchService
(workerGroup,gameGatewayMessageSendFactory, gameChannelInitializer);
            workerGroup = new GameEventExecutorGroup(serverConfig.
getWorkerThreads());
        }
        // 指定监听的 topic 和组 ID
        @KafkaListener(topics = {"${game.channel.business-game-message-
topic}"}, groupId = "${game.channel.topic-group-id}")
        public void consume(ConsumerRecord<String, byte[]> record) {
            GameMessagePackage gameMessagePackage = GameMessageInnerDecoder.
readGameMessagePackage(record.value());// 读取消息内容
            logger.debug(" 接收网关消息: {}",gameMessagePackage.getHeader());
            GameMessageHeader header = gameMessagePackage.getHeader();
            IGameMessage gameMessage = gameMessageService.getRequestIn
stanceByMessageId(header.getMessageId());// 转化为消息类
            gameMessage.read(gameMessagePackage.getBody());
            gameMessage.setHeader(header);
            gameChannelService.fireReadMessage(header.getPlayerId(),
gameMessage);
            // 发送到 GameChannel 之中
        }
    }
```

这里以 my-game-xinyue 为例，它作为一个游戏的核心服务项目，在项目启动的时候，添加处理消息的 GameBusinessMessageDispatchHandler，用于处理客户端请求的消息，在这个类的 channelRegister 的方法中，根据 playerId 查询数据库，找到它对应的 Player 信息，并缓存在 GameBusinessMessageDispatchHandler 中。在 channelRead 方法中处理客户端的请求消息，通过 DispatchGameMessageService 的 callMethod 调用处理这个消息的方法。代码如下所示。

```
    public class GameBusinessMessageDispatchHandler implements GameChannel
InboundHandler {
        private DispatchGameMessageService dispatchGameMessageService;
        private static Logger logger = LoggerFactory.getLogger(GameBus
inessMessageDispatchHandler.class);
        private Player player;
```

```java
        private PlayerDao playerDao;
        public GameBusinessMessageDispatchHandler(DispatchGameMessage-
Service dispatchGameMessageService,PlayerDao playerDao) {
        this.dispatchGameMessageService = dispatchGameMessageService;
        this.playerDao = playerDao;
        }
        @Override
        public void channelRegister(AbstractGameChannelHandlerContext
ctx,long playerId, GameChannelPromise promise) {
                // 在用户GameChannel注册的时候，对用户的数据进行初始化
                player = playerDao.findById(playerId).orElse(null);
        if(player == null) {
                logger.error("player {} 不存在 ",playerId);
                promise.setFailure(new IllegalArgumentException(" 找不
到Player数据, playerId:"+ playerId));
                } else {
        promise.setSuccess();
                }
        }
        @Override
        public void exceptionCaught(AbstractGameChannelHandlerContext
ctx, Throwable cause) throws Exception {
                logger.error(" 服务器异常,playerId:{}", ctx.gameChannel().
getPlayerId(), cause);
        }
        @Override
        public void channelInactive(AbstractGameChannelHandlerContext
ctx) throws Exception {
                logger.debug("game channel 移除, playerId:{}", ctx.gameChannel().
getPlayerId());
        }
        @Override
        public void channelRead(AbstractGameChannelHandlerContext ctx,
Object msg) throws Exception {
                IGameMessage gameMessage = (IGameMessage) msg;
                GatewayMessageContext stx = new GatewayMessageContext(play-
er,gameMessage, ctx.gameChannel());
                dispatchGameMessageService.callMethod(gameMessage, stx);
                // 通过反射，调用处理客户端消息的方法
        }
        @Override
```

```java
        public void userEventTriggered(AbstractGameChannelHandlerContext ctx, Object evt, Promise<Object> promise) throws Exception {
        }
    }
```

在 my-game-xinyue 项目中添加 PlayerLogicHandler，此类负责处理请求消息对应的业务。将来业务功能开发的过程中，也不用太关注 GameChannel 中的代码，而是添加类似于 PlayerLogicHandler 的消息处理类，开发人员只需要关心自己的业务即可。代码如下所示。

```java
@GameMessageHandler
public class PlayerLogicHandler {
    private Logger logger = LoggerFactory.getLogger(PlayerLogicHandler.class);
    @GameMessageMapping(EnterGameMsgRequest.class)// 标记要处理的请求消息
    public void enterGame(EnterGameMsgRequest request,GatewayMessageContext ctx) {
        logger.info("接收到客户端进入游戏请求：{}",request.getHeader().getPlayerId());
        EnterGameMsgResponse response = new EnterGameMsgResponse();
        response.getBodyObj().setNickname("叶孤城");
        response.getBodyObj().setPlayerId(1);
        ctx.sendMessage(response);// 给客户端返回消息
    }
}
```

然后修改 my-game-xinyue 的启动类，添加启动监听消息的方法，以及初始化一些必要的参数，代码如下所示。

```java
@SpringBootApplication(scanBasePackages = {"com.mygame"})
@EnableMongoRepositories(basePackages = {"com.mygame"}) // 负责连接数据库
public class XinyueGameServerMain {
    public static void main(String[] args) {
        ApplicationContext context = SpringApplication.run(XinyueGameServerMain.class, args);// 初始化 Spring Boot 环境
        ServerConfig serverConfig = context.getBean(ServerConfig.class);// 获取配置的实例
        DispatchGameMessageService.scanGameMessages(context, serverConfig.getServiceId(), "com.mygame");// 扫描此服务可以处理的消息
```

```
            GatewayMessageConsumerService gatewayMessageConsumerService 
= context.getBean(GatewayMessageConsumerService.class);// 获取网关消息监听实例
            PlayerDao playerDao = context.getBean(PlayerDao.class); 
            // 获取 Player 数据操作类实例
            DispatchGameMessageService dispatchGameMessageService= context.
getBean(DispatchGameMessageService.class);
            gatewayMessageConsumerService.start((gameChannel) -> { 
            // 启动网关消息监听，并初始化 GameChannelHandler
                gameChannel.getChannelPiple().addLast(new GameBusiness
MessageDispatchHandler(dispatchGameMessageService, playerDao));
            });
        }
    }
```

然后分别启动 my-game-center、my-game-xinyue、my-game-gateway、my-game-client 服务，在 my-game-client 启动的控制台中发送相应的消息即可测试。通过日志可以看到，客户端收到了服务器返回的消息。

8.3.8　GameChannel 空闲超时处理

在业务服务中，每当某个用户的第一个消息到达时，都会创建一个新的 GameChannel，并缓存在 GameMessageEventDispatchService 类的 gameChannelGroup 集合之中。游戏用户越来越多，缓存的 GameChannel 也会越来越多。在极端的情况下，过多的 GameChannel 会造成内存泄漏，导致内存耗尽，出现 OutOfMemoryError 异常，使 JVM 退出。

所以需要一个策略，来清理 gameChannelGroup 中不再使用的 GameChannel 对象。比如把长时间没有消息通信的 GameChannel 从集合缓存中移除。

这一点我们可以借鉴 Netty 的 IdleStateHandler，它继承自 ChannelDuplexHandler。这表示它既是 ChannelInboundHandler，又是 ChannelOutboundHandler，所以 Channel 中进入事件和写出事件都会经过 IdleStateHandler。

它主要检测 3 种类型的空闲。一是读取消息空闲事件检测，就是在一定时间内，如果没有收到客户端的请求消息，发出 Channel 的空闲事件；二是写出事件空闲检测，就是在一定时间内，如果没有返回消息的事件，发出 Channel 空闲事件；三是在一定时间内，既没有读取消息事件，也没有写出消息事件发出的 Channel 空闲事件。事件类型代码如下所示。

```java
    protected IdleStateEvent newIdleStateEvent(IdleState state, boolean first) {
            switch (state) {
                case ALL_IDLE:
                    return first ? IdleStateEvent.FIRST_ALL_IDLE_STATE_EVENT : IdleStateEvent.ALL_IDLE_STATE_EVENT;//读取、写出消息超时事件
                case READER_IDLE:
                    return first ? IdleStateEvent.FIRST_READER_IDLE_STATE_EVENT : IdleStateEvent.READER_IDLE_STATE_EVENT;//读取消息超时事件
                case WRITER_IDLE:
                    return first ? IdleStateEvent.FIRST_WRITER_IDLE_STATE_EVENT : IdleStateEvent.WRITER_IDLE_STATE_EVENT;//写出消息超时事件
                default:
                    throw new IllegalArgumentException("Unhandled: state=" + state + ", first=" + first);
            }
        }
```

在 IdleStateHandler 会有 3 个不同的检测空闲状态的延时任务，分别是 writerIdleTimeout、readerIdleTimeout、allIdleTimeout，在 channelRegistered 事件处理的方法中会初始化这 3 个延迟任务，代码如下所示。

```java
    private void initialize(ChannelHandlerContext ctx) {
            // Avoid the case where destroy() is called before scheduling timeouts.
            // See: https://github.com/netty/netty/issues/143
            switch (state) {
            case 1:
            case 2:
                return;
            }
            state = 1;
            initOutputChanged(ctx);
            lastReadTime = lastWriteTime = ticksInNanos();
            if (readerIdleTimeNanos > 0) {//启动读取消息空闲事件延时检测
                readerIdleTimeout = schedule(ctx, new ReaderIdleTimeoutTask(ctx),
                        readerIdleTimeNanos, TimeUnit.NANOSECONDS);
            }
            if (writerIdleTimeNanos > 0) {//启动写出消息空闲事件检测的延时任务
```

```
                writerIdleTimeout = schedule(ctx, new WriterIdleTimeoutTask(ctx),
                        writerIdleTimeNanos, TimeUnit.NANOSECONDS);
        }
        if (allIdleTimeNanos > 0) {// 启动读取、写出空闲事件检测的延时任务
            allIdleTimeout = schedule(ctx, new AllIdleTimeoutTask(ctx),
                    allIdleTimeNanos, TimeUnit.NANOSECONDS);
        }
    }
}
```

当延迟任务达到定点执行的时候，会判断 Channel 的空闲时间是否超时。如果超时，就会发送空闲事件，并且重新启动一个新的延时事件；如果没有超时，直接启动一个新的延迟，让检测行为一直持续下去。代码如下所示。

```
private final class ReaderIdleTimeoutTask extends AbstractIdleTask {
    ReaderIdleTimeoutTask(ChannelHandlerContext ctx) {
        super(ctx);
    }
    @Override
    protected void run(ChannelHandlerContext ctx) {
        long nextDelay = readerIdleTimeNanos;
        if (!reading) {
            nextDelay -= ticksInNanos() - lastReadTime;
        }
        if (nextDelay <= 0) {
            // Reader is idle - set a new timeout and notify the callback.
            readerIdleTimeout = schedule(ctx, this,
                    readerIdleTimeNanos, TimeUnit.NANOSECONDS);// 启动新的检测事件
            boolean first = firstReaderIdleEvent;
            firstReaderIdleEvent = false;
            try {
                IdleStateEvent event = newIdleStateEvent(IdleState.READER_IDLE, first);
                channelIdle(ctx, event);// 向 Channel 中发送超时事件
            } catch (Throwable t) {
                ctx.fireExceptionCaught(t);
            }
        } else {
            // Read occurred before the timeout - set a new timeout
```

```
with shorter delay.
                        readerIdleTimeout = schedule(ctx, this, nextDelay, 
TimeUnit.NANOSECONDS);// 重新启动检测事件
            }
        }
    }
```

在这里,借鉴 Netty 的 IdleStateHandler,对它进行改造,创建 GameChannelIdleStateHandler,以适应 GameChannel。代码如下所示。

```
    public class GameChannelIdleStateHandler implements 
GameChannelInboundHandler, GameChannelOutboundHandler {
        private static final long MIN_TIMEOUT_NANOS = TimeUnit.
MILLISECONDS.toNanos(1);// 延迟事件的延迟时间的最小值
        private final long readerIdleTimeNanos;// 读取消息的空闲时间,单位是ns
        private final long writerIdleTimeNanos;// 写出消息的空闲时间,单位是ns
        private final long allIdleTimeNanos; // 读取和写出消息的空闲时间,单位是ns
        private ScheduledFuture<?> readerIdleTimeout; /**Channel 读取消
息的空闲超时检测任务**/
        private long lastReadTime; // 最近一次读取消息的时间
        private ScheduledFuture<?> writerIdleTimeout; /**Channel 写出消
息的空闲超时检测任务**/
        private long lastWriteTime; // 最近一次写出消息的时间
        private ScheduledFuture<?> allIdleTimeout; // 读写消息的空闲超时检测任务
        private byte state; // 0 - none, 1 - initialized, 2 - destroyed
/** 会有这样的情况,虽然 GameChannel 已被移除,但是当定时事件执行时,又会创建一个新的
定时事件,导致这个对象不会被回收 **/
        public GameChannelIdleStateHandler(int readerIdleTimeSeconds, 
int writerIdleTimeSeconds, int allIdleTimeSeconds) {
        this(readerIdleTimeSeconds, writerIdleTimeSeconds, allIdleTimeSeconds, 
TimeUnit.SECONDS);
        }
        public GameChannelIdleStateHandler(long readerIdleTime, long 
writerIdleTime, long allIdleTime, TimeUnit unit) {
            if (unit == null) {
                throw new NullPointerException("unit");
            }
            if (readerIdleTime <= 0) {
                readerIdleTimeNanos = 0;
```

```java
            } else {
                readerIdleTimeNanos = Math.max(unit.toNanos(readerIdleTime),
MIN_TIMEOUT_NANOS);
            }
            // 省略初始化 writeIdleTime,allIdleTime，与上面 readerIdleTime 一样
        }
        @Override
        public void write(AbstractGameChannelHandlerContext ctx, Object msg, GameChannelPromise promise) throws Exception {
            if (writerIdleTimeNanos > 0 || allIdleTimeNanos > 0) {
                this.lastWriteTime = this.ticksInNanos();
            }
            ctx.writeAndFlush(msg, promise);// 注意，这句不能少，少了的话消息会发不出去
        }
        @Override
        public void channelRegister(AbstractGameChannelHandlerContext ctx, long playerId, GameChannelPromise promise) {
            initialize(ctx);
            ctx.fireChannelRegistered(playerId, promise);
        }
        @Override
        public void channelRead(AbstractGameChannelHandlerContext ctx, Object msg) throws Exception {
            if (readerIdleTimeNanos > 0 || allIdleTimeNanos > 0) {
                this.lastReadTime = this.ticksInNanos();/** 记录最近一次读取操作的时间 **/
            }
            ctx.fireChannelRead(msg);/** 注意，这句一定不能少，要不然后面的 Handler 就收不到消息了 **/
        }
        private void initialize(AbstractGameChannelHandlerContext ctx) {
            switch (state) {
                case 1:
                case 2:
                    return;
            }
            state = 1;
            lastReadTime = lastWriteTime = ticksInNanos();
            if (readerIdleTimeNanos > 0) {// 初始化创建读取消息事件检测延时任务
                readerIdleTimeout = schedule(ctx, new ReaderIdleTimeoutTask(ctx), readerIdleTimeNanos, TimeUnit.NANOSECONDS);
```

```
            }
            if (writerIdleTimeNanos > 0) {// 初始化创建写出消息事件检测延时任务
                writerIdleTimeout = schedule(ctx, new 
WriterIdleTimeoutTask(ctx), writerIdleTimeNanos, TimeUnit.NANOSECONDS);
            }
            if (allIdleTimeNanos > 0) {// 初始化创建读取和写出消息事件检测延时任务
                allIdleTimeout = schedule(ctx, new AllIdleTimeoutTask(ctx), 
allIdleTimeNanos, TimeUnit.NANOSECONDS);
            }
        }
        long ticksInNanos() {
            return System.nanoTime();// 获取当前时间
        }
        ScheduledFuture<?> schedule(AbstractGameChannelHandlerContext 
ctx, Runnable task, long delay, TimeUnit unit) {
            return ctx.executor().schedule(task, delay, unit);// 创建延时任务
        }
    }
```

在 GameChannelIdleStateHandler 初始化的时候，由构造方法传入超时的时间，在 channelRegister 被调用时，表示 GameChannel 已创建好，初始化空闲计时任务。当有消息读取或消息写出的时候（channelRead 和 write 方法被调用），都会记录最近一次收到消息的时间。

为了方便对 3 个不同超时时间进行检测，需要创建 3 个不同的策略任务。如果第一次延时检测时，没有超过设定的超时时间，它会自动创建下一个延时任务，如果超过了设定的超时时间，就会自动向 GameChannel 中发送超时事件。代码如下所示。

```
    private final class ReaderIdleTimeoutTask extends AbstractIdleTask { 
// 读取消息检测任务
        ReaderIdleTimeoutTask(AbstractGameChannelHandlerContext ctx) {
            super(ctx);
        }
        @Override
        protected void run(AbstractGameChannelHandlerContext ctx) {
            long nextDelay = readerIdleTimeNanos;
            nextDelay -= ticksInNanos() - lastReadTime;
            if (nextDelay <= 0) {/**说明读取事件超时，发送空闲事件，并创建新的延时任务，用于下次超时检测**/
```

```java
                    readerIdleTimeout = schedule(ctx, this, readerIdleTimeNanos,
TimeUnit.NANOSECONDS);
                    try {
                        IdleStateEvent event = newIdleStateEvent(IdleState.
READER_IDLE);
                        channelIdle(ctx, event);
                    } catch (Throwable t) {
                        ctx.fireExceptionCaught(t);
                    }
                } else {
                    // 没有超时,从上次读取的时间起,计算下次超时检测
                    readerIdleTimeout = schedule(ctx, this, nextDelay,
TimeUnit.NANOSECONDS);
                }
            }
        }
        private final class WriterIdleTimeoutTask extends AbstractIdleTask {
            WriterIdleTimeoutTask(AbstractGameChannelHandlerContext ctx) {
                super(ctx);
            }
            @Override
            protected void run(AbstractGameChannelHandlerContext ctx) {
                long lastWriteTime = GameChannelIdleStateHandler.this.
lastWriteTime;
                long nextDelay = writerIdleTimeNanos - (ticksInNanos() -
lastWriteTime);
                if (nextDelay <= 0) {
                    // Writer is idle - set a new timeout and notify the
callback.
                    writerIdleTimeout = schedule(ctx, this, writerIdleTimeNanos,
TimeUnit.NANOSECONDS);
                    try {
                        IdleStateEvent event = newIdleStateEvent(IdleState.
WRITER_IDLE);
                        channelIdle(ctx, event);
                    } catch (Throwable t) {
                        ctx.fireExceptionCaught(t);
                    }
                } else {
                    writerIdleTimeout = schedule(ctx, this, nextDelay,
TimeUnit.NANOSECONDS);
```

```
                }
            }
        }
        private final class AllIdleTimeoutTask extends AbstractIdleTask {
            AllIdleTimeoutTask(AbstractGameChannelHandlerContext ctx) {
                super(ctx);
            }
            @Override
            protected void run(AbstractGameChannelHandlerContext ctx) {
                long nextDelay = allIdleTimeNanos;
                nextDelay -= ticksInNanos() - Math.max(lastReadTime, lastWriteTime);
                if (nextDelay <= 0) {
                    // Both reader and writer are idle - set a new timeout and
                    // notify the callback.
                    allIdleTimeout = schedule(ctx, this, allIdleTimeNanos, TimeUnit.NANOSECONDS);
                    try {
                        IdleStateEvent event = newIdleStateEvent(IdleState.ALL_IDLE);
                        channelIdle(ctx, event);
                    } catch (Throwable t) {
                        ctx.fireExceptionCaught(t);
                    }
                } else {
                    allIdleTimeout = schedule(ctx, this, nextDelay, TimeUnit.NANOSECONDS);
                }
            }
        }
```

在 my-game-xinyue 项目的 main 方法中，GameChannel 初始化的时候，添加 GameChannel 超时检测类，代码如下所示。

```
        gatewayMessageConsumerService.start((gameChannel) -> {/** 启动网关消息监听，并初始化 GameChannelHandler**/
            // 初始化 Channel
            gameChannel.getChannelPiple().addLast(new GameChannelIdleStateHandler(60, 60, 50));
```

```
                gameChannel.getChannelPiple().addLast(new GameBusiness-
MessageDispatchHandler(dispatchGameMessageService, playerDao));
    });
```

然后在 GameBusinessMessageDispatchHandler 中通过 userEventTriggered 方法捕获空闲事件，代码如下所示。

```
@Override
public void userEventTriggered(AbstractGameChannelHandlerContext ctx,
Object evt, Promise<Object> promise) throws Exception {
    if (evt instanceof IdleStateEvent) {
        logger.debug("收到空闲事件: {}", evt.getClass().getName());
        ctx.close(); //Channel 空闲时，关闭 Channel。会自动清理 GameChannel 的缓存
    }
}
```

重新启动 my-game-xinyue 项目，再次通过 my-game-client 的控制台，向服务器发送消息，等待空闲 1min 之后，就可以在日志中看到 GameChannel 超时，被移除的输出（消息）。输出如下所示。

```
12:25:39 gameEventExecutorGroup-4-2-72 INFO   com.mygame.xinyue.
logic.PlayerLogicHandler - 接收到客户端进入游戏请求：1
    12:26:29 gameEventExecutorGroup-4-2-72 DEBUG com.mygame.xinyue.
common.GameBusinessMessageDispatchHandler - 收到空闲事件: io.netty.handler.
timeout.IdleStateEvent
    12:26:29 gameEventExecutorGroup-4-2-72 DEBUG com.mygame.xinyue.
common.GameBusinessMessageDispatchHandler - game channel 移除,playerId:1
```

8.4 不同游戏用户之间的数据交互

世界上的事物都不是独立存在的，游戏世界更是如此。因此就无法避免不同游戏用户之间数据交互的情况。比如一个用户需要查看另一个用户的数据，例如排行榜的显示，或者一个用户给另一个用户赠送体力等。一般来说，一个用户操作自己的数据都是在自己的线程中或 GameChannel 中，如果一个用户需要用到另一个用户的数据，不可避免地就会发

生多线程间的数据交互，为了处理好线程之间的关系，就需要防止并发操作引起的数据错误或异常。

8.4.1 多线程并发操作数据导致的错误或异常

在多线程编程中，线程安全是一个永远绕不过的问题。为了提高 CPU 的使用率，每个用户处理自己的数据，最好的方式就是始终在同一个线程中处理数据。游戏世界本就是在模拟复杂的现实世界，那么不同用户之间的数据交互就是不可避免的。在游戏服务器中，对用户的数据管理设计也是非常重要的。

比如，在管理所有用户信息的时候，有些开发人员使用 ConcurrentHashMap 来缓存用户的信息，代码如下所示。

```
public class PlayerService {
   private ConcurrentHashMap<Long, Player> playerCache = new ConcurrentHashMap<Long, Player>();
   public Player getPlayer(Long playerId) {
       return playerCache.get(playerId);
   }
   public void addPlayer(Player player) {
       this.playerCache.putIfAbsent(player.getPlayerId(), player);
   }
}
```

这样看起来虽然保证了缓存的线程安全，但是对于 Player 对象来说，它却不是线程安全的。任何人都可以获取 Player 的数据，都可以修改 Player 对象。假如在 Player 对象中有一个 HashMap，一个用户对它添加，一个用户对它遍历（比如在竞技场一个用户要浏览对手的信息，对手 Player 的英雄存在一个 Map 里面），会出现什么情况？测试代码如下所示。

```
public class PlayerTest {
 public static void main(String[] args) {
     Player player = new Player();
     player.setPlayerId(1);
     PlayerService playerService = new PlayerService();
     playerService.addPlayer(player);// 模拟在缓存中添加一个用户
     AtomicInteger count = new AtomicInteger();
```

```java
        Thread t1 = new Thread(()->{
            while(count.get() < 10000) {
                Player p = playerService.getPlayer(1L);
                p.getMap().forEach((k,v)->{/**模拟一个用户在线程t1遍历Player中的Map**/
                    System.out.println(v);
                });
            }
        });
        t1.start();
        Thread t2 = new Thread(()->{
            while(count.get() < 10000) {
                int index = count.incrementAndGet();
                Player p = playerService.getPlayer(1L);
                p.getMap().put("a" + index, index);/**模拟一个用户在线程修改Map**/
            }
        });
        t2.start();
        try {
            t2.join();
        } catch (InterruptedException e) {
            e.printStackTrace();
        }
    }
}
```

只需要运行上面的代码,很快就会出现异常,结果如下所示。

```
Exception in thread "Thread-0" java.util.ConcurrentModificationException
at java.util.HashMap.forEach(HashMap.java:1283)
    at com.mygame.xinyue.service.PlayerTest.lambda$0(PlayerTest.java:18)
    at java.lang.Thread.run(Thread.java:745)
```

因此,当有多个线程可以获得一个线程不安全的对象时,不小心使用了,就有可能导致程序异常。所以在游戏中,最好不要使用这种方式缓存用户数据。

比如,一个游戏用户给另一个游戏用户赠送体力值时,如果直接操作对方的数据,就有可能出现这样的情况。假如用户 A、B 都在线，用户 A 查询到用户 B 的数据，给用户 B 添加体力过程会分成 3 步。

（1）获取用户 B 当前剩余的体力值。

（2）在剩余的体力值上添加赠送的体力值。

（3）将当前最新的体力值 set 回用户 B 的 Player 对象中。

很明显这 3 步不是原子操作，那么如果在向 B 的 Player 中 set 当前体力值之前，这个时候正好用户 B 自己操作通关了某个副本，扣除了 10 点体力值，就会导致 A 给 B 的 Player 添加体力值的时候就包括了这 10 点体力值，相当于 B 的体力值没有任何损失。

8.4.2　在功能设计上避免用户数据之间的直接交互

在解决不同游戏用户数据交互时，一般有两种方法。一种是游戏功能上面的设计，尽可能避免产生不同用户之间的数据直接交互；另一种需要和策划进行有效的沟通，在不影响用户体力值的情况下是可以被接受的。类似赠送体力值这样的功能，在功能设计上，可以不直接操作对方用户的数据，通过间接的方式，比如给对方发送一封邮件。发送邮件的操作可以是原子性的。

因为每封邮件都是唯一的，而且，邮件的功能模块在设计上是独立的，邮件的数据不会存储在用户的 Player 数据对象里面，会单独存储在 Redis 或数据库中。这样做的好处就是把独立的数据从 Player 里面拆分出来，在操作邮件数据的时候，不会影响 Player 的数据。

因此，不管是添加邮件还是读取邮件，都不会相互影响。用户在读取邮件的时候，获取邮件中的奖励，然后标记邮件已读，这一系列操作都是在这个游戏用户自己的逻辑线程中进行的，所以不会出现多线程并发的操作。而且发送邮件存储到数据库或 Redis，读取邮件、更新邮件状态到数据库或 Redis 的操作，都可以放到异步线程池中操作。

这样不仅保证数据操作的原子性，而且使用独立的线程池更新数据库或 Redis，不会阻塞当前业务线程。

8.4.3　在架构设计上解决用户数据之间的直接交互

如果一些功能没有办法在功能设计上避免游戏用户数据之间的直接交互，那就只能在架构设计上解决或规避这个问题。解决这个问题的本质就是解决多线程之间的数据交互问题。在 GameChannel 设计的时候，规定了对一个用户的数据操作都是以事件驱动的。比如处理客户端的请求，会把请求封装为一个任务事件，放到 GameChannel 中处理，本质是在同一个 Executor 中按顺序执行所有的事件，所以整个过程是线程安全的。

比如在竞技场中，一个游戏用户要挑战竞技场排行榜上的另一用户，需要提前预览这个对手的一些信息，比如防守阵容、战斗力、各个英雄的职业等。这就需要在当前用户的查询请求中，向服务端查询另一个用户的竞技场信息。为了防止出现上面所说的多线程并发操作的异常，可以使用 Promise / Future 的机制。

因为在上面的架构设计中，一个 playerId 对应一个 GameChannel，所以当需要查询一个用户的数据时，需要向这个用户的 GameChannel 中发送一个事件。而这个事件被处理之后，它的返回结果由 Promise 的监听接口带回。在 GatewayMessageContext 类中添加发送事件的方法和创建 DefaultPromise 的方法，代码如下所示。

```java
public void sendUserEvent(Object event, Promise<Object> promise, long playerId) {
    this.gameChannel.getEventDispathService().fireUserEvent(playerId, event, promise);
}
public DefaultPromise<Object>newPromise(){
        return new DefaultPromise<>(this.gameChannel.executor());
}
```

在 my-game-network-param 中添加一个根据 playerId 查询用户信息的请求信息 GetPlayerByIdMsgRequest，在 PlayerLogicHandler 中添加处理请求的方法，代码如下所示。

```java
@GameMessageMapping(GetPlayerByIdMsgRequest.class)
   public void getPlayerById(GetPlayerByIdMsgRequest request, Gateway MessageContext ctx) {
        long playerId = request.getBodyObj().getPlayerId();
        DefaultPromise<Object> promise = ctx.newPromise();/** 创建一个 Promise 实例 **/
        GetPlayerInfoEvent event = new GetPlayerInfoEvent(playerId);/** 创建事件对象 **/
        // 发送事件，并在返回的 Future 上面添加监听接口
        ctx.sendUserEvent(event, promise, playerId).addListener(new GenericFutureListener<Future<? super Object>>() {
            @Override
```

```
            public void operationComplete(Future<? super Object> future) 
throws Exception {
                if(future.isSuccess()) {// 如果处理成功, 返回数据
                    GetPlayerByIdMsgResponse response = (GetPlayer
ByIdMsgResponse) future.get();
                    ctx.sendMessage(response);// 向客户端返回数据
                }else {
                    logger.error("playerId {} 数据查询失败",playerId,
future.cause());
                }
            }
        });
    }
```

在上面的代码中,GetPlayerInfoEvent 会被发送到 playerId 对应的 GameChannel 中,所以在 GameBusinessMessageDispatchHandler 的 userEventTriggered 方法中添加对事件的处理,因为之前还要接收 GameChannel 空闲的事件,所以需要进行区分,代码如下所示。

```
    public void userEventTriggered(AbstractGameChannelHandlerContext 
ctx, Object evt, Promise<Object> promise) throws Exception {
        if (evt instanceof IdleStateEvent) {// 处理 GameChannel 空闲事件
            logger.debug(" 收到空闲事件: {}", evt.getClass().getName());
    ctx.close();
        } else if (evt instanceof GetPlayerInfoEvent) {/** 处理获取用
户信息事件 **/
            GetPlayerByIdMsgResponse response = new GetPlayerByIdMsg
Response();
    response.getBodyObj().setPlayerId(this.player.getPlayerId());
    response.getBodyObj().setNickName(this.player.getNickName());
            Map<String, String> heros = new HashMap<>();
            this.player.getHeros().forEach((k,v)->{/** 进行复制, 防止
对象安全溢出 **/
    heros.put(k, v);
            });
            //response.getBodyObj().setHeros(this.player.
getHeros());不要使用这种方式,它会把这个 map 传递到其他线程
    response.getBodyObj().setHeros(heros);
    promise.setSuccess(response);
```

            }
        }

　　在 Promise 的 setSuccess 方法中，会触发执行它上面添加的 GenericFutureListener 监听接口，而执行这些监听接口的任务事件会被添加到创建 Promise 的 EventExecutor 中执行。所以监听接口的执行也是在发送 sendUserEvent 的 GameChannel 的线程中。

　　上面的例子只查询了一个用户的信息，如果是查询多个用户的信息呢？比如在竞技场中需要显示一个前 10 名的用户信息列表。这个时候，需要向 10 个 GameChannel 中发送 UserEvent，必须等待 10 个 UserEvent 都执行成功，并返回结果之后才可以返回给客户端数据。可以确定这里面是不能阻塞当前线程的，阻塞当前线程就会卡住整个 EventExecutor 的执行。

　　可以使用计数器来判断是否所有的 UserEvent 都执行成功了，如果都成功了，才给客户端返回数据，代码如下所示。

```java
@GameMessageMapping(GetArenaPlayerListMsgRequest.class)
    public void getArenaPlayerList(GetArenaPlayerListMsgRequest request, GatewayMessageContext ctx) {
        List<Long> playerIds = this.getAreanPlayerIdList();/** 获取本次要显示的 PlayerId**/
        List<ArenaPlayer> arenaPlayers = new ArrayList<>(playerIds.size());
        playerIds.forEach(playerId -> {
//遍历所有的 playerId，向他们对应的 GameChannel 发送查询事件
            GetArenaPlayerEvent getArenaPlayerEvent = new GetArenaPlayerEvent(playerId);
            Promise<Object> promise = ctx.newPromise();/** 注意，这个 promise 不能放到 for 循环外面，一个 Promise 只能被 setSuccess 一次 **/
    ctx.sendUserEvent(getArenaPlayerEvent, promise, playerId).addListener(new GenericFutureListener<Future<? super Object>>() {
                @Override
                public void operationComplete(Future<? super Object> future) throws Exception {
                    if(future.isSuccess()) {// 如果执行成功，获取执行的结果
                        ArenaPlayer arenaPlayer = (ArenaPlayer) future.get();
                        arenaPlayers.add(arenaPlayer);
```

```
                    } else {
                        arenaPlayers.add(null);
                    }
                    if(arenaPlayers.size() == playerIds.size()) {
// 如果数量相等，说明所有的事件查询都已执行成功，可以返回给客户端数据了
                        List<ArenaPlayer> result = arenaPlayers.
stream().filter(c->c != null).collect(Collectors.toList());
                        GetArenaPlayerListMsgResponse response =
new GetArenaPlayerListMsgResponse();
    response.getBodyObj().setArenaPlayers(result);
    ctx.sendMessage(response);
                    }
                }
            });
        });
    }
```

8.4.4　GameChannel 事件自动分发处理

在上面的例子中，可以看到，在不同的 GameChannel 之间，可以使用 fireUserEvent 的机制进行数据交互，然后在 userEventTriggered 的方法中处理接收到的事件。根据事件对象的类型，判断事件要执行的逻辑。很明显，如果只有几个，可以使用 if…else 区分开来，但是如果事件一直增加，那么相应的 if…else 的个数也会增加。这样的代码不仅看起来头疼，维护也比较麻烦，而且每次新增事件，还需要修改 userEventTriggered 方法，耦合性强。

为了解决这个问题，可以参考客户端请求命令分发类 DispatchGameMessageService，添加一个新的注解 UserEvent。它接收一个事件的 Class 作为参数，在被 @GameMessageHandler 标记的类中，如果某个方法是用来处理事件的，就标记上 @UserEvent，代码如下所示。

```
@UserEvent(IdleStateEvent.class)
    public void idleStateEvent(UserEventContext ctx, IdleStateEvent
event, Promise<Object> promise) {
        logger.debug("收到空闲事件: {}", event.getClass().getName());
ctx.getCtx().close();
    }
```

注意：参数及其顺序，第一个参数是一个上下文类，第二个参数是要处理的事件对

象，第三个参数是一个 promise，必须保证顺序是一样的。

在 my-game-gateway-message-starter 中，添加 DispatchUserEventService 类。在项目启动的时候，调用 init 方法，从 Spring 的 ApplicationContext 中获得所有被注解 @GameMessageHandler 标记的类实例，然后遍历这些类所有的方法。如果方法标记了 @UserEvent 的注解，则把类实例和方法对象缓存下来，代码如下所示。

```java
@Service
public class DispatchUserEventService {
    private Logger logger = LoggerFactory.getLogger(DispatchUserEventService.class);
    private Map<String, DispatcherMapping> userEventMethodCache = new HashMap<>();// 数据缓存
    @Autowired
    private ApplicationContext context;// 注入 spring 上下文类
    @PostConstruct
    public void init() {// 项目启动之后，调用此初始化方法
        Map<String, Object> beans = context.getBeansWithAnnotation(GameMessageHandler.class);
        // 从 spring 容器中获取所有被 @GameMessageHandler 标记的类实例
        beans.values().parallelStream().forEach(c -> {/** 使用 stream 并行处理遍历这些对象 **/
            Method[] methods = c.getClass().getMethods();
            for (Method method : methods) {// 遍历每个类中的方法
                UserEvent userEvent = method.getAnnotation(UserEvent.class);
                if (userEvent != null) {
                    // 如果这个方法被 @UserEvent 注解标记了，缓存下所有的数据
                    String key = userEvent.value().getName();
                    DispatcherMapping dispatcherMapping = new DispatcherMapping(c, method);
                    userEventMethodCache.put(key, dispatcherMapping);
                }
            }
        });
    }
    // 通过反射调用处理相应事件的方法
    public void callMethod(UserEventContext ctx,Object event, Promise<Object> promise) {
        String key = event.getClass().getName();
```

```java
                DispatcherMapping dispatcherMapping = this.userEventMethodCache.get(key);
                if (dispatcherMapping != null) {
                    try {
                        dispatcherMapping.getTargetMethod().invoke(dispatcherMapping.getTargetObj(), ctx,event, promise);
                    } catch (IllegalAccessException | IllegalArgumentException | InvocationTargetException e) {
                        logger.error("事件处理调用失败,事件对象:{},处理对象:{},处理方法:{}", event.getClass().getName(), dispatcherMapping.getTargetObj().getClass().getName(), dispatcherMapping.getTargetMethod().getName());
                    }
                } else {
                    logger.debug("事件: {} 没有找到处理的方法", event.getClass().getName());
                }
            }
        }
    }
```

在 GameBusinessMessageDispatchHandler 收到事件的处理时，只需要调用 dispatchUserEventService.callMethod(utx, evt, promise); 即可。之后，如果需要添加新的事件处理，只需要在相应的类的方法上添加 @UserEvent 注解即可，不用再修改 GameBusinessMessageDispatchHandler，实现了模块之间的解耦。

8.5 本章总结

本章主要介绍了客户端消息的处理，为了实现同一个用户的消息按顺序处理，以及不同用户之间的数据交互，详细介绍了 Netty 框架的源码内容；借鉴 Netty 的 Channel 机制，实现了 GameChannel 机制。读者可以理解 EventExecutorGroup 和 EventExecutor，Promise 和 Future 等多线程处理中用到的类，并实现事件驱动的线程模型。

第9章 游戏用户数据管理

游戏服务器的职责就是处理游戏用户的数据，客户端的一次请求，基本上都会对数据产生一次修改。因此在业务功能开发过程中，需要对数据管理进行合理的封装，便于开发人员在开发业务功能的时候修改和存储。本章主要介绍对用户数据的统一管理，提高业务功能的开发效率，管理数据操作的线程安全。本章主要实现的功能如下。

- 数据的异步加载。
- 数据的持久化。
- 数据模块划分。
- 数据结构与数据行为分离。

9.1 游戏用户数据异步加载

游戏用户的数据一般存储在数据库服务中。对于游戏服务来说，数据库服务是一个独立的进程。游戏服务中要加载游戏用户的数据，必须通过网络 I/O 向数据库服务请求数据，这种操作会阻塞当前执行的线程，一直到数据返回才继续往下执行。

当线程被阻塞时，这个线程就会被挂起，那么使用这个线程处理的所有任务都需要等待线程重新进入运行状态，才能继续处理，这样会严重减少游戏服务处理消息的吞吐量。因此，需要把加载数据的线程池与业务处理的线程分开，才不会阻塞业务处理的线程，还可以提高处理游戏业务请求的吞吐量，快速响应客户端的请求。

9.1.1 加载游戏数据的时机

为了快速响应客户端的请求消息，业务服务在处理请求的数据时，最好是没有任何线程阻塞。因此，需要把游戏用户的数据提前加载到内存中，直接操作内存的数据是效率最高的。但是有一个问题，什么时候开始加载游戏用户数据呢？

在一些框架设计中，一种简单的方式是在项目启动的时候，将所有的用户数据都加载到内存中。很明显，这种方式需要很大的内存，适合用户量较少的游戏，否则会使服务器启动变慢。

还有一种方式是在用户登录的时候，将此用户的数据加载到内存中，这种是渐进式。这种方式的好处是起初占用内存少，服务启动快，在内存中只缓存活跃的用户数据，不在线的用户数据可以从缓存中删除，这样可以支持更多的活跃用户。这种方式也需要解决两个问题，一是突然间大规模登录造成的数据库操作；二是数据加载时的线程阻塞。

如果登录的用户瞬间太多，可能造成数据连接池耗尽，导致数据查询异常，一般通过登录排队或数据库连接池数量限制解决这个问题。如果登录查询数据库和业务逻辑处理使用同一个线程池，那么操作数据库会导致线程阻塞，同时也会阻塞业务逻辑的处理。因此，需要使用异步方式加载游戏用户的数据。

在加载数据的时候，最好是查询一次就可以将所有的数据查出，这样可以减少网络 I/O 次数，节省更多查询时间。因此，在选择数据库时，选择 MongoDB 数据库，将游戏用户的所有数据存储在一个文档中，一次查询即可查出所有的游戏数据。

在本架构设计中，用户第一次进入游戏时，会在 GameChannel 注册的时候加载用户的数据到内存中，用户在游戏服务中心服务登录的时候，会先将用户的 Player 数据缓存在 Redis 中，进入游戏的时候，从 Redis 中读取用户数据，加载到内存中，这里的 Redis 是作为二级缓存的。

因为 Redis 是内存型数据库，从 Redis 中读取数据要比数据库快很多，对于活跃的用户数据，可以更快速地加载到内存中。但是这种方式在请求 Redis 的时候，还是会有网络 I/O 的操作，阻塞当前线程的业务处理，需要将其修改为异步加载，将 Redis 的请求放到另外的线程中处理。

9.1.2　异步加载游戏数据实现

要实现异步加载游戏数据，必须创建一个单独的线程池，把操作数据库的任务都放到这个单独的线程池中执行，与业务处理线程池隔离。线程池中线程的数量最好是可配置的，便于根据测试情况修改线程数量。

在目前的 PlayerDao 类中，都是同步地从数据库查询游戏数据。为了实现异步查询，可以提供一个包装类，将 PlayerDao 注入，在线程池中调用 PlayerDao 相关的方法，即把原来同步的操作从调用者的线程转移出去，放到特定的线程池中。代码如下所示。

```java
public class AsnycPlayerDao {
    private GameEventExecutorGroup executorGroup;
    private PlayerDao playerDao;
    private static Logger logger = LoggerFactory.getLogger(AsnycPlayerDao.class);
    // 由外面注入线程池组，可以实现线程池组的共用
    public AsnycPlayerDao(GameEventExecutorGroup executorGroup, PlayerDao playerDao) {// 初始化的时候，从构造方法注入线程数量和需要的 PlayerDao 实例
        this.executorGroup = executorGroup;
        this.playerDao = playerDao;
    }
    private void execute(long playerId, Promise<Optional<Player>> promise, Runnable task) {
        EventExecutor executor = this.executorGroup.select(playerId);
        executor.execute(() -> {
            try {
                task.run();
            } catch (Throwable e) {/**统一进行异常捕获，防止数据库查询的异常导致线程卡死**/
                logger.error("数据库操作失败,playerId:{}", playerId, e);
                promise.setFailure(e);
            }
        });
    }
    public Future<Optional<Player>> findPlayer(long playerId, Promise<Optional<Player>> promise) {
        this.execute(playerId, promise, () -> {
            Optional<Player> playerOp = playerDao.findById(playerId);
            promise.setSuccess(playerOp);
        });
        return promise;
    }
}
```

在具体的业务项目中使用 AsyncPlayerDao 的时候，需要在配置中添加 Bean，让 Spring 容器管理它的实例，比如在 my-game-xinyue 游戏项目中，添加 Bean 配置类 BeanConfiguration，

代码如下所示。

```java
@Configuration
public class BeanConfiguration {
    @Autowired
    private ServerConfig serverConfig;// 注入配置信息
    private GameEventExecutorGroup dbExecutorGroup;/** 处理数据库请求的线程池组 **/
    @Autowired
    private PlayerDao playerDao; // 注入数据库操作类
    @PostConstruct
    public void init() {
        dbExecutorGroup = new GameEventExecutorGroup(serverConfig.getDbThreads());// 初始化 db 操作的线程池组
    }
    @Bean
    public AsyncPlayerDao asyncPlayerDao() {// 配置 AsyncPlayerDao 的 Bean
        return new AsyncPlayerDao(dbExecutorGroup, playerDao);
    }
}
```

然后将 GameBusinessMessageDispatchHandler 中的 PlayerDao 替换成 AsyncPlayerDao，修改 channelRegister 方法，实现异步加载数据，代码如下所示。

```java
public void channelRegister(AbstractGameChannelHandlerContext ctx, long playerId, GameChannelPromise promise) {
            // 在用户 GameChannel 注册的时候，对用户的数据进行初始化
            playerDao.findPlayer(playerId, new DefaultPromise<>(ctx.executor())).addListener(new GenericFutureListener<Future<Optional<Player>>>() {
                @Override
                public void operationComplete(Future<Optional<Player>> future) throws Exception {
                    Optional<Player> playerOp = future.get();
                    if (playerOp.isPresent()) {// 如果查询成功，缓存 player 信息
                        player = playerOp.get();
                        promise.setSuccess();
                    } else {// 查询失败则返回异常
                        logger.error("player {} 不存在", playerId);
                        promise.setFailure(new IllegalArgumentException
```

```
("找不到 Player 数据, playerId:" + playerId));
                    }
                }
            });
    }
```

当有查询 Player 的请求时，就会把本次操作封装为一个任务事件放到另外一个线程池中执行，就不会阻塞 GameChannel 中的业务处理线程。当查询 Player 事件执行完之后，通过 Promise 的回调方法，将结果缓存在内存之中。

9.2 游戏数据持久化到数据库

既然把游戏数据缓存在内存中，用户修改数据时修改的就是内存中的数据。在内存中的数据是不安全的，如果修改之后，服务器突然宕机或进程退出，那么所有的数据都会返回到修改之前，相当于用户玩的游戏进度消失了，又回到原点，这对于用户来说是不可接受的。因此需要将被修改的数据永久地存储起来，即数据持久化操作。

9.2.1 游戏数据持久化方式

为了保证意外宕机时，游戏数据不会丢失，缓存在内存中的数据必须有一种持久化机制，将数据写到数据库中进行持久化存储。数据持久化的方式一般有两种。

第一种是实时更新，只要用户修改了数据，就同时将被修改的数据更新到数据库中，更新成功之后再返回。这种方式的优点是，即使服务器突然宕机了，游戏用户修改的数据也不会丢失，下次进入游戏的时候，所有的数据都会从数据库中加载。但是它的缺点也很明显，就是会产生大量的数据操作。一般来说，用户的 1 次请求，会产生 5～10 条的数据操作，如果并发请求 2000 次的话，就会同时产生 10000～20000 条数据操作。这对于数据库服务来说压力是非常大的，这些任务基本上是无法及时处理的，会导致大量的请求积压、等待，而最终数据处理请求超时，抛出异常。

第二种方式是定时将缓存数据整体更新到数据库一次，这里说的数据库包括内存型数据库 Redis 和文档型数据库 MongoDB。定时更新的好处是可以减少操作数据库的次数。假设每 5min 更新 1 次用户的数据，那么在这 5min 之内，不管用户操作修改多少次数据，只会更新 1 次，6000 人在线，最多也就更新 6000 次，比实时更新的数据少很多。它的缺点就是在这 5min 之内，如果服务器突然宕机，会有一部分数据修改丢失，导致数据回档。

对于定时持久化数据的方式，还有一种中间方案，即先将数据实时更新到 Redis 中（或者更短的定时间隔，比如每 1min 就更新一次数据到 Redis 中），再定时更新到 MongoDB 中。因为 Redis 的操作速度要比 MongoDB 快得多，支持更高的 QPS。即使服务器宕机了，等服务器重新启动之后，活跃的游戏用户进入游戏，会先从 Redis 获取最新的数据。过一段时间之后，就会将最新的数据持久化到 MongoDB 中，数据几乎没有损失或损失很小。

既然是定时持久化数据，那么就需要有一个定时器来触发持久化游戏数据操作。定时器也有两种，一种是全局定时器，每隔固定的时间间隔触发一次持久化数据操作，定时触发的时候，就会遍历全部的游戏缓存数据，进行持久化操作。这种方式的缺点是会瞬间增加数据库的压力，定时触发的时候，数据库的压力是最高的；而在定时没有触发的时候，数据库的压力又是最低的。这样就出现了两个极限，不能最大化利用资源。

另一种方式就是一个用户自己维护一个属于自己的定时器，从用户第一次进入游戏开始计时，每隔固定的间隔持久化一次数据，这样就不会导致瞬间发生全服数据更新了，把每个用户持久化操作分散开来，增加数据库资源的利用率。

如果游戏的并发量比较小的话，可以采用第一种方式，直接把数据更新到数据库，这种更新也是异步的，这种方式相对比较简单，开发速度快。如果是高并发的游戏的话，一般采用第二种方式，使用定时的方式持久化数据到数据库，只要把定时间隔设置在一个合理可接受的范围即可。对于游戏产品来说，不一定要追求性能最好，只要能满足产品的需求即可。

9.2.2　异步方式持久化数据的并发问题

数据在持久化时会产生 I/O 操作，并且等待数据库操作成功返回，这就会阻塞当前执行任务事件的线程。因此不能在业务逻辑线程中直接调用数据库持久化的方法，而应该将持久化的操作封装为任务事件，放到指定的数据持久化线程中执行。

比如，在 GameChannel 的事件循环中，如果某个任务事件直接操作调用了同步更新数据到数据库的方法，这个方法就会阻塞当前事件循环的线程，导致 GameChannel 的事件卡住而执行不了。这样就会减少处理客户端消息的吞吐量，客户端明显出现等待服务器返回的现象，影响用户的体验。

另外，在异步持久化数据的时候，要操作的是 Player 对象，它对应 MongoDB 中的 Player 集合。而游戏用户也会不停地操作 Player 对象，这个时候，Player 就是一个多线程共享对象了，它里面会包括一些集合，比如 Map 或 List。所以这里需要注意多线程并发操作 Player 对象的问题，防止出现异步操作，导致数据更新失败或用户操作错误。

避免异步方式持久化数据的并发问题有以下几种方式。

一种方式是在数据持久化的时候，把原来的 Player 对象复制一份，这样业务逻辑和持久化的时候操作的都是独立的 Player 对象，不会出现并发操作共享数据的问题。这种方式的缺点是，在开发的时候，需要业务人员单独手动实现对象的复制，降低了开发效率。其优点是创建新对象效率高。

另一种方式是先把业务操作的 Player 对象在业务线程中序列化为 JSON 字符串，然后将 JSON 字符串传到数据持久化任务事件中执行。这种方式的缺点就是牺牲了效率，对象在序列化的时候，可能由于数据量比较大而执行得比较慢。其优点是开发人员不用关注集合并发性的问题，可以提高开发效率。

还有一种方式是在 Player 中所有的集合使用线程安全的集合，比如 ConcurrentHashMap、LinkedBlockingQueue。这种方式的缺点是在开发过程中，需要明确约定好。开发人员在使用到集合的时候，一定要声明为线程安全类型的集合，不能声明为接口类型，代码如下所示。

```
private ConcurrentHashMap<String, Integer> map = new ConcurrentHashMap<String, Integer>();
private CopyOnWriteArrayList <String> tasks = new CopyOnWriteArrayList<>();
```

如果声明为 Map 或 List 接口，那么从数据库或 JSON 反序列化时，创建的对象实例就不会是线程安全的类型，这时 Map 的实例是 HashMap，List 的实例是 ArrayList。这种方式的优点是不用担心在数据持久化时产生的多线程并发问题。

但是会引起另外一个问题，就是数据的不一致性。比如在数据持久化的时候，用户的一次操作，可以修改两个或两个以上的属性值，有可能持久化的时候，只更新了第一个属性的值，另外几个值可能要等到下一次持久化才会同步到数据库，如果这个时候服务器宕机就可能导致数据不一致。不过这种概率非常低，可以忽略不计。

最后，在 GameChannel 被移除的时候，需要再次持久化数据，这时的数据一定是最新的，同时可以保证数据库的数据是最新的。另外，在关闭游戏服务器进程的时候，需要手动把所有的缓存数据持久化到数据库中，并且要保证持久化任务全部成功之后，再退出服务。

9.2.3 数据定时异步持久化实现

本书使用定时异步持久化数据到数据库，根据约定，在 Player 对象中使用到集合的时候，一定要使用线程安全的集合。在 my-game-dao 项目的异步更新数据类 AsyncPlayerDao 中添加两个方法，一个是异步更新数据到 MongoDB 数据库，一个是异步更新数据到 Redis 数据库。代码如下所示。

```java
public Promise<Boolean> saveOrUpdatePlayerToDB(Player player,Promise<Boolean> promise) {
        this.execute(player.getPlayerId(), promise, ()->{
// 将更新操作封装为任务，放到数据操作线程中执行
            playerDao.saveOrUpdateToDB(player);
            promise.setSuccess(true);// 更新成功
        });
        return promise;
    }
public Promise<Boolean> saveOrUpdatePlayerToRedis(Player player,Promise<Boolean> promise) {
        this.execute(player.getPlayerId(),promise,()->{
// 将更新操作封装为任务，放到数据操作线程中执行
            playerDao.saveOrUpdateToRedis(player, player.getPlayerId());
            promise.setSuccess(true);// 更新成功
        });
        return promise;
    }
```

在 GameChannel 注册初始化 Player 数据成功后，就需要启动定时器，定时持久化数据到数据库。这里采用两个定时器，一个用于定时持久化数据到 Redis，一个用于定时持久化数据到 MongoDB。因为 Redis 的持久化速度比 MongoDB 持久化快，所以 Redis 的定时间隔可以设置小一点，MongoDB 的定时器间隔设置得大一些，这些可以通过配置类 ServerConfig 设置。

在 my-game-xinyue 项目的 GameBusinessMessageDispatchHandler 类中添加启动定时器的方法，代码如下所示。

```
private void fixTimerFlushPlayer(AbstractGameChannelHandlerContext ctx) {
        int flushRedisDelay = serverConfig.getFlushRedisDelaySecond();
        // 获取定时器执行的延迟时间，单位是 s
        int flushDBDelay = serverConfig.getFlushDBDelaySeond();
        flushToRedisScheduleFuture = ctx.executor().scheduleWithFixedDelay(() -> {
            // 创建持久化数据到 Redis 的定时任务
            long start = System.currentTimeMillis();// 任务开始执行的时间
            Promise<Boolean> promise = new DefaultPromise<>(ctx.executor());
            playerDao.saveOrUpdatePlayerToRedis(player, promise).addListener(new GenericFutureListener<Future<Boolean>>() {
                @Override
                public void operationComplete(Future<Boolean> future) throws Exception {
                    if (future.isSuccess()) {
                        if (logger.isDebugEnabled()) {
                            long end = System.currentTimeMillis();
                            logger.debug("player {} 同步数据到 Redis 成功，耗时:{} ms", player.getPlayerId(), (end - start));
                        }
                    } else {
                        logger.error("player {} 同步数据到 Redis 失败 ", player.getPlayerId());
                        // 这个时候应该报警
                    }
                }
            });
        }, flushRedisDelay, flushRedisDelay, TimeUnit.SECONDS);
        flushToDBScheduleFuture = ctx.executor().scheduleWithFixedDelay(() -> {
            long start = System.currentTimeMillis();// 任务开始执行时间
            Promise<Boolean> promise = new DefaultPromise<>(ctx.executor());
            playerDao.saveOrUpdatePlayerToDB(player, promise).addListener(new GenericFutureListener<Future<Boolean>>() {
```

```java
            @Override
            public void operationComplete(Future<Boolean> future) throws Exception {
                if (future.isSuccess()) {
                    if (logger.isDebugEnabled()) {
                        long end = System.currentTimeMillis();
                        logger.debug("player {} 同步数据到MongoDB成功,耗时:{} ms", player.getPlayerId(), (end - start));
                    }
                } else {
                    logger.error("player {} 同步数据到MongoDB失败 ", player.getPlayerId());
                    // 这个时候应该报警,将数据同步到日志中,以待恢复
                }
            }
        });
    }, flushDBDelay, flushDBDelay, TimeUnit.SECONDS);
}
```

在 channelRegister 的方法中,当 Player 初始化成功之后,调用 fixTimerFlushPlayer 方法,就开始计时持久化数据。

在 GameChannel 从 ChannelService 集合中被移除的时候,代表这个 Player 的所有数据都将从内存中消失。这时需要强制把 Player 持久化到数据库一次,防止数据丢失,而且要停止定时器,否则 GameChannel 中的定时器会一直执行,导致 GameChannel 中还引用活跃的对象,不会被 GC 回收,再有相同的用户操作它自己的数据时,会创建一个新的 GameChannel,使对象实例越来越多,导致内存泄漏。代码如下所示。

```java
@Override
public void channelInactive(AbstractGameChannelHandlerContext ctx) throws Exception{
    if (flushToDBScheduleFuture != null) {// 取消DB持久化定时器
        flushToDBScheduleFuture.cancel(true);
        // 这里使用参数true,是要打断里面要执行的任务,通过下面的强制方法更新数据
    }
    if (flushToRedisScheduleFuture != null) {// 取消Redis持久化定时器
        flushToRedisScheduleFuture.cancel(true);
    }
    this.playerDao.syncFlushPlayer(player);/**GameChannel移除的
```

时候，强制更新一次数据 **/
                logger.debug("强制flush player {} 成功", player.getPlayerId());
                logger.debug("game channel 移除，playerId:{}", ctx.gameChannel().getPlayerId());
                ctx.fireChannelInactive();// 向下一个 Handler 发送 Channel 失效事件
    }
```

这样，数据的定时持久化就完成了，它被封装到 GameChannel 里面统一管理。这样，开发人员在开发游戏业务的时候，就不用考虑数据存储的问题，只需要关注业务的实现就行了。

## 9.3　Player 对象的封装与使用

Player 对象包括了服务中操作的所有的数据，但是它只是一个数据对象，在游戏开发过程中，有很多行为操作也是直接修改的 Player 对象。这样虽然方便了对数据的使用，但是随着游戏功能开发得越来越多，也会出现一些问题，所以需要把 Player 重新封装，把行为和数据分开。

### 9.3.1　直接操作 Player 对象的弊端

在程序中，Player 对象是和数据库的 Player 表中的数据对应的，所以 Player 对象只是一个数据对象，它除了 Getter 和 Setter 方法之外就不应该再有其他的方法。但是如果在代码中直接操作 Player 对象的话，不可避免地就会添加一些额外的公共行为方法，比如获得经验时计算等级升级、数据初始化方法、判断等级是否足够等。

这会使代码维护起来非常麻烦，哪些方法该加到 Player，哪些不该加到 Player，到最后就可能没有标准了。而且这些方法不能以 get 和 set 开头，避免数据在 JSON 序列化的时候，被序列化到 JSON 串中。另外也会使对象变得臃肿，代码长度甚至会超过 2000 行。

在 Player 中，一定会存储一些集合数据。对于这些集合数据，如果直接从 Player 中获取之后添加或删除，到最后就很难定位这个集合到底在哪些地方被修改过。在 IDE 中，你没有办法通过查询 put 方法、add 方法或 remove 方法在多少地方引用了，因为这些集合都是 JDK 自带的，大量操作集合的代码中用的都是这些集合方法。
```

或许你可以通过获取集合的方法，来定位在哪些地方调用过集合。因为要修改集合，一定会先调用这个方法，比如 getHeros() 获取所有的英雄集合。但是代码中也有很多为了查询英雄数据而调用的这个方法，你需要一个一个排除，最终获取这个集合之后，找到对这个集合进行了修改的地方。这样会浪费很多宝贵的开发时间。

另外，不同功能模块的数据，在 Player 中这些数据也会被划分成很多模块。每个模块对应一个数据对象，这个模块对象下面又可能还嵌套有小的模块对象，这样一级一级嵌套下来就会是一个树形的对象引用结构，比如英雄数据。英雄数据下面还有对应的单个英雄的技能，技能下面可能还会有其他的模块数据。在代码中，想要获得最后一层的数据，需要从 Player 对象的实例开始，一级一级往里面调用下去。比如要对技能升级，需要判断当前等级是否已达到最大等级，就需要获取这个技能的当前等级，代码如下所示。

```
int skillLevel = player.getHerosMap().get(heroId).getSkillMap().
get(skillId).getLevel();
```

看到这样的代码，就像看到 NullPointException 一样。要确定到底哪个对象是 null 非常麻烦。即使在这里打上断点，查找的时候也需要打开每个集合，观察集合中的相应的数据是否为 null。另外，凡是用到技能等级的地方都需要这样冗长地调用一次，这很明显会浪费很多宝贵的开发时间。

另外，在直接使用 Player 对象时，还会导致 Player 对象在方法间和方法参数中不断传递。因为基本上每个操作都需要用到 Player 对象。比如对任务的操作，代码如下所示。

```
boolean isTaskOpen(Player player,String taskId);// 判断任务是否开启
boolean isTaskHadGet(Player player,String taskId);// 判断任务是否领取
List<RewardObject> getTaskReward(Player player,String taskId);/** 获取任务奖励**/
boolean isTaskProgressOk(Player player ,String taskId);/** 判断任务进度是否完成**/
```

可以看到，每个方法都需要传 Player 对象。虽然这样写也无伤大雅，但是如果可以避免也是可以增加开发效率的，因为每个方法可以少写一个参数。

因此，在游戏服务器代码中，最好不要直接使用 Player 对象，需要将 Player 对象的数据和行为分离。

9.3.2 实现 Player 对象数据与行为分离

要实现 Player 对象数据与行为的分离，需要封装一个类，专门用来管理 Player 对象中的数据，即只能在这个管理类中更新 Player 对象的数据，除了这个管理类，不能在任何地方直接通过 Player 对象的实例修改数据。这里约定，使用 PlayerManager 类管理 Player 对象的数据。

Player 的一切行为都是在 PlayerManager 中实现的，比如角色升级、判断等级是否足够。如果 Player 对象中所有的数据行为都放在 PlayerManager，就会导致 PlayerManager 对象膨胀，代码堆积过多。可以根据数据模块的划分情况，将不同的数据模块放到不同的数据模块 Manager 中管理。而 PlayerManager 中包括所有的数据模块的 Manager 类。代码如下所示。

```java
public class PlayerManager {
    private Player player;// 声明数据对象
    private HeroManager heroManager; // 英雄管理类
    // 声明其他的管理类……
    public PlayerManager(Player player) {// 初始化所有的管理类
        this.player = player;
        this.heroManager = new HeroManager(player);
        // 其他的管理类……
    }
    public int addPlayerExp(int exp) {
        // 添加角色经验，判断是否升级，返回升级后当前最新的等级
        return player.getLevel();
    }
    public HeroManager getHeroManager() {
        return heroManager;
    }
}
public class HeroManager {// 英雄管理类
    private static Logger logger = LoggerFactory.getLogger(HeroManager.class);
    private ConcurrentHashMap<String, Hero> heroMap;// 英雄数据集合对象
    private Player player;// 角色对象，有些日志和事件记录需要这个对象

    public HeroManager(Player player) {
        this.player = player;
```

```java
            this.heroMap = player.getHerosMap();
        }
        public void addHero(Hero hero) {
            this.heroMap.put(hero.getHeroId(), hero);
        }
        public Hero getHero(String heroId) {
            Hero hero = this.heroMap.get(heroId);
            if(hero == null) {
                logger.debug("player {} 没有英雄:{}",player.getPlayerId(), heroId);
            }
            return hero;
        }
        private HeroSkill getHeroKill(Hero hero,String skillId) {
            HeroSkill heroSkill = hero.getSkillMap().get(skillId);
            if(heroSkill == null) {
                logger.debug("player {} 的英雄 {} 的技能{}不存在",player.getPlayerId(),hero.getHeroId(),skillId);
            }
            return heroSkill;
        }
        public boolean isSkillArrivalMaxLevel(String heroId,String skillId) {
            Hero hero = this.getHero(heroId);
            HeroSkill heroSkill = this.getHeroKill(hero, skillId);
            int skillLv = heroSkill.getLevel();
            // 根据当前等级判断是否达到最大等级
            return skillLv >= 100;
        }
    }
```

在 XXXManager 类中，可以在对象创建时，将数据对象通过构造方法传进来，之后就可以在这个 XXXManager 类中直接对这个数据对象进行操作了。但是在 XXXManager 类的管理中，一个 XXXManager 类不要操作另外一个 XXXManager 管理的数据，比如在技能升级时，扣道具的操作要放在道具的 Manager 中，而不要在技能 Manager 中直接操作背包数据进行修改。这样可以保证数据操作的唯一性。

另外，把 Player 的数据按照不同的功能模块分离到相应的模块 Manager 对象中，并修改相应的模块数据时，可以定义更加明确的修改数据的方法，而不是只有 set 方法或对集合进行直接操作，根据方法名就知道这个方法会修改哪些数据，在方法中可以添加一些日志。如果数据出现异常，更加方便异常数据位置的确定。而且很多公共方法会被定义在相应的数据模块 Manager 类里面，特别是游戏服务开发的中后期，很多现成的公共方法可以使用，不再重复开发，可以明显提高游戏功能的开发效率。

因此，在处理客户消息时，GatewayMessageContext 类中应该缓存 PlayerManager，而不是 Player 了。这样在处理客户端请求时，可以直接拿到 PlayerManager，然后从 PlayerManager 中获取各个数据模块的 Manager 类，代码如下所示。

```
HeroManager heroManager = ctx.getPlayerManager().getHeroManager();
heroManager.isSkillArrivalMaxLevel(heroId, skillId);
```

9.4 本章总结

游戏服务器的本质就是对游戏数据的操作和管理，所以对游戏数据进行合理的管理能够提高服务器的性能，比如数据的缓存、数据异步加载、数据的异步持久化。在游戏功能开发的过程中，要特别注意数据是否存在多线程操作，防止多线程操作产生的异常和错误。另外，对数据进行行为分离，可以更好地管理对数据的操作，提高开发效率。

第10章 RPC 通信设计与实现

分布式架构永远绕不过的问题就是不同进程间的数据通信，即远程过程调用（Remote Procedure Call，RPC）现在被统一称为内部 RPC。现在有很多开源的 RPC 库，比如 gRPC、Dubbo、Hessian、Thrift 等。毋庸置疑，这些都是非常优秀的 RPC 框架，但是它们大部分都用于 Web 服务，且为短连接，满足不了游戏对高性能的需要。

虽然 Thrift 支持长连接双向通信，但是要把它融入自己的架构系统，不得不做很多妥协。就像练习别人的武功，永远达不到最高境界，只有融入适合自己的元素，才能完全发挥它的威力。本章主要实现的功能如下。

- 游戏模块服务划分。
- 游戏业务服务进程的负载均衡管理。
- 自定义的 RPC 通信。

10.1 游戏模块服务划分

为了增加整个游戏服务的服务能力，对游戏服务划分，进行微服务化，是一种常用的手段。这相当于集多台服务器的服务能力为游戏提供服务，可以增加游戏的同时在线人数，容纳更多的游戏用户。

10.1.1 游戏服务需不需要微服务化

现在微服务化概念非常流行，是一个大的趋势，但是架构师对于微服务的看法也不尽相同。有些架构师在项目初期就全面实行微服务化，也有架构师认为架构是根据需求变化的，应该根据项目的需求来选择合适的架构，架构也是随着项目变化而变化的，不能贪图一次性的完美。总之，架构应该以满足目前需求为先，并具有一定的前瞻性。

微服务化首先出现在 Web 服务中，它将之前传统的 Web 服务拆分成一个个小的独立的服务，一个服务会实现一组独立的功能，比如订单服务只处理订单的业务。各个微服务之间通过暴露的 API 来实现通信，这些微服务可以部署在不同的物理服务器或虚拟机上面。在 Web 中实施微服务化主要是为了实现以下功能。

- 解决服务中的耦合性，把所有的功能都放到一个项目中耦合性太高，维护成本高。
- 实现敏捷开发。Web 业务变化周期短，需要快速迭代。
- 拆分服务之后，单个服务出现问题不会影响其他的服务。
- 不同的服务由于需求不一样，拆分之后可以使用不同的技术实现。
- 方便对单个服务实现负载均衡，节省资源。

比如一个电商 Web 服务中，平时需要举办很多活动，不同的节日活动又不一样。如果使用微服务的话，甚至可以一个活动一个服务，活动办完之后，直接关闭这个服务即可。这种解决方案适合处理需求变化迅速、需要快速迭代的项目，同时也解耦了各个服务，使它们各自保持独立性。

另外 Web 服务的功能相互依赖不是非常紧密，甚至很多服务是上下游的关系，比如商品展示、商品支付、订单创建、物流追踪等，这些服务是独立的，分界很明显。使用微服务化开发，可以有多个团队独立并行开发，而且需求明确，可以提高开发效率。

在游戏服务中，游戏的功能相对来说是比较稳定的，一个功能确定之后，基本上不会再变化（需要重做的除外），所以游戏服务项目很少有快速迭代的需求，它追求的是越稳定越好，越稳定 bug 就越少，游戏的核心功能一旦开发完毕，也很少修改。

有的游戏体量不大，数据也不多，比如一些休闲游戏、H5 小游戏等，一个游戏服务进程完全可以应对。而一些体量比较大的游戏，数据多、操作复杂、同时在线人数过多，服务器压力就非常大，这时考虑最多的也是性能问题，即如何保证游戏体验更好、响应更快。

运营方式不同，架构也不同，比如对于分区分服的游戏，运营如果要求游戏同时达到 3000 人就开新服，并且停止新用户进入。这样的游戏使用一个服务进程也基本上可以满足。如果需要临时支持 5000 左右的人数，可靠的情况下提高硬件配置就可以满足，也没有必要拆分服务。

而对于需要支持 10000 人以上同时在线的游戏，单体游戏服务就不适合了。因为目前的硬件中，内存是有限的，CPU 也是有限的。同时在线人数越多，需要的内存就越大，发送的请求就越多，单纯提升硬件是无法满足快速响应的需求的。

唯一的选择就是将功能拆分成不同的进程，并实现单个进程的负载均衡，利用多组硬件的资源满足整个服务的需求。这种拆分的路线和微服务的理念非常类似，但是却达不到 Web 微服务的粒度。因此，游戏服务的拆分就是为了分担服务压力，提升服务的处理能力。

另外不管游戏大小，在整个游戏服务生态系统里面都会有很多不同的服务。除了游戏本身的游戏服务，还有 GM（游戏后台管理）服务、充值服务、日志管理服务、系统监控服务等。因此对于游戏开发来说，不仅要开发游戏本身的服务，还要开发很多为了辅助游戏服务而存在的服务。它们应该在一个服务体系之内，这样方便对这些服务统一管理。

10.1.2 游戏服务模块进程划分规则

在 Web 服务中，服务拆分的粒度可以很细，甚至一个数据库表都可以对应一个微服务。这个服务只负责处理这个数据库表的操作，比如订单服务，只需要负责订单的创建、查询、状态更新即可；商品"秒杀"服务，只需要实现商品"秒杀"服务功能即可。功能独立，界限清楚是 Web 服务方便进行微服务化的主要原因之一。

对于游戏服务来说，游戏大部分功能之间依赖性强，功能界限不是很明确，所以不太适合细粒度的划分。比如背包功能，很多功能都会依赖它，例如技能升级需要消耗道具，副本通关需要消耗和增加道具，英雄养成系统更不用说了。所以将这些功能多、相互依赖强的功能都放在同一个服务中，可以称之为游戏的核心服务。基本上游戏的所有功能都是围绕这个核心服务展开的。

游戏服务拆分的目标就是分担服务的压力，提升服务的处理能力。在做服务拆分的时候应该考虑的就是这些因素。一般来说，游戏的数据基本上都是缓存在内存中的，如果用户在游戏的过程中，操作的都是内存中的数据，那么游戏的响应速度就非常迅速，吞吐量也非常大。比如游戏核心服务中的英雄养成数据、任务数据、背包数据等。在游戏用户第一次进入游戏时，这些数据就会加载缓存到内存中。这样用户在操作这些功能的时候，数据都已在内存中了，操作内存的数据可以快速响应客户端的请求，增加服务的吞吐量。

但是游戏中也有一些服务并非如此，比如竞技场。它需要使用 Redis 实现排行榜，竞技场显示的时候需要显示排行榜数据，挑战对手匹配的时候需要访问 Redis 获取排行榜的数据，战斗结束的时候需要更新排行榜的数据等，这些操作都会产生网络 I/O 操作。如果在当前的业务线程操作 Redis，就会阻塞业务线程；如果放在别的线程排队处理，又会因为线程数太少，导致任务积压处理不过来。这样客户端就会感觉到延时时间过长，影响游戏体验。

因此这样的服务应该被拆分出来，客户端也只是会感觉获取排行榜时，数据显示稍微慢一些，但不会影响其他的功能。

又比如聊天服务，这个服务就相对独立一些。虽然服务器只是中转聊天信息，但是如果聊天的人太多，就会占用大量的网络资源比如世界聊天，如果同时在线 5000 人的话，一条聊天数据就需要发送 5000 次，而且每条消息还需要做屏蔽字验证，这需要大量的计算时间；如果同时有 10 个人一起发消息，就是 50000 次。这么多的消息，业务线程肯定处理不过来，不仅使聊天消息延迟，也会因为线程繁忙导致其他的业务消息延迟。因为它们是使用的同一个 EventExecutorGroup，所以这个服务最好是单独拆分出来。

类似的服务还有地图服务、排行榜服务、组队匹配服务、战斗服务等，不同的游戏服务的功能不一样，但是本质是一样的，就是要把一些严重影响吞吐量的服务拆分出来。而同时在线人数太多、内存不足的问题，可以使用负载均衡来解决。部署多个服务实例，使用一个合理的负载均衡算法，将不同的游戏用户的请求消息固定地负载到不同的物理服务器上处理即可。

10.2 RPC 通信实现

目前本项目已经实现了游戏服务器网关服务与业务服务之间的通信，而业务服务之间的通信也与此类似，都是基于消息总线服务实现数据交互。为了方便说明，这里也统一称为 RPC 通信。自定义的 RPC 与第三方 RPC 相比的好处是可以灵活运用，按需修改，是完全融入整个服务器架构的。

10.2.1 自定义 RPC 设计

目前开源的 RPC 组件，实现的都是点对点的请求。某一个服务 B 作为 RPC 的服务器，在服务启动的时候，监听一个请求端口，另一个服务 A 作为客户端，在服务启动的时候，根据 IP 和端口连接服务 B，创建好连接之后，才可以发送 RPC 请求，并等待消息响应，比如 Google 的 gRPC、Apache Thrift 等。下面介绍 gRPC 的示例。

（1）需要下载并安装 ProtoBuffer 文件的编译工具。

(2)编写 RPC 通信的 .proto 文件。

(3)根据 .proto 文件生成相应的类。

(4)在服务器启动 RPC 服务,代码如下所示。

```java
public class HelloWorldServer {// 创建一个服务类
    private static final Logger logger = Logger.getLogger(HelloWorldServer.class.getName());
    private Server server;//RPC server 实例
    private void start() throws IOException {// 启动服务
       int port = 50051;//RPC 服务监听的端口
       server = ServerBuilder.forPort(port)
           .addService(new GreeterImpl())// 在这里添加 RPC 服务器的请求处理类
           .build()
           .start();// 启动服务
       logger.info("Server started, listening on " + port);
       Runtime.getRuntime().addShutdownHook(new Thread() {
       // 添加 JVM 关闭钩子,在 JVM 退出之前做一些操作
         @Override
         public void run() {
           // Use stderr here since the logger may have been reset by its JVM shutdown hook.
           System.err.println("*** shutting down gRPC server since JVM is shutting down");
           HelloWorldServer.this.stop();
           System.err.println("*** server shut down");
         }
       });
    }
    private void stop() {// 停止服务
      if (server != null) {
        server.shutdown();
      }
    }
    private void blockUntilShutdown() throws InterruptedException {
      if (server != null) {// 阻塞当前线程,直到 RPC 服务关闭
        server.awaitTermination();
      }
    }
    public static void main(String[] args) throws IOException,
```

```java
InterruptedException {
        final HelloWorldServer server = new HelloWorldServer();
        server.start();//创建RPC服务并启动
        server.blockUntilShutdown();
    }
    static class GreeterImpl extends GreeterGrpc.GreeterImplBase {
      @Override
      public void sayHello(HelloRequest req, StreamObserver<HelloReply> responseObserver) {
        HelloReply reply = HelloReply.newBuilder().setMessage("Hello " + req.getName()).build();
        responseObserver.onNext(reply);
        responseObserver.onCompleted();
      }
    }
}
```

(5）创建客户端连接，代码如下所示。

```java
public class HelloWorldClient {// 创建RPC客户端类
    private static final Logger logger = Logger.getLogger(HelloWorldClient.class.getName());
    private final ManagedChannel channel; // 连接实例
    private final GreeterGrpc.GreeterBlockingStub blockingStub;/**RPC请求接口 **/
    /** Construct client connecting to HelloWorld server at {@code host:port}. */
    public HelloWorldClient(String host, int port) {/** 根据RPC服务的IP地址和端口创建连接 **/
      this(ManagedChannelBuilder.forAddress(host, port)
          // Channels are secure by default (via SSL/TLS). For the example we disable TLS to avoid
          // needing certificates.
          .usePlaintext()
          .build());
    }
    /** Construct client for accessing HelloWorld server using the existing channel. */
    HelloWorldClient(ManagedChannel channel) {
      this.channel = channel;
```

```java
        blockingStub = GreeterGrpc.newBlockingStub(channel);/** 创建 RPC
请求接口 **/
    }
    public void shutdown() throws InterruptedException {// 关闭连接方法
        channel.shutdown().awaitTermination(5, TimeUnit.SECONDS);
    }
    /** Say hello to server. */
    public void greet(String name) {//RPC 请求实现
        logger.info("Will try to greet " + name + " ...");
        HelloRequest request = HelloRequest.newBuilder().setName(name).build();
        HelloReply response;
        try {
            response = blockingStub.sayHello(request);/** 调用 RPC 请求，并等
待 RPC 服务器返回消息 **/
        } catch (StatusRuntimeException e) {
            logger.log(Level.WARNING, "RPC failed: {0}", e.getStatus());
            return;
        }
        logger.info("Greeting: " + response.getMessage());
    }
    public static void main(String[] args) throws Exception {
        HelloWorldClient client = new HelloWorldClient("localhost", 50051);
        try {
            /* Access a service running on the local machine on port 50051 */
            String user = "world";
            if (args.length > 0) {
                user = args[0]; /* Use the arg as the name to greet if provided */
            }
            client.greet(user);
        } finally {
            client.shutdown();
        }
    }
}
```

这种 RPC 的组件有一些缺点，在一个服务需要请求另一个服务接口的时候，必须知道你要连接哪个服务，知道这个服务具体的 IP 地址和端口，服务之间的耦合度高，对于

新服务的创建和销毁没有感知，不利于服务的扩展。而且在开发的过程中，开发人员需要添加额外的服务器信息配置，添加 RPC 的接口，还要在 RPC 服务器注册 RPC 接口，这就增加了业务代码的量，降低了开发效率。

而对于分布式的游戏服务器架构来说，网关后面的业务服务两两之间都有可能向对方发送 RPC 请求。而且业务服务的部署是多实例的。如果使用 gRPC，就需要服务之间都建立相互的直接连接。比如 A 服务可以给 B 服务发送消息，反过来，B 服务也可以向 A 服务发送消息，即每个服务既是客户端又是服务端，维护起来非常麻烦。

因此对于本书的分布式游戏架构，利用既有的消息总线服务，封装一套适合本服务的 RPC 系统非常必要。把 RPC 系统作为消息在服务间流动的渠道，对于开发人员来说，只需要知道服务 ID 即可，不需要知道每个服务的 IP 地址和端口，就可以发送和接收 RPC 消息。

RPC 不仅使用起来方便，能提高开发效率，而且对于运维来说也方便管理服务的配置，使系统部署简单，降低运维成本。其封装的过程也不是很复杂，目前已经实现了游戏服务器网关与游戏业务服务的通信，只需要把这一部分提取出来，添加一些 RPC 的特性即可。

和传统的 RPC 使用方法可能有所不同，它们是模拟本地方法的调用，而本书的实现是依赖于消息接口。调用和响应的参数都封装在请求消息和响应消息里面，每个 RPC 只需要实现自己的请求消息和响应消息即可。

10.2.2 负载均衡管理

对于游戏服务器网关后面的游戏服务来说，理论上服务之间都是可以通信的。为了解耦各个服务，它们并不是直接建立连接通信，服务之间并不知道对方的 IP 和端口信息，而是基于消息总线服务。假如现在的服务有游戏核心服务、聊天服务、竞技场服务，部署架构如图 10.1 所示。

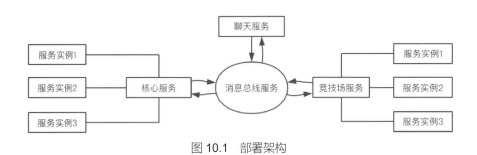

图 10.1 部署架构

这是一个多服务多实例的部署模式，游戏核心服务部署了 3 台服务器，竞技场服务也部署了 3 台服务器。假如竞技场上面有这样一个功能，在竞技场每挑战一次，都会扣除一次挑战次数，一个游戏角色，一天只能挑战 5 次，但是可以使用钻石购买竞技场挑战次数。而钻石的数量记录是在游戏核心服务中的。

当竞技场某个服务收到一条购买挑战次数的请求时，竞技场服务在处理时，就需要向核心服务发送一次消息，来检测并扣除钻石（把这两步放在一个消息里面可以减少交互次数）。如果钻石不足，核心服务就返回错误码；如果扣除成功，竞技场服务就添加竞技场挑战次数。

根据部署的架构可以看到，核心服务有多个部署实例，不同的游戏角色数据被负载在不同的服务实例上面，客户端的请求是在游戏服务器网关完成的负载均衡计算。比如 playerId 是 2001 的角色在服务实例 1 上面，2002 的角色在服务实例 2 上面，2003 的角色在服务实例 3 上面，而竞技场服务亦是如此。

在游戏服务器网关与网关后面的业务服务通信时，在消息的注解 GameMessageMetadata 中，配置了每个消息所属的服务 ID（serviceId）。根据这个 serviceId 可以在服务注册中心（Consul）那里获取这个 serviceId 注册的所有服务实例列表（每个服务有一个唯一的 serverId），然后根据负载均衡算法，从服务实例列表中选择一个服务实例（serverId）处理消息，使某个用户的消息每次都负载到同一个服务实例中（即服务实例列表发生了变化，比如又增加了新的服务实例）。

在第一次选择之后，会缓存这个用户的服务消息到达的服务（serviceId）和服务实例（serverId）之间的映射，当第二次请求过来的时候，不需要再通过负载均衡算法计算，直接根据 serviceId 找到缓存的对应的服务实例 serverId 即可。

就像外卖派送一样，外卖派送人员可以根据公司的地址（相当于消息里面的 serviceId）找到公司，然后从员工表（相当于服务注册服务 Consul）根据员工号（相当于 serverId）找到这个员工的工位，把外卖给他（相当于处理消息）。这时，外卖派送人员会记住这个公司的这个员工的工位（相当于缓存服务与服务实例的映射），当第二次再给这个员工送外卖时，就不需要再查员工表了，可以直接送到他的工位。

业务服务之间的通信和游戏服务器网关与业务服务通信的本质是一样的，当一个用户在 A 服务中，需要向 B 服务发送请求消息时，需要知道这个用户在 B 服务的哪个实例上面。如果服务的实例列表永远是不变化的，那么在 A 服务上面可以根据 playerId 和固定的 B 服务列表计算出一个固定的服务实例。当用户在 C 服务时，也要向 B 服务发送请求消息，也可以计算出一个固定的服务实例,并且 A 和 C 服务计算的 B 服务实例 ID 都是同一个。

但是服务实例是可以动态伸缩的,这样就不能保证两个不同的服务在向同一个目标服务发送消息时,计算的是同一个目标服务实例 ID 了。就需要提供一个管理服务 ID 负载的公共服务,负责管理用户在不同的服务实例上面向目标服务发送消息时,选择一个固定的目标服务实例 ID。

另外,当一个服务实例关闭时,这个服务实例就变得不可用了,因此在向某个服务的服务实例发送请求消息时,需要检测这个服务实例是否有效,如果已经无效了,就删除缓存中的服务实例,再从管理服务 ID 的公共服务中重新获取一个目标服务实例 ID。

那如何创建这个管理服务负载的服务呢?需要重新启动一个新的进程管理吗?其实没有必要。因为它管理的就是一份数据的同步,只需要把数据存储到 Redis 中就可以了。当某个 playerId 在某个服务上面第一次使用到某个目标服务实例的 ID 时,就把这个 playerId 对应的目标服务的服务实例 ID 计算出来,并缓存到本地和 Redis 中。当其他服务向某个目标服务发送消息时,如果本地缓存中没有对应的目标服务实例 ID,再从 Redis 中查询是否存在,如果不存在,再重新计算一个目标服务实例 ID,并缓存到本地和 Redis 中,获取服务实例 ID 流程如图 10.2 所示。

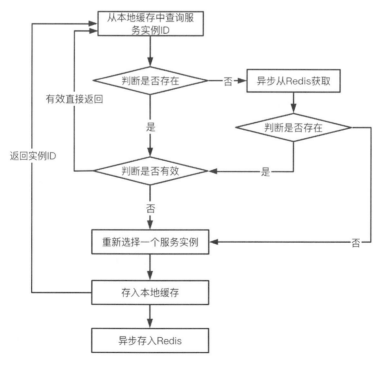

图 10.2 获取服务实例 ID 流程

新增一个公共类，用来管理每个服务负载均衡之后的服务实例 ID 的映射。因为每个项目都会使用这个管理类，所以把它们都放在 my-game-common 项目中。添加 playerId 对应的服务实例 ID 的缓存类 PlayerServiceInstance。代码如下所示。

```java
@Service
public class PlayerServiceInstance {
    /**缓存playerId对应的所有服务实例的ID, 最外层的key是playerId, 里面的Map的key是serviceId, value是serverId**/
    private Map<Long, Map<Integer, Integer>> serviceInstanceMap = new ConcurrentHashMap<>();
    @Autowired
    private BusinessServerService businessServerService;
    @Autowired
    private StringRedisTemplate redisTemplate;
    private EventExecutor eventExecutor = new DefaultEventExecutor();
    // 创建一个事件线程，操作Redis的时候，使用异步
    public Promise<Integer> selectServerId(Long playerId, int serviceId, Promise<Integer> promise) {
        Map<Integer, Integer> instanceMap = this.serviceInstanceMap.get(playerId);
        Integer serverId = null;
        if (instanceMap != null) {/**如果在缓存中已存在，直接获取对应的serverId**/
            serverId = instanceMap.get(serviceId);
        } else {// 如果不存在，创建缓存对象
            instanceMap = new ConcurrentHashMap<>();
            this.serviceInstanceMap.put(playerId, instanceMap);
        }
        if (serverId != null) {
            if (businessServerService.isEnableServer(serviceId, serverId)) {
                // 检测目前这个缓存的serverId的实例是否还有效，如果有效，直接返回
                promise.setSuccess(serverId);
            } else {
                serverId = null;// 如果无效，设置为空，下面再重新获取
            }
        }
        if (serverId == null) {// 重新获取一个新的服务实例serverId
            eventExecutor.execute(() -> {
```

```java
                    try {
                        String key = this.getRedisKey(playerId);
// 从 Redis 查找，是否已由别的服务计算好
                        Object value = redisTemplate.opsForHash().
get(key, String.valueOf(serviceId));
                        boolean flag = true;
                        if (value != null) {
                            int serverIdOfRedis = Integer.parseInt((String)
value);
                            flag = businessServerService.isEnableServer
(serviceId, serverIdOfRedis);
                            if (flag) {/** 如果 Redis 中已缓存且是有效的服务
实例 serverId，直接返回 **/
                                promise.setSuccess(serverIdOfRedis);
                                this.addLocalCache(playerId, serviceId,
serverIdOfRedis);
                            }
                        }
                        if (value == null || !flag) {
// 如果 Redis 中没有缓存，或实例已失效，重新获取一个新的服务实例 ID
                            Integer serverId2 = this.selectServerIdAnd
SaveRedis(playerId, serviceId);
                            this.addLocalCache(playerId, serviceId,
serverId2);
                            promise.setSuccess(serverId2);
                        }
                    } catch (Throwable e) {
                        promise.setFailure(e);
                    }
                });
            }
            return promise;
        }
        private String getRedisKey(Long playerId) {
            return "service_instance_" + playerId;
        }
        private void addLocalCache(long playerId, int serviceId, int
serverId) {
            Map<Integer, Integer> instanceMap = this.serviceInstanceMap.
get(playerId);
            instanceMap.put(serviceId, serverId);// 添加到本地缓存
```

```
        }
        private Integer selectServerIdAndSaveRedis(Long playerId, 
Integer serviceId) {
            Integer serverId = businessServerService.selectServerInfo
(serviceId, playerId).getServerId();
            this.eventExecutor.execute(() -> {
                try {
                    String key = this.getRedisKey(playerId);
                    this.redisTemplate.opsForHash().put(key, String.
valueOf(serviceId), String.valueOf(serverId));
                } catch (Exception e) {
                    e.printStackTrace();
                }
            });
            return serverId;
        }
    }
```

这样，在需要一个目标服务实例 ID 的时候只需要调用 PlayerServiceInstance 方法中的 selectServerId 方法即可。它会统一管理目标服务实例 ID 的选择。

选择的目标服务实例 ID 会缓存在本地内存中，如果没有一个清理策略的话，会存储得越来越多，最终导致内存泄漏。那采用哪种方式清理呢？可以在 playerId 对应的 GameChannel 结束的时候，清理服务实例 ID 缓存的数据。

因为在每个服务中，如果产生某个 playerId 的操作，一定会有一个对应的 GameChannel 被创建。所以在 GameChannel 结束的时候，可以发送一个 GameChannel 关闭的 Spring Boot 内部事件。在 GameMessageEventDispatchService 的 fireInactiveChannel 方法中添加，代码如下所示。

```
    public void fireInactiveChannel(Long playerId) {
    // 发送 GameChannel 失效的事件，在这个事件中可以处理一些数据落地的操作
        this.safeExecute(() -> {
            GameChannel gameChannel = this.gameChannelGroup.
remove(playerId);
            if (gameChannel != null) {
                gameChannel.fireChannelInactive();
                // 发布 GameChannel 失效事件
```

```
                GameChannelCloseEvent event = new 
GameChannelCloseEvent(this, playerId);
                context.publishEvent(event);
            }
        });
    }
```

然后在 PlayerServiceInstance 中接收这个事件，PlayerServiceInstance 需要继承 ApplicationListener<GameChannelCloseEvent> 接口，收到这个事件之后，就清理这个 playerId 对应的缓存数据，代码如下所示。

```
@Override
public void onApplicationEvent(GameChannelCloseEvent event) {
    this.serviceInstanceMap.remove(event.getPlayerId());
}
```

10.2.3 创建竞技场服务项目

为了方便说明 RPC 的设计相关问题，假设现在把竞技场功能单独作为一个服务项目，让它和 my-game-xinyue 进行数据交互。在 my-game-server 添加子项目 my-game-arena，在它的 pom.xml 中添加项目依赖，配置如下所示。

```
<dependencies>
    <dependency>
        <groupId>com.game</groupId>
        <artifactId>my-game-common</artifactId>
        <version>0.0.1-SNAPSHOT</version>
    </dependency>
    <dependency>
        <groupId>com.game</groupId>
        <artifactId>my-game-network-param</artifactId>
        <version>0.0.1-SNAPSHOT</version>
    </dependency>
    <dependency>
        <groupId>com.game</groupId>
        <artifactId>my-game-gateway-message-starter</artifactId>
        <version>0.0.1-SNAPSHOT</version>
```

            </dependency>
        </dependencies>

在 config/application.yml 中添加配置信息，如下所示。

```
logging:
  config: file:config/log4j2.xml            # 配置日志路径
server:
  port: 7002                                # 此服务的 HTTP 端口
spring:
  application:
    name: game-arena                        # 服务的应用名称
  data:
    mongodb:                                # 以下是配置数据库 MongoDB 的信息
      host: 115.28.208.195
      port: 27017
      username: my-game
      password: xxx123456
      authentication-database: admin
      database: my-game
    redis:                                  # 配置 Redis 信息
      host: 115.28.208.195
      port: 6379
      password: xxx123456
  cloud:
    consul:                                 # 配置注册到 Consul 的信息
      host: localhost
      port: 7777
      discovery:
        prefer-ip-address: true
        ip-address: 127.0.0.1               # 注册的 IP 信息
        register: true
        service-name: game-logic  # 注册到 Consul 上面的服务名称，用于区分此服务是否为游戏逻辑
        health-check-critical-timeout: 30s
        tags:
          - serviceId=${game.server.config.service-id}     # 服务的 serviceId，用于获取一组服务
          - serverId=${game.server.config.server-id} # 服务的 serverId，用于定位某一个具体的服务
```

```yaml
        - weight=3           # 服务器负载权重
    bus:
      enabled: true
    stream:
      kafka:
        binder:
          brokers:
            - localhost:9092   # 配置 Kafka 地址
    kafka:
      producer:
        key-serializer:
          org.apache.kafka.common.serialization.StringSerializer   # 指定生产者的 key 的序列化方式
    game:
      server:
        config:
          service-id: 102     # 服务器中配置服务 ID
          server-id: 10102    # 当前服务器的 ID
          business-game-message-topic: business-game-message-topic-${game.server.config.server-id}    # 用于测试，后期可以删除
          gateway-game-message-topic: gateway-game-message-topic    # 用于测试，后期可以删除
        channel:
          gateway-game-message-topic: gateway-game-message-topic    # 网关监听的 topic，用于接收发送给网关的消息
          business-game-message-topic: business-game-message-topic    # 业务服务监听的 topic，用于接收网关转发的消息
          rpc-request-game-message-topic: rpc-request-game-message-topic    #RPC 接收端监听的 topic，用于接收 rpc 的请求
          rpc-response-game-message-topic: rpc-response-game-message-topic    #RPC 接收监听的 topic，用于接收 rpc 的响应消息
          topic-group-id: ${game.server.config.server-id}    # 消费者组 ID
```

在 my-game-arena 服务中，只管理和竞技场相关的数据，所以需要有一个竞技场的数据结构，对应 MongoDB 中一个 Collection。代码如下所示。

```java
@Document(collection = "Arena")
public class Arena {
    @Id
```

```
        private long playerId;
        private int challengeTimes;// 当前剩余的挑战次数
        // 省略 getter / setter 方法
}
```

为了方便测试，这里只记录一个参数。然后添加这个数据结构的数据库操作类 ArenaDao，在客户端第一次请求竞技场服务的时候需要异步加载竞技场的数据，所以需要添加一个异步操作竞技场数据的操作类 AsyncArenaDao。之前添加过一个 AsyncPlayerDao 类，它是异步操作 Player 数据的，但是在 AsyncArenaDao 和 AsyncPlayerDao 类中会有很多重复的代码，把这些代码提取出来，放到一个抽象类中，代码如下所示。

```
public abstract class AbstractAsyncDao {
    protected Logger logger = null;   // 日志在子类型创建时创建
    private GameEventExecutorGroup executorGroup; //异步处理需要的线程组
    public AbstractAsyncDao(GameEventExecutorGroup executorGroup) {
        this.executorGroup = executorGroup;// 初始化
        logger = LoggerFactory.getLogger(this.getClass());
    }
    protected void execute(long playerId, Promise<?> promise, Runnable task) {
        EventExecutor executor = this.executorGroup.select(playerId);
        executor.execute(() -> {
           try {
              task.run(); // 执行任务
           } catch (Throwable e) {/**统一进行异常捕获，防止数据库查询的异常导致线程卡死 **/
              logger.error(" 数据库操作失败,playerId:{}", playerId, e);
              if (promise != null) {
                 promise.setFailure(e);
              }
           }
        });
    }
}
```

然后 AsyncArenaDao 继承 AbstractAsyncDao 类，添加异步查询竞技场数据的方法，代码如下所示。

```java
public class AsyncArenaDao extends AbstractAsyncDao {
    private ArenaDao arenaDao;// 注入数据库操作类
    public AsyncArenaDao(GameEventExecutorGroup executorGroup,
ArenaDao arenaDao) {
        super(executorGroup);// 初始化数据
        this.arenaDao = arenaDao;
    }
    public Future <Optional<Arena>> findArena(Long playerId,
Promise<Optional<Arena>> promise) {/** 异步查询数据，这里使用 Optional 进行封
装，由业务判断是否查询结果为空 **/
        this.execute(playerId, promise, () -> {
            Optional<Arena> arena = arenaDao.findById(playerId);
            promise.setSuccess(arena);
        });
        return promise;
    }
}
```

要把 AsyncArenaDao 纳入 Spring Bean 体系管理中，这样其他的 Bean 可以直接通过 @Autowired 注入。在 my-game-arena 中添加 BeanConfiguration，代码如下所示。

```java
@Configuration
public class BeanConfiguration {
    @Autowired
    private ServerConfig serverConfig;// 注入配置信息
    private GameEventExecutorGroup dbExecutorGroup;
    @Autowired
    private ArenaDao arenaDao; // 注入数据库操作类
    @PostConstruct
    public void init() {
        dbExecutorGroup = new GameEventExecutorGroup(serverConfig.
getDbThreads());// 初始化 db 操作的线程池组
    }
    @Bean
    public AsyncArenaDao asyncPlayerDao() {// 配置 AsyncPlayerDao 的 Bean
        return new AsyncArenaDao(dbExecutorGroup, arenaDao);
    }
}
```

然后添加处理消息的 ArenaGatewayHandler，它必须继承抽象类 AbstractGameMessageDispatchHandler，这个抽象类中封装了一些业务 Handler 中需要的公共行为。然后实现几个必须实现的抽象方法，代码如下所示。

```java
public class ArenaGatewayHandler extends AbstractGameMessageDispatch-
Handler<ArenaManager> {//继承抽象类
    private ArenaManager arenaManager; //添加数据管理类
    private AsyncArenaDao asyncArenaDao; //添加数据库异步操作类
    private Logger logger = LoggerFactory.getLogger(ArenaGatewayHandler.class);
    public ArenaGatewayHandler(ApplicationContext applicationContext) {
        super(applicationContext);
        this.asyncArenaDao = applicationContext.getBean(AsyncArenaDao.class);
        // 获取操作数据库的类的实例
    }
    @Override
    protected ArenaManager getDataManager() {//返回数据管理类的实例
        return arenaManager;
    }
    @Override
    protected Future<Boolean> updateToRedis(Promise<Boolean> promise) { // 更新数据到 Redis，用于持久化数据
        asyncArenaDao.updateToRedis(playerId, arenaManager.getArena(), promise);
        return promise;
    }
    @Override
    protected Future<Boolean> updateToDB(Promise<Boolean> promise) {
        // 更新数据到 MongoDB，用于持久化数据
        asyncArenaDao.updateToDB(playerId, arenaManager.getArena(), promise);
        return promise;
    }
    @Override
    protected void initData(AbstractGameChannelHandlerContext ctx, long playerId, GameChannelPromise promise) {/**GameChannel 在第一次创建时，初始化需要的数据 **/
```

```
            // 异步加载竞技场信息
            Promise<Optional<Arena>> arenaPromise = new DefaultPromise<>
(ctx.executor());
            asyncArenaDao.findArena(playerId, arenaPromise).addListener(new
GenericFutureListener<Future<Optional<Arena>>>() {
                @Override
                public void operationComplete(Future<Optional<Arena>>
future) throws Exception {
                    if (future.isSuccess()) {
                        Optional<Arena> arOptional = future.get();
                        if (arOptional.isPresent()) {/**如果存在，放入数
据管理类中**/
                            arenaManager = new ArenaManager(arOptional.
get());
                        } else {// 如果数据库中不存在，创建一个空的对象
                            Arena arena = new Arena();
                            arena.setPlayerId(playerId);
                            arenaManager = new ArenaManager(arena);
                        }
                        promise.setSuccess();//返回成功
                    } else {
                        logger.error("查询竞技场信息失败", future.cause());
                        promise.setFailure(future.cause());
                    }
                }
            });
        }
    }
```

然后再添加一个用于处理客户端请求消息的类，比如处理购买竞技场挑战次数的请求，代码如下所示。

```
    @GameMessageHandler
    public class ArenaBusinessHandler {
        private Logger logger = LoggerFactory.getLogger(ArenaBusinessHandler.
class);
        @GameMessageMapping(BuyArenaChallengeTimesMsgRequest.class)
        public void buyChallengeTimes(BuyArenaChallengeTimesMsgRequest
request, GatewayMessageContext<ArenaManager> ctx) {
```

            // 先通过rpc扣除钻石，扣除成功之后，再添加挑战次数
        }
    }

最后添加my-game-arena项目启动的main方法，代码如下所示。

```
@SpringBootApplication(scanBasePackages = {"com.mygame"})
@EnableMongoRepositories(basePackages = {"com.mygame"})
public class ArenaMain {
    public static void main(String[] args) {
        ApplicationContext context = SpringApplication.run(ArenaMain.class, args);// 初始化spring boot环境
        ServerConfig serverConfig = context.getBean(ServerConfig.class);
        // 获取配置的实例
        DispatchGameMessageService.scanGameMessages(context, serverConfig.getServiceId(), "com.mygame");// 扫描此服务可以处理的消息
        GatewayMessageConsumerService gatewayMessageConsumerService = context.getBean(GatewayMessageConsumerService.class);// 获取网关消息监听实例
        gatewayMessageConsumerService.start((gameChannel) -> {
            // 启动网关消息监听，并初始化GameChannelHandler
            // 初始化Channel
            gameChannel.getChannelPiple().addLast(new GameChannelIdleStateHandler(120, 120, 100));// 添加空闲检测Handler
            gameChannel.getChannelPiple().addLast(new ArenaGatewayHandler(context));
        },serverConfig.getServerId());// 添加业务处理Handler
    }
}
```

这些步骤是添加一个新的服务必要的步骤，基本上都是围绕数据展开的。现在就可以启动my-game-arena项目，接收并处理客户端的消息。

10.2.4 RPC请求消息的发送与接收

游戏服务器网关接收到客户端的消息之后，通过消息总线服务转发到游戏业务服务，然后游戏业务服务处理完之后，又将返回结果通过消息总线服务转发到游戏服务器网关，游戏服务器网关再发送给客户端。在这个过程中，游戏服务器网关与游戏业务服务就是完

成了一次 RPC 的请求的发送与接收过程。也就是说目前的服务器架构中已存在了一个简单的 RPC 模型。

那么游戏业务服务之间的 RPC 通信应该是这个模型，这样更便于维护与扩展。如果这个时候引入了第三方的 RPC 通信框架，那么就需要维护两种通信模型，而且第三方的框架如果有不适合自己的服务框架时，又不方便修改，只能通过一些手段和方法适应它，无法融入自己。这样会导致代码越来越臃肿，难以持续维护。

游戏服务器网关在游戏服务体系中，可以看作一个特殊的服务，它和游戏业务服务之间只能转发客户端请求和响应客户端的消息。而对于单纯的游戏服务，有可能两两之间都可能发送数据通信，这也是常说的 RPC 通信。首先为了区别客户端消息和 RPC 消息，需要在 EnumMessageType 枚举中添加两个消息类型，代码如下所示。

```
public enum EnumMessageType {
    REQUEST,        //客户端请求消息
    RESPONSE,       //客户端响应消息
    RPC_REQUEST,    //RPC 请求消息
    RPC_RESPONSE    //RPC 响应消息
}
```

另外，在创建 RPC 请求消息和响应消息的时候需要注意，请求消息类型是上面的 RPC_REQUEST，响应消息类型是 RPC_RESPONSE，请求消息的 serviceId 是目标服务的 serviceId，响应消息的 serviceId 是请求发送者自己的服务的 serviceId。

RPC 通信属于系统底层通信的一种方式，所以游戏业务的开发人员并不需要了解 RPC 的具体实现，架构师只需要让他们方便地拿到 RPC 的请求发送接口，以及提供方便的处理 RPC 请求的方法即可。既然客户端的请求消息转发到游戏业务时，是通过 GameChannel 处理的，那么 RPC 的请求和处理也应该如此。也就是说要将整个 RPC 系统融入自己服务器的通信框架之中。根据自己架构需求封装 RPC 的功能，这样在使用的时候才能如臂使指，灵活方便。

在开发游戏业务功能的时候，为了方便调用 RPC 的接口发送消息，可以在处理请求的方法的上下文参数 GatewayMessageContext 中增加一个新的方法 sendRPCMessage(IGameMessage rpcRequest, Promise<IGameMessage> callback)。rpcRequet 即是发送 RPC 时的请求参数类，参数中的 callback 是接收 RPC 的返回消息时调用的回调接口。RPC 消息的发送是异步的，它不会阻塞当前线程等待 RPC 的消息返回。如果要处

理返回的消息，必须使用 callback 回调方式。使用 Promise 的好处是使回调执行的方法体和处理客户端请求的业务在同一个线程内处理，防止出现并发操作。

大部分 RPC 的请求都是由客户端的请求操作触发的。放在 GatewayMessageContext 类中，不需要再引入新的类就可以直接调用 RPC 的发送方法。这个时候，RPC 消息的发送就和客户端返回消息一样，需要经过一系列的 Handler，最终到达 GameChannelPipeline 链表的头部 Handler。因此在 AbstractGameChannelHandlerContext 添加 writeRPCMessage 方法，代码如下所示。

```
    public void writeRPCMessage(IGameMessage msg, Promise<IGameMessage> promise) {
        AbstractGameChannelHandlerContext next = findContextOutbound();
// 查找 Handler 的上下文类
        EventExecutor executor = next.executor();
        if (executor.inEventLoop()) {/**如果和当前线程是同一个线程，则直接执行操作**/
            next.invokeWriteRPCMessage(msg, promise);
        } else {
            executor.execute(new Runnable() {
// 如果不是同一个线程，则封装为任务事件，放到下一个上下文指定的线程中执行
                @Override
                public void run() {
                    next.invokeWriteRPCMessage(msg, promise);
                }
            });
        }
    }
    private void invokeWriteRPCMessage(IGameMessage msg, Promise<IGameMessage> callback) {
        try {// 调用 Handler 的方法
            ((GameChannelOutboundHandler) handler()).writeRPCMessage(this, msg, callback);
        } catch (Throwable t) {
            notifyOutboundHandlerException(t, callback);
        }
    }
```

在 GameChannelOutboundHandler 接口添加方法 void writeRPCMessage(AbstractGameChannelHandlerContext ctx,IGameMessage gameMessage,Promise<IGameMessage> callback);

这样每个 Handler 都可以有机会对 RPC 的请求消息进行需要的处理。

要发送的消息传到 GameChannelPipeline 的 HeadContext 类的 writeRPCMessage 方法时，调用 GameChannel 的 unsafeSendRpcMessage 将消息发送到消息总线服务中。因为 RPC 消息和返回的客户端消息的序列化是不同的，所以需要单独实现 RPC 发送消息的序列化，添加 GameRpcService 类，在 sendRPCRequest 方法中实现消息的序列化，代码如下所示。

```java
    public void sendRPCRequest(IGameMessage gameMessage, Promise<IGameMessage> promise) {
            GameMessagePackage gameMessagePackage = new GameMessagePackage();
            gameMessagePackage.setHeader(gameMessage.getHeader());
            gameMessagePackage.setBody(gameMessage.body());
            GameMessageHeader header = gameMessage.getHeader();
            header.setClientSeqId(seqId.incrementAndGet());
// 自增一个唯一的序列 ID，作为此次发送消息的标识符，当消息返回时，需要携带回来
            header.setFromServerId(localServerId);
// 设置发送消息的服务器 ID，用于告诉目标服务返回消息时使用
            header.setClientSendTime(System.currentTimeMillis());
// 发送的时间，用于测试消息的传输时间
            long playerId = header.getPlayerId();// 发送 RPC 消息的角色 ID
            int serviceId = header.getServiceId();// 目标服务 ID
            Promise<Integer> selectServerIdPromise = new DefaultPromise<>(this.eventExecutorGroup.next());
// 根据目标的服务 ID，从目标服务中选择一个处理消息的服务实例 ID，即 serverId
            playerServiceInstance.selectServerId(playerId, serviceId, selectServerIdPromise).addListener(new GenericFutureListener<Future<Integer>>() {
                @Override
                public void operationComplete(Future<Integer> future) throws Exception {
                    if (future.isSuccess()) {
                        header.setToServerId(future.get());
                        // 动态创建游戏服务器网关监听消息的 topic
                        String sendTopic = TopicUtil.generateTopic(requestTopic, gameMessage.getHeader().getToServerId());
                        byte[] value = GameMessageInnerDecoder.sendMessage(gameMessagePackage);// 对消息进行编码
                        ProducerRecord<String, byte[]> record = new
```

```
ProducerRecord<String, byte[]>(sendTopic, String.valueOf(gameMessage.
getHeader().getPlayerId()), value);
                        kafkaTemplate.send(record);// 发送消息
                        gameRpcCallbackService.addCallback(header.
getClientSeqId(), promise);// 记录回调方法，当请求消息返回时，调用回调方法
                    } else {
                        logger.error(" 获取目标服务实例 ID 出错",future.
cause());
                    }
                }
            });
        }
```

这样就可以将消息序列化之后发送到消息服务之中，然后要处理的就是目标服务怎么接收 RPC 请求并返回处理结果。

假设现在竞技场服务收到客户端购买竞技场挑战次数的请求，需要请求 my-game-xinyue（核心服务）扣除钻石。在 ArenaBusinessHandler 处理客户端请求，代码如下所示。

```
@GameMessageMapping(BuyArenaChallengeTimesMsgRequest.class)
public void buyChallengeTimes(BuyArenaChallengeTimesMsgRequest
request, GatewayMessageContext<ArenaManager> ctx) {
    // 先通过 RPC 扣除钻石，扣除成功之后，再添加挑战次数
    BuyArenaChallengeTimesMsgResponse response = new BuyArenaChall-
engeTimesMsgResponse();
    Promise<IGameMessage> rpcPromise = ctx.newRPCPromise();
    // 接收 RPC 的请求响应结果的回调接口
    rpcPromise.addListener(new GenericFutureListener<Future<IGame
Message>>() {
        @Override
        public void operationComplete(Future<IGameMessage> future)
throws Exception {
            if (future.isSuccess()) {
                ConsumeDiamonRPCResponse rpcResponse =
(ConsumeDiamonRPCResponse) future.get();// 接收 RPC 的返回结果
                int errorCode = rpcResponse.getHeader().
getErrorCode();
                if (errorCode == 0) {// 如果没有错误码，表示扣除成功
                    ctx.getDataMaanger().addChallengeTimes(10);
                    // 假设添加 10 次竞技场挑战次数
```

```
                    logger.debug("购买竞技挑战次数成功");
                } else {// 否则返回前端错误码
                    response.getHeader().setErrorCode(errorCode);
                }
            } else {
                //response.getHeader().setErrorCode(ArenaError.
SERVER_ERROR.getErrorCode());
                // 如果出现异常，则返回给客户端一个固定的错误码
            }
            ctx.sendMessage(response);// 向客户端返回消息
        }
    });
    ConsumeDiamondRPCRequest rpcRequest = new ConsumeDiamondRPC
Request();// 创建 RPC 的发送消息
    rpcRequest.getBodyObj().setConsumeCount(20);// 假设是 20 钻石
    ctx.sendRPCMessage(rpcRequest, rpcPromise);// 发送 RPC 消息
}
```

当 RPC 请求发送之后，在 my-game-xinyue 服务那边需要接收 RPC 消息，那就需要监听和发送 RPC 消息一样的 Topic。而且要把接收到的 RPC 请求纳入 GameChannel 进行处理，就像接收处理客户端消息那样，因此在 GatewayMessageConsumerService 中添加监听 RPC 消息的 Topic 的方法，代码如下所示。

```
    @KafkaListener(topics = {"${game.channel.rpc-request-game-message-
topic}" + "-" + "${game.server.config.server-id}"}, groupId = "rpc-
${game.channel.topic-group-id}")
    public void consumeRPCRequestMessage(ConsumerRecord<String, byte[]>
record) {
        IGameMessage gameMessage = this.getGameMessage(EnumMesasageType.
RPC_REQUEST, record.value());
        // 获取从消息总线服务中监听到的 RPC 请求消息
        gameChannelService.fireReadRPCRequest(gameMessage);
        // 将收到的 RPC 请求消息发送到 GameChannel 中处理
    }
    private IGameMessage getGameMessage(EnumMesasageType mesasageType,
byte[] data) {// 从接收到的数据流中反序列化消息
        GameMessagePackage gameMessagePackage = GameMessageInnerDecoder.
readGameMessagePackage(data);
        logger.debug(" 收到 {} 消息: {}", mesasageType, gameMessagePackage.
```

```
getHeader());
        GameMessageHeader header = gameMessagePackage.getHeader();
        IGameMessage gameMessage = gameMessageService.getMessageInstance
(mesasageType, header.getMessageId());
        gameMessage.read(gameMessagePackage.getBody());
        gameMessage.setHeader(header);
        gameMessage.getHeader().setMesasageType(mesasageType);
        return gameMessage;
    }
```

为了方便区分客户端消息和 RPC 消息,在 GameChannelInboundHandler 中添加专门用于读取 RPC 消息的方法,代码如下所示。

```
    public interface GameChannelInboundHandler extends GameChannelHandler{
    //GameChannel 第一次注册的时候调用
        void channelRegister(AbstractGameChannelHandlerContext ctx,long playerId,GameChannelPromise promise);
        //GameChannel 被移除的时候调用
        void channelInactive(AbstractGameChannelHandlerContext ctx)
throws Exception;
        // 读取并处理客户端发送的消息
        void channelRead(AbstractGameChannelHandlerContext ctx, Object msg) throws Exception;
        // 读取并处理 RPC 的请求消息
        void channelReadRPCRequest(AbstractGameChannelHandlerContext ctx, IGameMessage msg) throws Exception;
        // 触发一些内部事件
        void userEventTriggered(AbstractGameChannelHandlerContext ctx, Object evt,Promise<Object> promise) throws Exception;
    }
```

然后修改 GameBusinessMessageDispatchHandler 类,使它继承自 AbstractGameMessageDispatchHandler,这是一个公共的抽象类,里面有一些在 XXXHandler 中使用到的公共方法,比如注册方法、初始化数据、定时持久化数据、GameChannel 移除后的操作、客户端请求消息,以及 RPC 请求消息和内部事件的分发等。在新的服务中添加处理业务逻辑的 XXXHandler 的时候,只需要继承此类即可。

为了实现自动分发 RPC 请求消息到处理类,添加一个新的注解 @RPCEvent,

专门用于接收并处理 RPC 的请求消息。在服务器启动的时候，会自动扫描所有添加 @GameMessageHandler 注解的类，然后在此类中查找带 @RPCEvent 注解的方法，并缓存它们，方便 RPC 请求到来时自动分发消息，代码如下所示。

```java
@Service
public class DispatchRPCEventService {
    private Logger logger = LoggerFactory.getLogger(DispatchRPCEventService.class);
    private Map<String, DispatcherMapping> userEventMethodCache = new HashMap<>();
    // 数据缓存
    @Autowired
    private ApplicationContext context;// 注入 spring 上下文类

    @PostConstruct
    public void init() {// 项目启动之后，调用此初始化方法
        Map<String, Object> beans = context.getBeansWithAnnotation(GameMessageHandler.class);/** 从 spring 容器中获取所有被 @GameMessageHandler 标记的所有的类实例 **/
        beans.values().parallelStream().forEach(c -> {/** 使用 stream 并行处理遍历这些对象 **/
            Method[] methods = c.getClass().getMethods();
            for (Method method : methods) {// 遍历每个类中的方法
                RPCEvent userEvent = method.getAnnotation(RPCEvent.class);
                if (userEvent != null) {
                    // 如果这个方法被 @RPCEvent 注解标记了，缓存下所有的数据
                    String key = userEvent.value().getName();
                    DispatcherMapping dispatcherMapping = new DispatcherMapping (c, method);
                    userEventMethodCache.put(key, dispatcherMapping);
                }
            }
        });
    }
    // 通过反射调用处理相应事件的方法
    public void callMethod(RPCEventContext<?> ctx,IGameMessage msg) {
        String key = msg.getClass().getName();
        DispatcherMapping dispatcherMapping = this.
```

```
userEventMethodCache.get(key);
            if (dispatcherMapping != null) {
                try {// 通过反射调用方法
                    dispatcherMapping.getTargetMethod().invoke
(dispatcherMapping. getTargetObj(), ctx,msg);
                } catch (IllegalAccessException | IllegalArgumentException
 | InvocationTargetException e) {
                    logger.error("RPC 处理调用失败,消息对象:{},处理对象:{},
处理方法:{}", msg.getClass().getName(), dispatcherMapping.getTargetObj().
getClass().getName(), dispatcherMapping.getTargetMethod().getName());
                }
            } else {
                logger.debug("RPC 请求对象:{} 没有找到处理的方法 ", msg.
getClass().getName());
            }
        }
    }
```

然后在 AbstractGameMessageDispatchHandler 中添加 RPC 消息的分发处理,代码如下所示。

```
    @Override
    public void channelReadRPCRequest(AbstractGameChannelHandlerContext
ctx, IGameMessage msg) throws Exception {
        T data = this.getDataManager();
        RPCEventContext<T> rpcEventContext = new RPCEventContext<> (data,
 msg, ctx);
        this.dispatchRPCEventService.callMethod(rpcEventContext, msg);
    }
```

这里面使用了泛型 T,主要是为了抽象公共数据,具体是什么数据结构由子类实现。实现自动分发的目的是减少 if…else 的判断,使请求消息直达处理方法,在 my-game-xinyue 中添加处理 RPC 的 RPCBusinessHandler 业务类,代码如下所示。

```
    @GameMessageHandler
    public class RPCBusinessHandler {
        private Logger logger = LoggerFactory.getLogger(RPCBusinessHandler.
class);
```

```
        @RPCEvent(ConsumeDiamondRPCRequest.class)// 标记处理这个消息的 RPC 请求
        public void consumDiamond(RPCEventContext<ArenaManager> 
ctx,ConsumeDiamondRPCRequest request) {
            logger.debug(" 收到扣钻石的 RPC 请求 ");
      // 省略扣钻石的操作
            ConsumeDiamonRPCResponse response = new ConsumeDiamonRPC
Response();
            ctx.sendResponse(response);// 返回 RPC 的处理结果
        }
    }
```

到此，便是完成了 RPC 消息的请求与接收处理，之后便是消息的返回发送和接收返回的 RPC 消息。

10.2.5　RPC 响应消息的发送与接收

10.2.4 节我们实现了 RPC 消息的发送功能，接下来实现 RPC 的消息返回功能。在处理 RPC 请求消息时，为了方便发送 RPC 返回消息，封装了一个 RPCEventContext 上下文类，它里面包括了 RPC 请求的消息实例，因为返回的 RPC 消息需要用到一些 RPC 请求消息的参数。代码如下所示。

```
    public class RPCEventContext<T> {
        private IGameMessage request;// 收到的 RPC 请求消息的实例
        private T data;/** 这个用于存储缓存的数据，因为不同的服务的数据结构是不
同的，所以这里使用泛型 **/
         private AbstractGameChannelHandlerContext ctx;/** 处理 RPC 请求消
息的 GameChannel 的 Handler 上下文，用于向消息总线服务中发送消息 **/
        public RPCEventContext(T data,IGameMessage request, AbstractGa-
meChannelHandlerContext ctx) {
            super();
            this.request = request;
            this.ctx = ctx;
            this.data = data;
        }
        public T getData() {// 返回相应的数据管理类
            return data;
        }
```

```java
        public void sendResponse(IGameMessage response) {// 发送 RPC 响应消息
            GameMessageHeader responseHeader = response.getHeader();
            EnumMesasageType mesasageType = responseHeader.getMesasageType();
            if(mesasageType != EnumMesasageType.RPC_RESPONSE) {
            // 进行消息类型检测,防止开发人员不小心传错消息
                throw new IllegalArgumentException(response.getClass().getName() + " 参数类型不对,不是 RPC 的响应数据对象 ");
            }
            GameMessageHeader requestHeander = request.getHeader();
            responseHeader.setToServerId(requestHeander.getFromServerId());
            // 响应消息要到达的目标服务实例 ID 就是请求消息发送的服务实例 ID
            responseHeader.setFromServerId(requestHeander.getToServerId());
            // 响应消息的发送服务实例 ID 就是请求消息要到达的目标服务实例 ID
            responseHeader.setClientSeqId(requestHeander.getClientSeqId());
            // 获取请求消息携带的唯一序列 ID, 原样返回
            responseHeader.setClientSendTime(requestHeander.getClientSendTime());
             // 客户端发送时间原样返回
            responseHeader.setPlayerId(requestHeander.getPlayerId());
            // 获取发送消息的角色 ID
            responseHeader.setServerSendTime(System.currentTimeMillis());
            // 设置响应消息的时间
            ctx.writeRPCMessage(response, null);/** 响应消息不需要回调结果, 这里传 null.**/
        }
    }
```

经过 GameChannelPipline 的一系列 Handler 的处理之后,最后消息到达 GameChannelPipline 的 HeadContext 类中,在这里调用 GameChannel 的 channel.unsafeSendRpcMessage(gameMessage, callback); 方法。在这里面会判断是否为 RPC 响应消息,如果是响应消息的话,会调用 GameRpcService 中发送 RPC 响应消息的方法到消息总线中,代码如下所示。

```java
    public void sendRPCResponse(IGameMessage gameMessage) {
        GameMessagePackage gameMessagePackage = new GameMessagePackage();
        gameMessagePackage.setHeader(gameMessage.getHeader());
        gameMessagePackage.setBody(gameMessage.body());
        String sendTopic = TopicUtil.generateTopic(responseTopic, gameMessage.getHeader().getToServerId());// 创建响应消息的 Topic
```

```
        byte[] value = GameMessageInnerDecoder.sendMessage(gameMessage
Package);// 序列化 RPC 响应消息
        ProducerRecord<String, byte[]> record = new ProducerRecord<String,
byte[]>(sendTopic, String.valueOf(gameMessage.getHeader().getPlayerId()),
value);
        kafkaTemplate.send(record);// 发送到消息总线服务中
    }
```

这里 RPC 响应消息的 Topic 和 RPC 的请求消息 Topic 是不相同的，这样便于区分消息的类型，以及减少消息的发送量。如果使用同一个 Topic 的话，一条消息发送之后，在发送端和服务器都会接收到被监听的消息。

10.2.6 RPC 请求超时检测

当一个服务给另一个服务发送一条消息的时候，如果目标服务长时间没有响应，应该有超时处理。最好的方式是给业务代码抛出一个超时的异步，以便业务做相应的处理。在 GameRpcCallbackService 类中对 RPC 请求和回调接口进行了封装管理。

当向消息总线服务发送消息的时候，调用 addCallback 方法，向缓存集合中添加 RPC 请求的序列 ID 与回调接口的映射关系。如果有些 RPC 请求一直没有返回的话，在缓存集合中，将永远存储着请求序列 ID 与回调接口的映射关系，而且会越来越多。如果没有清理策略，将导致内存泄漏，因此需要有一个清理策略。一种方法是在收到 RPC 请求的响应消息时，根据序列 ID 获取回调接口，并从缓存集合中删除，代码如下所示。

```
    public void callback( IGameMessage gameMessage) {/** 收到 RPC 响应消息时
调用此方法 **/
        int seqId = gameMessage.getHeader().getClientSeqId();/** 获取请
求的序列 ID**/
        Promise<IGameMessage> promise = this.callbackMap.remove(seqId);
        // 从缓存集合中移除
        if (promise != null) {
            promise.setSuccess(gameMessage);// 调用回调方法，执行响应消息
        }
    }
```

另一种方法是进行超时判断，如果在一定时间内没有收到 RPC 请求的响应消息，应

该自动从缓存集合中删除序列 ID 与回调接口的映射。代码如下所示。

```
public void addCallback(Integer seqId, Promise<IGameMessage> promise) {
        if(promise == null) {
            return ;
// 如果回调接口为空，说明此次 RPC 请求不需要返回响应消息，也不需要记录回调
        }
        callbackMap.put(seqId, promise);
        // 将序列 ID 与回调接口缓存起来，等待消息返回之后调用
        // 启动一个延时任务，如果到达时间还没有收到返回，抛出超时异常
        eventExecutorGroup.schedule(() -> {
            Promise<?> value = callbackMap.remove(seqId);
            if (value != null) {/**如果延时任务到达的时候，缓存中还存在映射，则返回超时的错误码**/
            value.setFailure(GameErrorException.newBuilder
(GameRPCError.TIME_OUT).build());
            }
        }, timeout, TimeUnit.SECONDS);
    }
```

当 RPC 请求发送之后，这里会启动一个延时任务。如果延时任务执行的时候，缓存中还有请求序列 ID 与回调接口的映射，就说明 RPC 请求消息没有返回。

10.3 本章总结

本章主要介绍了 RPC 的设计与开发。RPC 作为分式布架构中必不可少的一个组件，是多个服务之间通信的基础。第三方开源的 RPC 组件，因为其先天的特性，不适用于当前的分布式游戏服务器架构，所以自定义实现了适合自己架构的 RPC 组件，它是完全融入自身的游戏服务器架构中的，RPC 的通信依赖于消息总线服务，它也是整个游戏服务器系统的通信基础。在使用中，不需要复杂的配置，只需要简单配置一个 RPC 的 Topic，即可实现 RPC 的调用和响应。

第11章 事件系统的设计与实现

事件系统是游戏开发中非常重要的一个系统组件，游戏客户端开发和游戏服务器开发都需要有这样一个组件。一个游戏项目，某种意义来说是一个庞大的软件工程。按照不同的功能，它被分解成各个不同的模块，而事件系统可以解耦这些模块之间的信息交互，使代码具有层次性、易维护性和灵活性。本章主要的内容如下。

- 事件系统的重要性。
- 自定义基于监听接口的事件系统。
- 自定义基于注解的事件系统。
- Spring Boot 事件系统应用。

11.1 事件系统在服务器开发中的重要性

在开发一个大型的游戏服务器项目的时候，都是一个开发团队多个开发人员并行开发。项目根据不同的游戏功能，把代码分成不同的模块。但是不同模块之间也是需要数据交互的，事件系统在不同模块的信息传递中起着非常重要的作用。

11.1.1 什么是事件系统

事件，就是一个操作所触发的行为或焦点。在游戏中，用户的一个操作就会触发一系列的行为，把这些行为以数据的方式发布出来就是事件。事件本身会携带事件产生的具体信息，它是事件系统中消息的载体。如果有模块对某个事件有兴趣，就可以关注或监听这个事件，收到这个事件之后，根据事件的类型，处理不同的业务。

事件系统主要由事件源（事件产生）、事件内容（发布事件）、事件管理器、事件监听接口组成，如图 11.1 所示。

在服务启动的时候，功能模块需要注册对事件监听的接口，监听的内容包括事件和事件源（事件产生的对象）。当事件触发的时候，就会调用这些监听的接口，并把事件和事件源传到接口的参数里面，然后在监听接口里面处理收到的事件。事件只能从事件发布者流向事件监听者，不可以反向传播。

事件监听类似于观察者模式，但不同的是事件系统只需要监听自己关心的事件即可，当事件触发时，只调用监听此事件的接口，不关心其他事件的接口。

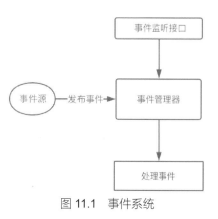

图 11.1　事件系统

而观察者模式需要有具体的观察对象和行为变化的统一接口，比如观察角色升级，角色信息模块就是观察对象，要观察这个对象，需要在这个对象上面注册观察者接口，当角色升级时，统一调用。如果要观察其他模块，也同样如此。可以看到事件系统比观察者模式更灵活，耦合度更加松散。

11.1.2　事件系统可以解耦模块依赖

在游戏业务服务开发过程中，随着游戏功能的增加，代码实现的功能模块会越来越多，从代码设计与维护的角度来说，不同的功能模块数据交互越少越好，但是没有交互又是不可能的。所以一个模块的数据发生变化，会间接或直接地影响到另外一些模块数据的变化。这是一种一对多的关系，比如某些功能模块可能依赖于角色信息模块的角色等级，当角色达到一定等级时，这些依赖于角色等级的模块会做一些数据的初始化，这就需要时时关注角色的等级变化。

如果在角色信息模块等级变化的时候，直接调用其他模块的方法，那么角色信息模块就必须引用其他模块的代码，而且在添加调用方法时，还需要理解等级变化的业务，防止调用错误。因为不同的模块是由不同的开发人员开发和维护的。随着功能的开发越来越多，这种代码之间的耦合也越来越紧密，复杂度也越来越高，后期某个需求的变更所影响的范围也会越来越大，非常不利于代码的维护和扩展。

而使用事件系统，在等级变化之后，向事件中心广播一条事件数据，其他的模块如果受此事件的影响，去监听这个事件，收到这个事件之后，根据自己模块的业务触发相应的操作。这样不管新增多少个模块，都不用再修改角色信息模块的代码增加新的依赖。如果将来这个功能不需要了，直接删除本模块下的代码即可，也不会影响其他模块的代码。如果升级模块的需求有变化，只要按原来的方式发布相同的事件，就不会影响其他模块的功能。

11.1.3 事件系统使代码更容易维护

通过事件系统，使代码模块之间解耦之后，每个模块的开发人员只需要关注自己的模块功能即可。一个模块中的某些方法也不会散落到其他模块的代码中，每个模块之间的界限更加清晰，代码更加容易理解，更加容易维护。一个新的开发人员也能很快地厘清代码脉络，尽快融入代码的开发工作之中。

事件系统也使单元测试的代码更容易维护。在写单元测试的时候，追求的是一个方法只做一件事。比如角色信息模块中，角色升级的方法中应该只处理角色升级的业务，编写单元测试的时候也只是针对这一个方法组织代码。

假如没有事件系统，一个新的模块需要在角色升级时触发某些操作，那么就会修改角色升级方法。这会使原来已经通过的单元测试代码变得不能通过测试，需要重新修改单元测试以适应新添加的代码，提高了代码的维护成本，这显然是一个让人头疼的事。

如果使用了事件系统，在角色升级完成之后，广播一条角色升级事件，只需要编写一次单元测试，测试通过之后，如果角色升级的业务不发生变化，那这段代码将永远不会改变。比如，对角色升级事件有需要的模块只需要监听角色升级事件就可以。只要遵守这个原则，代码模块职责清楚，维护起来就会事半功倍。

11.2 事件系统的实现

事件系统的实现并不复杂，一般由 3 个部分组成，即事件内容对象、事件分发管理器、事件监听接口。功能模块可以继承实现事件监听接口，然后将监听接口的实现类实例注册到事件分发管理器上面。当一个事件产生的时候，调用事件分发管理器，把事件发送到对应的监听接口中。因为事件系统是一个公共组件，所以把它放在 my-game-common 项目中。

11.2.1 自定义基于监听接口的事件系统

这是最简单的一个事件系统，首先是定义各个接口，分别是事件监听接口 IGameEventListener，代码如下所示。

```java
public interface IGameEventListener {
    public void update(Object origin,IGameEventMessage event);
    // 子类实现这个方法，处理接收到的事件
}
```

如果某个事件发送时，要监听这个事件并处理相应的业务，就要继承并实现这个接口。然后添加事件内容接口 IGameEventMessage，所有的事件消息都需要继承这个接口。

然后添加事件分发管理器 EventDispatchManager，它的作用就是负责监听接口的注册和事件消息的分发，代码如下所示。

```java
public class EventDispatchManager {
    /** 缓存监听的事件与事件监听器的映射，由于一个事件对应多个监听器，所以value是一个数组 **/
    private Map<String, List<IGameEventListener>> eventListenerMap = new HashMap<>();
    // 向事件分发管理器中注册一个监听类
    public void registerListener(Class<? extends IGameEventMessage> eventClass,IGameEventListener listener) {
        String key = eventClass.getName();
        List<IGameEventListener> listeners = this.eventListenerMap.get(key);
        if(listeners == null) {// 如果事件对应的监听列表不存在，则创建一个新的
            listeners = new ArrayList<>();
            this.eventListenerMap.put(key, listeners);
        }
        listeners.add(listener);
    }
    public void sendGameEvent(Object origin,IGameEventMessage gameEventMessage) {
        String key = gameEventMessage.getClass().getName();
        List<IGameEventListener> listeners = this.eventListenerMap.get(key);
```

```
            if(listeners != null) {// 获取监听此事件的所有的监听接口列表
                listeners.forEach(listener->{
                    listener.update(origin, gameEventMessage);
                });
            }
        }
    }
```

为了方便在代码中使用，使用一个类包装整个事件系统的操作，并提供表态方法，方便在业务代码中调用，代码如下所示。

```
public class GameEventSystem {
    // 初始化一个事件分发管理器
    private static EventDispatchManager eventDispatchManager = new EventDispatchManager();
    // 注册监听接口
    public static void registerListener(Class<? extends IGameEventMessage> eventClass, IGameEventListener listener) {
            eventDispatchManager.registerListener(eventClass, listener);
    }
    // 发送事件消息
    public static void sendGameEvent(Object origin, IGameEventMessage gameEventMessage) {
            eventDispatchManager.sendGameEvent(origin, gameEventMessage);
    }
}
```

到此，一个简单的事件系统就构建完成了，在使用的时候，首先要创建一个监听类，继承 **IGameEventListener**，代码如下所示。

```
public class PlayerUpgradeListener implements IGameEventListener{
// 监听角色升级的事件
    @Override
    public void update(Object origin, IGameEventMessage event) {
        System.out.println("收到事件：" + event.getClass().getName());
        // 在这里处理相关的业务
    }
}
```

然后实现一个事件内容类，继承 IGameEventMessage，代码如下所示。

```java
public class PlayerUpgradeLevelEvent implements IGameEventMessage{
    private long playerId;
    private int nowLevel;// 当前等级
    private int preLevel;// 升级前的升级
private int costExp;// 消耗的经验
// 省略下面的getter 和 setter 方法
}
```

在单元测试中添加测试，代码如下所示。

```java
    @Test
    public void sendGameEvent() {
        PlayerUpgradeListener playerUpgradeListener = new PlayerUpgradeListener();// 创建事件监听实例
        GameEventSystem.registerListener(PlayerUpgradeLevelEvent.class, playerUpgradeListener);// 注册事件监听类
        PlayerUpgradeLevelEvent event = new PlayerUpgradeLevelEvent();
        event.setPlayerId(1);// 模拟产生事件
        GameEventSystem.sendGameEvent(this, event);// 发送产生的事件
    }
```

运行上面的测试代码，在控制台中可以看到输出，说明监听类接收到了发送的事件类数据。

在使用的时候，要监听并处理一个事件，都必须创建一个监听类，而且必须在服务启动的时候注册到事件分发管理器中。如果事件特别多，或者监听某个事件的操作太多，就会导致监听类也非常多，使用起来相对麻烦一些。这样不仅浪费开发时间，而且也使代码变得臃肿，因此这种方式适合事件不是太多的服务。

11.2.2　自定义基于注解的事件系统

为了避免在处理一个事件时都创建一个新的监听类并注册到事件分发器中的问题，可以使用特定的注解标记某个类的方法，让这个方法专门用于处理某个事件。在服务启动的时候，系统自动描述所有的类，找到带特定注解的方法，缓存到事件分发处理器中，相当于自动注册事件处理类，在事件发送的时候，通过反射方法调用相应的事件处理方法即可。

首先，新增两个特定注解，@GameEventService 和 @GameEventListener，@GameEventService 用于标记在类上面，它继承了 Spring 中 @Service 的特性，标记了这个注解的类可以作为 Bean 被 Spring 容器管理。@GameEventListener 标记在类的方法中，表明这个方法处理某个事件。代码如下所示。

```
@Target({ElementType.TYPE})
@Retention(RetentionPolicy.RUNTIME)
@Service
public @interface GameEventService {
}
@Target(ElementType.METHOD)
@Retention(RetentionPolicy.RUNTIME)
public @interface GameEventListener {
    public Class<? extends IGameEventMessage> value();
}
```

假如现在有一个任务处理类 TaskService，需要监听角色升级的事件，代码如下所示。

```
@GameEventService
public class TaskService {
    @GameEventListener(PlayerUpgradeLevelEvent.class)
    public void playerUpgradeEvent(Object origin,PlayerUpgradeLevelEvent event) {
        System.out.println("任务接收到角色升级事件");
        // 在这里处理相应的业务逻辑
    }
}
```

这样，既不用创建新的监听接口的实例类，又不需要手动注册监听实例到事件分发管理器中，方便且节省时间。这里需要注意，由于 my-game-common 项目中没有 Spring Boot 启动的 main 方法，所以在单元测试的时候，需要在测试类上面指定 Bean 的配置类，代码如下所示。

```
@ContextConfiguration(classes = {BeanConfig.class})/**在这里指定需要测试的Bean配置类**/
public class GameEventSystemTest extends AbstractTestNGSpringContext
```

```
Tests{
    }
    @Configuration //Bean 的配置类
    public class BeanConfig {
        @Bean
        public TaskService getTaskService() {// 配置 TaskService 的 Bean 创建
            return new TaskService();
        }
    }
```

接下来就是要实现自动注册了，既然需要使用反射调用事件处理的方法，那么就需要一个类，存储反射调用需要的信息。代码如下所示。

```
public class GameEventListenerMapping {
    private Object bean;// 处理事件方法所在的 bean 类
    private Method method;// 处理事件的方法
    public GameEventListenerMapping(Object bean, Method method) {
        super();
        this.bean = bean;
        this.method = method;
    }
    public Object getBean() {
        return bean;
    }
    public Method getMethod() {
        return method;
    }
}
```

然后需要添加一个事件分发管理类 GameEventDispatchAnnotationManager，它负责在项目启动的时候，从 ApplicationContext 获取所有被标记了 @GameEventService 注解的 Bean 实例，然后遍历找到所有 Bean 实例，再从每个 Bean 实例中遍历实例中的所有方法。如果方法被 @GameEventListener 标记，就说明这个方法会处理某个事件，然后把 Bean 实例和处理事件的 Method 实例存储起来，方便事件发生时，通过反射调用处理事件的方法，代码如下所示。

```java
public class GameEventDispatchAnnotationManager {
    private Logger logger = LoggerFactory.getLogger(GameEventDispatchAnnotationManager.class);
    private Map<String, List<GameEventListenerMapping>> gameEventMapping = new HashMap<>();

    public void init(ApplicationContext context) {
        // 从 ApplicationContext 中获取标记了 @GameEventService 注解的所有实例
        context.getBeansWithAnnotation(GameEventService.class).values().forEach(bean->{
            Method[] methods = bean.getClass().getMethods();/**遍历这个bean的所有方法**/
            for(Method method : methods) {
                GameEventListener gameEventListener = method.getAnnotation(GameEventListener.class);
                if(gameEventListener != null) {
                    // 如果这个方法上面有 @GameEventListener 注解,说明它需要处理一个事件
                    Class<? extends IGameEventMessage> eventClass = gameEventListener.value();// 记录处理事件的信息
                    GameEventListenerMapping gameEventListenerMapping = new GameEventListenerMapping(bean, method);
                    this.addGameEventListenerMapping(eventClass.getName(), gameEventListenerMapping);/** 这里相当于注册监听接口。把反射调用的信息缓存起来**/
                }
            }
        });
    }
    // 将事件的处理信息封装并缓存起来
    private void addGameEventListenerMapping(String key,GameEventListenerMapping gameEventListenerMapping) {
        List<GameEventListenerMapping> gameEventListenerMappings = this.gameEventMapping.get(key);
        if(gameEventListenerMappings == null) {/** 如果缓存中不存在,创建一个新的列表**/
            gameEventListenerMappings = new ArrayList<>();
            this.gameEventMapping.put(key, gameEventListenerMappings);
        }
        gameEventListenerMappings.add(gameEventListenerMapping);
    }
    // 发送事件到事件的处理方法中
```

```java
    public void sendGameEvent(IGameEventMessage gameEventMessage,
Object origin) {
        String key = gameEventMessage.getClass().getName();
        List<GameEventListenerMapping> gameEventListenerMappings = 
this.gameEventMapping.get(key);
        if(gameEventListenerMappings != null) {// 找到监听这个事件的所有方法
            gameEventListenerMappings.forEach(c->{// 依次调用处理此事件的方法
                try {
                    c.getMethod().invoke(c.getBean(), origin,gameEvent
Message);
                } catch (IllegalAccessException | IllegalArgumentException |
InvocationTargetException e) {
                    logger.error(" 事件发送失败 ",e);
                    throw new IllegalArgumentException(" 事件发送失败 ", e);
                    // 如果捕获到异常，把这个异常抛出去，让上层处理
                }
            });
        }
    }
}
```

然后需要在 GameEventSystem 类中添加启动方法，以及在 sendGameEvent 方法中添加基于注解的事件处理调用。代码如下所示。

```java
public class GameEventSystem {
    // 初始化一个事件分发管理器
    private static EventDispatchManager eventDispatchManager = new
EventDispatchManager();
    private static GameEventDispatchAnnotationManager gameEventDis
patchAnnotationManager = new GameEventDispatchAnnotationManager();
    public static void start(ApplicationContext context) {
        // 在服务启动的时候，调用此方法，初始化系统中的事件监听
        gameEventDispatchAnnotationManager.init(context);
    }
    // 注册监听接口
    public static void registerListener(Class<? extends IGameEventMessage>
eventClass, IGameEventListener listener) {
        eventDispatchManager.registerListener(eventClass, listener);
    }
```

```
        // 发送事件消息
        public static void sendGameEvent(Object origin, IGameEventMessage 
gameEventMessage) {
                eventDispatchManager.sendGameEvent(origin, gameEventMessage);
                // 向监听接口中发送事件
                gameEventDispatchAnnotationManager.sendGameEvent
(gameEventMessage,origin);// 向注解监听中发送事件
        }
}
```

在服务启动的时候，需要先调用 start 方法，初始化基本注解的事件系统。可以执行 GameEventSystemTest 中的 annotationGameEvent 测试方法，在控制台可以看到在 TaskService 日志输出，说明事件处理执行成功。

11.2.3　Spring 事件系统应用

事件系统作为一个服务器重要的组件，在 Spring 开源框架中，已经自带了这个事件系统组件。从中也可以看出事件系统的重要性和实用性。在 Spring 中，它自带的事件系统包括了上述的两种事件使用方式，即基于监听接口的方式和基于注解的方式。

在 Spring 中，要发布一个事件，首先要实现一个自定义的事件类，这个类需要继承 ApplicationEvent 类。代码如下所示。

```
public class SpringBootEvent extends ApplicationEvent {
    private static final long serialVersionUID = 1L;
    // 自定义一些事件的信息
    private long playerId;
    private int level;
    private String reason;
    public SpringBootEvent(Object source) {
        super(source);// 这个是事件源，一般是发布事件的对象实例
    }
    // 省略下面的 getter、settter 方法
}
```

事件产生之后，就是发布事件了。要发布一个事件，必须实现 ApplicationEventPublisher 接口，而 Spring 的应用上下文接口 ApplicationContext 就继承了 ApplicationEventPublisher

接口，因此可以使用 ApplicationContext 实例来发布事件。代码如下所示。

```
@Test
public void springBootPublish() {
    SpringBootEvent event = new SpringBootEvent(this);// 产生一个事件
    event.setPlayerId(1);// 设置事件信息
    context.publishEvent(event);// 发布事件
}
```

接下来是接收事件，先说第一种，基于监听接口的方式。如果一个 Bean 类，需要接收事件，需要继承实现 ApplicationListener 接口，注意这个接口是泛型的，在实现的时候，需要指定一个具体的类。默认是 ApplicationEvent 抽象类，如果指定这个类，那么实现 ApplicationListener 接口的类，会收到所有继承自 ApplicationEvent 类的事件。如果指定一个具体的实现类，比如 SpringBootEvent（这是一个自定义的事件类），那么事件接收类只会收到这个事件类的信息。代码如下所示。

```
@GameEventService
public class TaskService implements ApplicationListener<SpringBootEvent>{
    @Override
    public void onApplicationEvent(SpringBootEvent event) {
        System.out.println("收到 Spring Boot 事件：" + event.getClass().getName());
    }
}
```

这里 @GameEventService 继承了 @Service 注解的功能，所以 TaskService 的实例会被 Spring 管理，可以接收事件。然后执行 GameEventSystemTest 测试类中的 SpringBootPublish 的测试方法，代码如下所示。

```
@Test
public void springBootPublish() {
    SpringBootEvent event = new SpringBootEvent(this);// 产生一个事件
    event.setPlayerId(1);// 设置事件信息
    context.publishEvent(event);// 发布事件
```

```
        SpringBootEvent2 event2 = new SpringBootEvent2(this);/** 发布另外
一个事件 **/
        context.publishEvent(event2);
    }
```

从控制台可以看到，收到事件的日志只输出了一次，说明只监听到了一个事件的发布。如果把 TaskService 类的泛型类替换成 ApplicationEvent 类，再次运行上面的测试方法，在控制台可以看到事件的日志会输出三次，从日志上可以看到输入的事件类都是 ApplicationEvent 的子类。所以在监听事件的时候要注意指定的类的类型，防止出现重复处理事件的问题。

从上面的例子可以看出，一个类只能实现一个处理事件的方法，可以指定一个具体的事件。如果要实现多个处理事件的方法，需要把泛型类指定为 ApplicationEvent 接收所有的事件，然后根据 instance of 进行 if 判断，明显不符合职责单一原则。为了解决这个问题，可以使用基于注解的方式监听处理具体的事件。只需要在方法上面添加 @EventListener 注解即可。代码如下所示。

```
    @EventListener
    public void springBootEvent(SpringBootEvent event) {/** 指定接收 SpringBootEvent
事件 **/
        System.out.println(" 注解 1 收到事件：" + event.getClass().getName());
    }
```

这样就可以监听并处理 SpringBootEvent 事件，如果把方法中的参数修改为 ApplicationEvent，它也可以接收所有 ApplicationEvent 子类的事件。这个可以根据自己的需求选择使用哪种方式，非常灵活。

11.3 根据事件实现的任务系统

任务系统基本是每个游戏都有的功能。根据任务的需求，它的多条件性，使它基本上会贯穿所有的游戏功能，基本上每个模块的操作都会触发一个对应的任务。所以任务系统是一个典型的利用事件系统实现的功能。它需要收集各个模块的事件来判断是否激活或完成一个任务。

11.3.1 任务系统需求

由于每个公司的游戏设计不同,所以任务内容千差万别。这里使用一个普通的任务系统案例,构建一个简单的任务系统架构,在实际应用中可以根据自己的需求扩展。

首先定义一个任务数据配置表,这个表定义了任务系统中需要的所有数据,如表 11.1 所示。

表 11.1 任务数据配置表

任务 ID	前置任务 ID	下一个任务 ID	任务条件类型	任务条件参数	奖励 ID
taskId	preTaskId	nextTaskId	type	param	rewardId
string	string	string	int	string	string
1001		1002	1	300	1003
1002	1001	1003	2	500	1004
1003	1002	1004	3	12001	1005
1004	1003	1005	4	13001,5	1006

任务系统的需求定义如下。

(1)任务按照配置表中的顺序一个一个完成,只有完成当前任务且领取了任务奖励,才能接受下一个任务。

(2)任务只有被接受之后,才开始统计任务进度。

每个任务的条件类型是不一样的,这里只列出了 4 个,在实际的游戏服务开发中,一般会有上百个。这里简单列举任务类型的含义,如表 11.2 所示。

表 11.2 任务类型说明

任务类型	说明
1	消耗 x 金币
2	消耗 x 钻石
3	通关某个关卡
4	通关 y 关卡 x 次

可以看到，不同的任务类型对应的业务类型是不一样的。按照需求分析，进入游戏时，需要判断当前是否已接受了某个任务。如果没有接收任务，需要自动接受第一个任务；有金币消耗、钻石消耗和关卡通关操作时，都需要判断是否影响当前已接收任务的进度，因此影响任务进程的数据是分散在各个业务模块中的。当模块中的任务相关的数据发生变化，应该及时通知任务系统，并更新任务进度。

11.3.2　面向过程的任务系统实现

任务系统是一个游戏中的核心，贯穿整个游戏服务，所以它应该在核心服务中实现。如果其他模块的进程也有影响任务进程的操作存在，则可以通过 RPC，将某次操作的结果发送到核心服务之中更新任务进度，本书示例实现在 my-game-xinyue 项目中。

先看一种更新任务进度方法的实现，由于影响任务进度的数据分散在各个模块中，所以在 TaskService 类中提供一个统一的更新任务进度的方法，当其他的模块操作影响任务进度时，就在那个模块调用这个方法，代码如下所示。

```java
// 一般实现的任务进度更新的方法
public void updateTaskProgress(TaskManager taskManager, int taskType, Object value) {
        if (taskType == 1) {
            // 处理相应的业务
        } else if (taskType == 2) {
            // 处理相应的业务
        } else if (taskType == 3) {
            // 处理相应的业务
        } else if (taskType == 4) {
            // 处理相应的业务
        }
            // 如果还有很多的任务类型，则依次添加
}
```

另外在领取任务奖励的时候，判断任务是否已完成，也需要一个方法进行判断，代码如下所示。

```java
public boolean isFinishTask(TaskManager taskManager,String taskId) {
    TaskDataConfig taskDataConfig = this.getTaskDataConfig(taskId);
```

```
        int taskType = taskDataConfig.taskType;
        if (taskType == 1) {
            // 处理相应的业务
        } else if (taskType == 2) {
            // 处理相应的业务
        } else if (taskType == 3) {
            // 处理相应的业务
        } else if (taskType == 4) {
            // 处理相应的业务
        }
        return false;
    }
```

很多开发人员在第一次写任务的时候，可能都是这样做的，乍一看非常简单，有的甚至把 if 中的业务逻辑也都写在这个方法中，而不是重写封装到一个新的方法中。这种思维是按照程序执行的步骤一步步执行，所以说这是面向过程的实现。

随着新的任务类型不停地添加，这两个方法也会越来越大，更多的业务逻辑紧密耦合在一起。后期需求变更，维护起来不仅麻烦，而且容易出错，更不利于单元测试，无法保证代码质量；另外在多人同时开发任务时，由于同时修改了同样的代码，提交时造成代码冲突，合并的过程中容易造成合并错误。

11.3.3　面向对象的事件触发式任务系统实现

面向对象的编程主要包括封装、多态、继承、可以解耦代码之间的逻辑、方便代码的维护和扩展。在面向对象的编程中，分析和设计会占一定比例的时间。在任务系统中，每个任务类型对应一个不同的完成条件，所以在接受任务之后，在统计任务进行数值的时候，数值类型也是不同的，因此在判断任务是否完成时，判断的条件也是不一样的。

不同的任务类型也会有相同的行为，比如记录任务进度、判断任务是否完成、获取任务当前进度值。添加一个公共的管理任务进度的接口，对于任务进度的数据来说，无非就是判断进度是否达到任务目标，即任务是否完成；更新任务进度和获取当前任务的进度值，代码如下所示。

```
public interface ITaskProgress {
    /** 更新任务进度的接口，taskDataConfig 是任务的配置数据，data 是任务变化的
```

进度，因为这个值的类型是多个的，有的是int**/
            // 有的是string，有的是list等，所以使用Object类
            void updateProgress(TaskManager taskManager,TaskDataConfig taskDataConfig,Object data);
            boolean isFinish(TaskManager taskManager,TaskDataConfig taskDataConfig);
            // 判断任务的进度是否已完成，表示可以领取任务奖励
            Object getProgessValue(TaskManager taskManager,TaskDataConfig taskDataConfig);// 获取任务进行的进度值
        }

这样，不同的任务进度处理方式只需要继承实现这个接口即可。针对上面的4种任务类型，可以发现消耗钻石和消耗金币应该同属一种进度类型，都是数值消耗类。所以这里需要实现3种不同的任务进度管理类，包括数值累计型进度管理、通关指定关卡进度管理、通关指定关卡次数进度管理，代码如下所示。

```java
// 数值累计型进度值管理
public class AccumulationTaskProgress implements ITaskProgress{
    @Override
    public void updateProgress(TaskManager taskManager, TaskDataConfig taskDataConfig, Object data) {
        taskManager.addValue((int)data);// 更新任务进度
    }
    @Override
    public boolean isFinish(TaskManager taskManager, TaskDataConfig taskDataConfig) {
        int target = Integer.parseInt(taskDataConfig.param);
        int value = taskManager.getTaskIntValue();
        return value >= target;// 判断任务是否完成
    }
    @Override
    public Object getProgessValue(TaskManager taskManager, TaskDataConfig taskDataConfig) {
        return taskManager.getTaskIntValue();// 获取任务进度
    }
}
// 通关指定关卡任务进度管理
public class SpecificBlockTaskProgress implements ITaskProgress{
    @Override
    public void updateProgress(TaskManager taskManager, TaskDataConfig
```

```java
taskDataConfig, Object data) {
            taskManager.setValue((String)data);
        }
        @Override
        public boolean isFinish(TaskManager taskManager, TaskDataConfig 
taskDataConfig) {
            String value = taskManager.getTaskStringValue();
            if(value == null) {
                return false;
            }
            return value.compareTo(taskDataConfig.param) >= 0;
            // 如果当前关卡大于等于目标关卡，说明已通关
        }
        @Override
        public Object getProgessValue(TaskManager taskManager, TaskDataConfig 
taskDataConfig) {
            return taskManager.getTaskStringValue();/** 获取进度，当前最
后一次能通关的关卡 ID**/
        }
    }
    // 通关指定关卡次数进度管理
    public class SpecificBlockTimesTaskProgress implements ITaskProgress{
        @Override
        public void updateProgress(TaskManager taskManager, 
TaskDataConfig taskDataConfig, Object data) {
            String pointId = (String)data;
            String[] params = taskDataConfig.param.split(",");
            if(pointId.equals(params[0])) {
                taskManager.addManyIntValue(pointId, 1);/** 如果和目标关
卡 ID 匹配，则通关次数加 1**/
            }
        }
        @Override
        public boolean isFinish(TaskManager taskManager, TaskDataConfig 
taskDataConfig) {
            String[] params = taskDataConfig.param.split(",");
            int value = taskManager.getManayIntValue(params[0]);
            return value >= Integer.parseInt(params[1]);
            // 如果当前值大于等于目标要求的次数，说明完成任务
        }
        @Override
```

```java
        public Object getProgessValue(TaskManager taskManager, TaskDataConfig 
taskDataConfig) {
            String[] params = taskDataConfig.param.split(",");
            int value = taskManager.getManayIntValue(params[0]);
            return value;
        }
    }
```

由此可以看出，添加一个新的任务进度管理类，只需要新增一个管理类即可，不会影响到其他的管理类代码。这里面统一实现了进度更新，判断是否完成任务，以及获取任务进度的行为。各自的行为在各自的管理类中实现。

为了方便获取任务进度管理实现类，添加一个枚举类 EnumTaskType，在这里面给每一个任务类型都指定相应的进度管理类实例，代码如下所示。

```java
public enum EnumTaskType {
    ConsumeGold(1,new AccumulationTaskProgress(),"消耗x金币"),
    ConsumeDiamond(2,new AccumulationTaskProgress(),"消耗x钻石"),
    PassBlockPoint(3,new SpecificBlockTaskProgress(),"通关某个关卡"),
    PassBlockPointTimes(4,new SpecificBlockTimesTaskProgress(),"通关某个关卡多少次");
    private int type;// 任务类型
    private ITaskProgress taskProgress;// 任务进度管理类实例
    private String desc;// 条件描述
    private EnumTaskType(int type, ITaskProgress taskProgress, String desc) {
        this.type = type;
        this.taskProgress = taskProgress;
        this.desc = desc;
    }
    public int getType() {
        return type;
    }
    public ITaskProgress getTaskProgress() {
        return taskProgress;
    }
    public String getDesc() {
        return desc;
    }
}
```

在用户进入游戏的时候，需要判断当前用户是否初始化了任务，如果没有初始化任务，自动接受第一个任务。在 TaskService 类中添加进入游戏的事件监听，代码如下所示。

```
@EventListener
public void EnterGameEvent(EnterGameEvent event) {
    // 进入游戏的时候，判断任务有没有初始化，没有初始化的，自动接收第一个任务
    TaskManager taskManager = event.getPlayerManager().getTaskManager();
    if (!taskManager.isInitTask()) {
        // 获取第一个任务的任务 ID
        String taskId = "1001";
        taskManager.receiveTask(taskId);
    }
}
```

这里假设在进入游戏时，已经发布了进入游戏的事件（因为会有很多模块依赖这个事件进行数据初始化）。使用同样的方式，监听消耗金币、消耗钻石、关卡通关等事件，代码如下所示。

```
    @EventListener
    public void consumeGold(ConsumeGoldEvent event) {
        // 接收金币消耗事件
this.updateTaskProgress(event.getPlayerManager().getTaskManager(),
EnumTaskType.ConsumeGold, event.getGold());
    }
    @EventListener
    public void consumeDiamond(ConsumeDiamond event) {
this.updateTaskProgress(event.getPlayerManager().getTaskManager(),
EnumTaskType.ConsumeDiamond, event.getDiamond());
    }
    @EventListener
    public void passBlockPoint(PassBlockPointEvent event) {
        // 通关事件影响多个任务类型的进度
this.updateTaskProgress(event.getPlayerManager().getTaskManager(),
EnumTaskType.PassBlockPoint, event.getPointId());
this.updateTaskProgress(event.getPlayerManager().getTaskManager(),
EnumTaskType.PassBlockPointTimes, event.getPointId());
    }
// 统一更新任务进度的方法
```

```
        private void updateTaskProgress(TaskManager taskManager,
EnumTaskType taskType, Object value) {
            String taskId = taskManager.getNowReceiveTaskId();
            TaskDataConfig taskDataConfig = this.getTaskDataConfig(taskId);
            if (taskDataConfig.taskType == taskType.getType()) {/** 如果
事件更新的任务类型，与当前接受的任务类型一致，更新任务进度 **/
                taskType.getTaskProgress().updateProgress(taskManager,
taskDataConfig, value);
            }
        }
```

由此可见，不同的任务条件，只需要监听各自需要的事件即可，任务条件之间不再有任务关系，各自处理各自的业务逻辑即可。这样有利于扩展，比如某个条件类型变化了，只修改相应的实现类即可，由于不同的任务类型被分散在各自的实现类之中，也方便对任务方法进行单元测试，保证代码的正确性。

11.4 本章总结

本章主要介绍了事件系统的设计与开发。事件的监听有接口直接监听和注解监听两种方式，也介绍了自定义事件系统和 Spring 自带事件系统的应用，并使用任务系统举例说明事件在模块之间逻辑解耦的重要作用。在业务开发中，可以大量使用事件系统，简化业务功能的开发。

事件可以做到一次埋点（在完成一次操作之后就发布一个事件），到处使用。不仅是任务，像一些活动系统、成就系统、数据统计系统、用户行为统计系统等，都可以基于事件来实现。这些功能和核心业务基本上不相关，使用事件系统，可以与核心代码分离开，保证代码的简洁性。所以事件系统是服务器开发中不可缺少的一个重要组件，需要灵活运用。

第12章 游戏服务器自动化测试

实践是检验真理的唯一标准，测试是保证功能正确运行的唯一手段。在繁杂的开发任务中，由于开发人员水平和经验的不同，不可能保证每一个开发人员编写的每条代码都可以正确地执行。在使用手动黑盒测试的时候，也难以保证每条代码都被执行因此为了保证代码的质量，游戏服务器的自动化测试是必不可少的。另外，测试也可以促使开发人员更好地设计自己的代码结构，使代码更加容易维护。本章主要的内容如下。

- 游戏服务器自动化测试的重要性。
- 代码的单元测试。
- 游戏功能的集成测试。

12.1 游戏服务器自动化测试的重要性

在服务器，自动化测试包括单元测试和系统功能测试两部分。测试的目的是保证游戏服务器的功能的正确性。在游戏服务器，测试一般包括代码的单元测试和系统功能的集成测试。

12.1.1 单元测试使代码更简洁

根据单一职责原理，一个方法最好只完成一件事，而且一个方法的代码行数不要太多。因为一个方法负责的任务越少，它的职责就越容易理解。代码行数越短越容易理解，也就越方便维护。这样在添加单元测试时，更容易测试，如果一段代码写得非常复杂，可能开发人员当时理解是什么意思，但是过了一段时间之后，再来修改这段代码，开发人员自己可能都已不记得当时写的初衷了。如果换人维护，往往会有重写的冲动。

为了说明这个问题，假如有这样一个需求：给某个英雄装备一个武器。先来看一段不考虑单元测试的代码，如下所示。

```java
    public void addHeroWeapon(PlayerManager playerManager,String heroId,
String weaponId) {
            HeroManager heroManager = playerManager.getHeroManager();
            Hero hero = heroManager.getHero(heroId);
            if(hero == null) { // 判断英雄是否存在
                throw GameErrorException.newBuilder(GameErrorCode.HeroNotExist).
build();
            }
            if(hero.getWeaponId() != null) { /**如果武器ID不为空，说明已
装备过了，不能重复操作**/
                throw GameErrorException.newBuilder(GameErrorCode.
HeroHadEquipedWeapon).build();
            }
            InventoryManager inventoryManager = playerManager.
getInventoryManager();
            Weapon weapon = inventoryManager.getWeapon(weaponId);
            if(weapon == null) {// 判断是否拥有要装备的武器
                throw GameErrorException.newBuilder(GameErrorCode.
WeaponNotExist).build();
            }
            if(!weapon.isEnable()) {// 判断武器是否可以装备
                throw GameErrorException.newBuilder(GameErrorCode.
WeaponUnenable).build();
            }
            EquipWeaponDataConfig equipWeaponDataConfig = this.
dataConfigService.getDataConfig(weaponId, EquipWeaponDataConfig.class);
            if(hero.getLevel() < equipWeaponDataConfig.getLevel()) {
                // 判断是否达到装备此武器的等级
                throw GameErrorException.newBuilder(GameErrorCode.
HeroLevelNotEnough).message(" 需要等级：{}",20).build();
            }
            Prop prop = inventoryManager.getProp(equipWeaponDataConfig.
getCostId());
            if(prop.getCount() < equipWeaponDataConfig.getCostCount()) {
                // 判断装备消耗的材料是否足够
                throw GameErrorException.newBuilder(GameErrorCode.
EquipWeaponCostNotEnough).message(" 需要 {} {} ",equipWeaponDataConfig.get
CostId(),equipWeaponDataConfig.getCostCount()).build();
```

```
            }
            inventoryManager.consumeProp(equipWeaponDataConfig.
getCostId(), equipWeaponDataConfig.getCostCount());
            hero.setWeaponId(weaponId);// 装备成功
            weapon.setEnable(false);
            EquipWeaponEvent event = new EquipWeaponEvent(this);
            context.publishEvent(event);
    }
```

这段代码如果没有任何注释，阅读出来会是什么感觉？在实际开发过程中，如果没有严格的要求，估计注释也不会太多，因为不是每个人都会养成写详细注释的习惯，而且写过多的注释，当有需求修改的时候，维护起来也麻烦。如果需求变了，而注释没有修改，会误导阅读代码的人。根据目前这段代码的情况，如果没有注释的帮助，要想了解这段代码干了什么，必须一行一行地阅读完才知道。

从代码中可以看出，这个方法的职责太多了。如果要对这个方法进行单元测试，保证每行代码都被执行，测试代码要比这个方法的代码多出几倍来，这个方法对应的测试用例最少就有 13 个，每个 if 就对应了两个测试用例。以其中一个测试用例为例，假设测试所有的武器装备条件都满足，看武器装备是否成功。

在 HeroWeaponService 类单击鼠标右键，选择 New → Other，在打开的面板中选择 TestNG，这里使用了 TestNG 测试框架（12.2.1 节会详细介绍），创建测试类如图 12.1 所示。

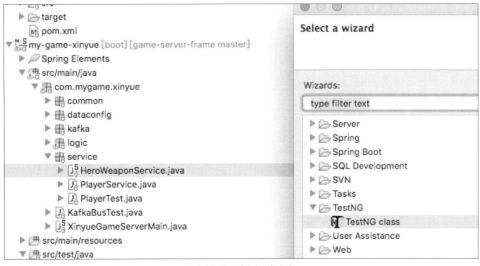

图 12.1　创建测试类

然后单击"Next"按钮，选择要测试的方法，单击"Finish"按钮，就自动创建了一个测试类 HeroWeaponServiceTest，而且和 HeroWeaponService 是在同一个包路径下，这样便于管理，也便于测试 protected 修改的方法。然后添加测试用例的代码，代码如下所示。

```
@SpringBootTest(classes = {HeroWeaponService.class,DataConfigService.class})
@TestExecutionListeners(listeners = MockitoTestExecutionListener.class)
public class HeroWeaponServiceTest extends AbstractTestNGSpringContextTests {
    @SpyBean
    private HeroWeaponService heroWeaponService;
    @MockBean
    private DataConfigService dataConfigService;
    @Test
    public void addHeroWeapon() {
        /** 使用 Mockito 创建类的实例，这样创建的实例可以指定方法的返回值，用于手动根据测试需要构造数据 **/
        PlayerManager playerManager = Mockito.mock(PlayerManager.class);
        HeroManager heroManager = Mockito.mock(HeroManager.class);
        // 返回指定的 heroManager
        Mockito.when(playerManager.getHeroManager()).thenReturn(heroManager);
        Hero hero = new Hero();
        String heroId = "101";
        // 返回指定的 hero
        Mockito.when(heroManager.getHero(heroId)).thenReturn(hero);
        InventoryManager inventoryManager = Mockito.mock(InventoryManager.class);
        // 返回指定的背包管理类
        Mockito.when(playerManager.getInventoryManager()).thenReturn(inventoryManager);
        Weapon weapon = new Weapon();
        String weaponId = "w101";
        // 返回指定的 weapon 实例
        Mockito.when(inventoryManager.getWeapon(weaponId)).thenReturn(weapon);
        EquipWeaponDataConfig equipWeaponDataConfig = new
```

```
EquipWeaponDataConfig();
            equipWeaponDataConfig.setLevel(10);
            equipWeaponDataConfig.setCostCount(10);
            // 返回指定的数据配置类
            Mockito.when(dataConfigService.getDataConfig(weaponId,
EquipWeaponDataConfig.class)).thenReturn(equipWeaponDataConfig);
            hero.setLevel(11);
            equipWeaponDataConfig.setCostId("201");
            Prop prop = new Prop();
            prop.setCount(20);
            // 返回指定的道具
            Mockito.when(inventoryManager.getProp(equipWeaponDataConfig.
getCostId())).thenReturn(prop);
            // 调用要测试的方法
            heroWeaponService.addHeroWeapon(playerManager, heroId,
weaponId);
            // 验证结果的正确性
            assertEquals(hero.getWeaponId(), weaponId);
            assertFalse(weapon.isEnable());
        }
    }
```

看看这段测试代码，一个测试用例就需要这么多的代码来完成。如果某个需求变化了，导致单元测试失败，让某个开发人员来维护这段冗长的代码，一定会非常惊讶，就算是他自己写的，也不容易修改，因为需要阅读好多代码，才能理解其中的意思。

为了使代码测试和维护更加容易，应该让每个方法尽量得小，每个方法尽量只完成一个任务，保持它本身的简洁性。这要成为一个团队的准则。为了说明这个问题，先对 addHeroWeapon 方法的功能做一个优化，为了区别于上面的方法，新的方法就叫 addHeroWeaponNew，代码如下所示。

```
    public void addHeroWeaponNew(String heroId, String weaponId, PlayerManager
playerManager) {
            this.checkAddHeroWeaponParam(heroId, weaponId, playerManager);
            // 检测参数
            Hero hero = playerManager.getHero(heroId);
            Weapon weapon = playerManager.getWeapon(weaponId);
            EquipWeaponDataConfig equipWeaponDataConfig = this.
dataConfigService.getDataConfig(weaponId, EquipWeaponDataConfig.class);
```

```java
            this.checkAddHeroWeaponCondition(hero, weapon, playerManager, 
equipWeaponDataConfig);// 检测条件
            this.actionEquipWeapon(hero, weapon, playerManager, equipWeapon
DataConfig);// 执行业务
        }
        private void checkAddHeroWeaponParam(String heroId,String 
weaponId,PlayerManager playerManager) {
            HeroManager heroManager = playerManager.getHeroManager();
            InventoryManager inventoryManager = playerManager.
getInventoryManager();
            heroManager.checkHeroExist(heroId);// 检测英雄是否存在
            inventoryManager.checkWeaponExist(weaponId);/** 检测是否拥有
这个武器 **/
        }
        private void checkAddHeroWeaponCondition(Hero hero,Weapon 
weapon, PlayerManager playerManager, EquipWeaponDataConfig 
equipWeaponDataConfig) {
            HeroManager heroManager = playerManager.getHeroManager();
            InventoryManager inventoryManager = playerManager.
getInventoryManager();
            heroManager.checkHadEquipWeapon(hero);// 检测英雄是否已装备武器
            inventoryManager.checkWeaponHadEquiped(weapon);
            // 检测这个武器是否已装备到其他英雄身上
            heroManager.checkHeroLevelEnough(hero.getLevel(),
equipWeaponDataConfig.getLevel());// 检测英雄等级是否足够
            inventoryManager.checkItemEnough(equipWeaponDataConfig.
getCostId(), equipWeaponDataConfig.getCostCount());// 检测消耗的道具是否足够
        }
        private void actionEquipWeapon(Hero hero,Weapon weapon, 
PlayerManager playerManager, EquipWeaponDataConfig equipWeaponDataConfig) {
            InventoryManager inventoryManager = playerManager.
getInventoryManager();
            inventoryManager.consumeProp(equipWeaponDataConfig.
getCostId(), equipWeaponDataConfig.getCostCount());
            hero.setWeaponId(weapon.getId());
            weapon.setEnable(false);
            EquipWeaponEvent event = new EquipWeaponEvent(this);
            context.publishEvent(event);
    }
```

从代码中可以看到，每个方法都很短，差不多都是在 10 行左右，这样一个方法相信还是很好理解的。另外，这些代码中还对业务的流程进行了抽象，从 addHeroWeaponNew 方法开始，自上而下，可以逐步分解每个业务的执行步骤。而把具体的条件检测放到各自具体对象的管理类中，这样不仅方便维护和测试，还可以在其他的功能中重用，HeroManager 中的代码如下所示。

```
    public void checkHeroExist(String heroId) {
        if(!this.heroMap.containsKey(heroId)) {
            throw GameErrorException.newBuilder(GameErrorCode.
HeroNotExist).build();
        }
    }
    public void checkHadEquipWeapon(Hero hero) {
        if(hero.getWeaponId() != null) {
            throw GameErrorException.newBuilder(GameErrorCode.
HeroHadEquipedWeapon).build();
        }
    }
    public void checkHeroLevelEnough(int heroLevel,int needLevel) {
        if(heroLevel < needLevel) {
            throw GameErrorException.newBuilder(GameErrorCode.
HeroLevelNotEnough).message(" 需要等级：{}",20).build();
        }
    }
```

这些方法代码短小而简单，每个方法只负责一件事，即使没有注释，通过方法名也知道这个方法是干什么的，一目了然。对这些方法进行单元测试，也是同样的。另外，通过加入自动化的单元测试，也可以减少重复的业务代码，因为没人愿意给同样的代码写两遍测试。

12.1.2 单元测试保证方法的代码正确性

在游戏服务器开发过程中，根据需求文档，可以很快将一个功能开发完毕。如果没有自动化的单元测试，这个时候，在等待和客户端联调时，继续开发其他的功能，联调的过程中发现 bug，再及时修改。这个流程看起来没什么问题，也让人感觉开发进度很快。但是在实践中,往往是这样的,一个功能开发可能用了一天的时间,但是在和客户端联调到功能验收往往需要三天的时间,为什么会这样呢?因为这里面有巨大的沟通和等待成本。

在开发代码时,大脑是在高速运转的,就像繁忙的 CPU 一样,而这个过程可能会被临时的事件打断,比如临时开会或临时修改其他功能的一个 bug,之后再继续开发当前的功能。如果被打断的次数多了,还可能会产生烦躁的情绪。

这就导致开发过程中会产生一些 bug。或许还有其他原因,因此,代码只写一遍而不检查,会隐藏很多问题。可能有人会说,他写的代码很少产生 bug,但是一个团队中的开发人员,并不是都是思维缜密的,因此需要有一个机制来减少或避免常见的bug 产生。

另外,在客户端联调时,如果发现服务器有 bug,就需要通知相应的开发人员,说明bug 的现状,并等待他修改这个 bug。如果那个开发人员临时有其他更重要的事情在做,那就需要等待更长的时间。所以这无形之中,时间就悄悄地流失了,时间流失的真相如图 12.2所示。

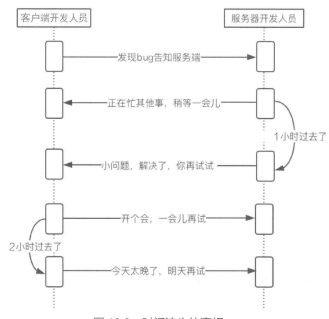

图 12.2 时间流失的真相

如果加入了自动化单元测试机制,在开发人员开发的过程中就会考虑代码的单元测试可行性,会更加规范地开发代码。在功能开发完成之后,紧接着就是开发单元测试,因为单元测试是一种白盒测试，需要重新阅读写好的功能代码，相当于对代码做一次自审查，这个时候，一些小问题就会被发现。

另外在编写单元测试的时候，如果执行的结果和预期的结果不一致，就会去查找原因，对代码进行更仔细的检查，基本可以保证代码的正确性。服务器的 bug 少了，在联调的时候，就会减少客户端因 bug 而等待的时间，减少了沟通成本，加快功能接入速度，可以为项目节约大量的研发时间。

12.1.3　自动化测试保证代码重构的安全性

代码的重构是不可避免的，就像写文章一样，倚马千言的人很少，大部分人都是写完之后，再进行修改，使文章更加优秀，代码也是如此。

但是怎么保证重构之后的正确性呢，会不会重构完了对其他的功能造成影响呢？答案是靠自动化测试。如果没有自动化测试，你重构了某个地方的代码，有什么可以保证代码的正确性呢？如果要测试人员把每个功能都重新手动测试一遍，相信没有人愿意干。而如果有了自动化测试，只需要手动运行测试用例即可。

重构代码是为了让代码更加简单，容易修改。这是代码由量到质的一个转变过程。举一个常见的例子，任务系统，在最开始的时候，策划可能不会给出所有系统的文档，只是按任务类型分类逐步完善文档，比如先是主线任务，然后是日常任务、支线任务、活动任务等。当开发第一个任务类型的时候，可能很快就开发完了。当第二种任务类型需要开发的时候，就要考虑同样是任务，有什么共同的地方，又有什么不同的地方，目前的任务框架是否满足更多新任务类型的添加等。这个时候就需要考虑任务框架的重构问题了，但是重构的时候，尽量不要影响客户端的修改，只内部重构就可以了。重构完成之后，只需要手动执行原来的任务的自动化测试即可。如果某些修改导致原来的任务功能测试失败了，可以立刻发现，然后将其修改正确就可以了。

12.2　游戏服务器自动化测试的实现

自动化测试是软件开发中必不可少的一个过程，现在有很多优秀的自动化测试框架，比如 Junit、TestNG 等，很多公司都在使用。Spring Boot 更是为自动化测试提供了很多方便的支持。为了在项目中方便地使用自动化测试，需要把自动化测试框架和自己的服务框架相结合。

12.2.1 TestNG 框架简介

TestNG 是一款应用于 Java 开发的优秀的测试框架，它从 Junit 上借鉴了很多特性，号称"第二代单元测试框架"。相比 Junit 来说，它加入了一些新的功能，更加强大，使用更加方便，正所谓青出于蓝而胜于蓝。TestNG 的特点如下。

- 基于注解。
- 在具有各种可用策略的任意大线程池中运行测试（比如一个方法一个线程或一个测试类一个线程等）。
- 运行的测试行为都是线程安全的。
- 灵活的测试配置，可以通过 xml 配置文件制订不同的测试策略。
- 支持数据驱动测试（使用 @DataProvider）。
- 支持给测试方法传递参数。
- 强大的执行模型。
- 被很多工具和插件支持，比如 Eclipse、IDEA、Maven 等。
- 集成 BeanShell（BeanShell 是一个小型嵌入式 Java 源码解释器，具有对象脚本语言特性，能够动态地执行标准 Java 语法），扩展性强。
- 默认自带运行时和日志的 JDK 功能。

TestNG 设计目标覆盖所有的测试场景，即单元测试、功能测试、端到端测试、集成测试等。注解的使用是 TestNG 的一大特性，使用这些注解，可以灵活地配置测试行为，TestNG 常用注解如表 12.1 所示。

表 12.1 TestNG 常用注解

注解	描述
@Test	放在类上面，标记这个类的所有方法为测试方法，标记在方法，指定方法为测试方法
@Parameters	标记给测试方法传送参数
@BeforeSuite	在该套件的所有测试都运行在注释的方法之前，仅运行一次
@AfterSuite	在该套件的所有测试都运行在注释方法之后，仅运行一次

续表

注解	描述
@BeforeClass	在当前测试类运行的第一个测试方法之前运行，注释方法仅运行一次
@AfterClass	在当前测试类运行的最后一个测试方法之后运行，注释方法仅运行一次
@BeforeTest	注释的方法将在属于 \<test> 标签内的类的所有测试方法运行之前运行
@AfterTest	注释的方法将在属于 \<test> 标签内的类的所有测试方法运行之后运行
@BeforeGroups	此方法保证在调用属于这些组中的任何一个的第一个测试方法之前不久运行
@AfterGroups	该方法保证在调用属于任何这些组的最后一个测试方法之后不久运行
@BeforeMethod	标记的方法将在每个测试方法执行之前运行
@AfterMethod	标记的方法将在每个测试方法执行之后运行
@DataProvider	标记一种方法来提供测试方法的数据
@Listeners	定义测试类上的监听器
@Factory	将一个方法标记为工厂，返回 TestNG 将被用作测试类的对象。该方法必须返回 Object []

使用这些注解，可以非常灵活地配置测试行为。更加详细的应用可以阅读相关的专业图书，本书不详细介绍，只列举一些常见的测试用例。

12.2.2 Spring Boot 单元测试配置

TestNG 可以直接在 Java 代码中使用，在项目中需要添加它的依赖包。由于 TestNG 是一个公共依赖，这里把它加到根项目 my-game-server 项目的 pom.xml 之中，这样子项目就可以直接依赖了，配置如下所示。

```
<dependency>
  <groupId>org.testng</groupId>
  <artifactId>testng</artifactId>
  <version>6.9.10</version>
  <scope>test</scope>
</dependency>
```

为了便于在 IDE 中使用 TestNG，需要安装 TestNG 插件，本书使用的 Eclipse，在菜单 Help → Eclipse Marketplace 中搜索 TestNG 即可，如图 12.3 所示。

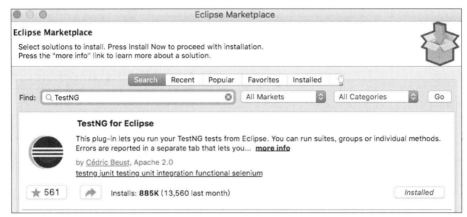

图 12.3　搜索 TestNG 插件

然后单击"Installed"按钮，根据提示安装即可。为了配置 Spring Boot 使用 TestNG，需要引入另外的一个依赖包，配置如下所示。

```
<dependency>
 <groupId>org.springframework.boot</groupId>
 <artifactId>spring-boot-starter-test</artifactId>
 <exclusions><!-- 去掉 junit 的依赖 -->
     <exclusion>
         <groupId>junit</groupId>
         <artifactId>junit</artifactId>
     </exclusion>
 </exclusions>
 <scope>test</scope>
</dependency>
```

另外，所有的测试类必须继承抽象类 AbstractTestNGSpringContextTests 并添加注解 @SpringBootTest 和 @TestExecutionListeners(listeners = MockitoTestExecutionListener.class)，这两个条件缺一不可，它们会对 Spring Boot 环境做一些初始化工作，并提供一些公共操作。

在使用 TestNG 测试 Spring Boot 项目时，测试类不能使用 new 创建实例直接测试，测试的类也需要从 Spring Bean 中获得。在测试中，有两个重要的注解，分别是 @SpyBean 和 @MockBean，它们用来在测试的时候注入 Bean。

如果使用了 @SpyBean 标记的类实例，在测试中，如果没有对这个类的某个方法指定返回值，那么在调用这个方法的时候，就会执行这个方法体里面的真实代码；如果使用 @MockBean 标记了类的实例，在测试的时候，如果这个类的方法没有指定返回值，调用这个方法的时候不会执行这个方法体中的代码，只会返回默认的值。

比如现在有两个类需要测试，TestSynBean 和 TestMockBean，代码如下所示。

```java
@Service
public class TestSpyBean {
    @Autowired
    private TestMockBean testMockBean;
    public int getValue() {
        return 3;
    }
    public int getMockBeanLevel() {
        return testMockBean.getValue();
    }
}
@Service
public class TestMockBean {
    public int getValue() {
        return 2;
    }
}
```

然后创建测试类 SpringBeanTest，代码如下所示。

```java
@SpringBootTest(classes = {TestMockBean.class,TestSpyBean.class})
// 在这里指定要测试的类及用到的类
@TestExecutionListeners(listeners = MockitoTestExecutionListener.class)// 必须有这个注解，否则 @SpyBean 和 @MockBean 标记的类会为 null
public class SpringBeanTest extends AbstractTestNGSpringContextTests
{// 必须继承这个类
    @SpyBean
    private TestSpyBean testSpyBean;// 注入要测试的类，使用 SpyBean 标记
    @MockBean
    private TestMockBean testMockBean; // 注入要测试的类，使用 MockBean 标记
    @Test
    public void testGetValue() {
```

```
            // 不指定返回值，直接调用
            int value = testSpyBean.getValue();
            assertEquals(value, 3);
            int value2 = testMockBean.getValue();
                assertEquals(value2, 2);/** 这里会失败，因为没有指定返回值，
value2 的值是默认值 0**/
        }
        @Test
        public void testGetSpecialValue() {
            // 都指定返回值
            Mockito.doReturn(30).when(testSpyBean).getValue();
            Mockito.when(testMockBean.getValue()).thenReturn(100);
            int value = testSpyBean.getValue();
            assertEquals(value, 30);
            int value2 = testMockBean.getValue();
            assertEquals(value2, 100);
        }
    }
```

然后在 Eclipse 中，在这个类上面单击鼠标右键，选择 Run As → TestNG Test，就会执行这个类里面所有的测试方法。如果选中某个测试方法，然后单击鼠标右键，选择 Run As → TestNG Test，就会只执行测试这一个方法。在运行测试 testGetValue 方法时，这个测试会报告异常，表明测试不通过。因为使用 @MockBean 标记的类实例中的方法都是不需要实际执行的，只会返回默认值，这里返回值的类型是 int，所以返回默认值 0，如下所示。

```
    FAILED: testGetValue
    java.lang.AssertionError: expected [2] but found [0]
     at org.testng.Assert.fail(Assert.java:94)
     at org.testng.Assert.failNotEquals(Assert.java:513)
     at org.testng.Assert.assertEqualsImpl(Assert.java:135)
     at org.testng.Assert.assertEquals(Assert.java:116)
     at org.testng.Assert.assertEquals(Assert.java:389)
     at org.testng.Assert.assertEquals(Assert.java:399)
     at com.mygame.xinyue.service.SpringBeanTest.testGetValue
(SpringBeanTest.java:25)
```

而 testGetSpecialValue 使用了 Mockit 给每个方法都指定了具体的返回值，所以可以执

行通过测试。

Mockito 是一个模拟对象的工具，它主要的职责就是根据条件给类的某个方法指定一个具体的返回值，或跳过不执行某个方法，对执行方法的行为进行人为的控制。比如在单元测试时，Service 层的方法有时候会调用 Dao 层的方法，但是 Dao 层的方法是操作数据库的，在单元测试时，是不能依赖于数据库的，所以不能真实地执行调用数据库的方法，这个时候就可以把这个方法使用 Mockito 指定一个具体的返回值或跳过这个方法。

12.2.3　方法单元测试案例实现

在进行单元测试的时候，对于被直接测试的类应该使用 @SpyBean 注解标记，因为对于测试方法，需要真实地运行测试方法体中的代码，而对于这个方法中引用的其他方法，则可能需要 mock（即指定它的行为）。

在单元测试中，不能依赖程序的外部环境，比如数据库、数据配置文件等。因为这些数据都是变化的，在开发单元测试的时候通过测试了，可能过几天数据变化，测试又通不过了。而且在环境迁移里，配置不一样，也容易出错。下面列举一些在测试中常见的测试行为，以备不时之需。

1．使用 Mockito，指定返回值

这是最常见的一种操作，如果方法有返回值，在测试需要指定返回值的时候，可以使用这种方式，代码如下所示。

```
Mockito.when(testSpyBean.getValue()).thenReturn(30);
```

2．使用 Mockito，屏蔽某个方法

如果被测试类的某个方法没有返回值，方法的返回类型是 void，在测试的时候不想让这个方法执行，可以使用如下代码指定。

```
Mockito.doNothing().when(testMockBean).saveToRedis("a");
// 执行到这个方法，并且参数是 a 时，不会执行此方法的任何代码
```

3. 使用 @DataProvider 数据驱动测试

在测试中，有时候需要根据不同的参数，返回不同的值，特别是在测试不同条件时。如果代码中包括多个 if else 或 switch 语句，则首先考虑使用 @DataProvider，代码如下所示。

```java
// 这个是被测试的方法，在 TestSpyBean 类中
public int getValue(int type) {
    int value = 0;
    switch (type) {
        case 1:
            value =100;
            break;
        case 2:
            value = 200;
            break;
        case 3:
            value = 300;
        default:
            value = 500;
            break;
    }
    return value;
}
// 下面这个是测试方法 ----------------------------------------
@DataProvider
    public Object[][] data1(){// 提供数据的方法
        Object[][] data = {
                {1,100},
                {2,200},
                {3,300},
                {4,500}
        };
        return data;
    }
    @Test(dataProvider = "data1")// 指定提供数据的方法名
    public void testDataProdiver(int type,int result) {
        int value = testSpyBean.getValue(type);
        assertEquals(value, result);
    }
}
```

从代码中可以看到，只需要实现一次测试方法，不同的条件只需要返回不同的数据即可。需要注意的是，在测试方法中的参数，默认只支持基本类型和 Object 类型。

4．使用 Mockito 验证方法是否执行了

有时候，被测试的方法没有返回值，而且在这个方法中又调用了其他的方法，也没有返回值，怎么样才能保证调用的这个方法执行了呢？代码如下所示。

```java
public void saveData(String value) {
    if (value != null && !value.isEmpty()) {
        testMockBean.saveToRedis(value);
    }
}
```

那么在调用完 saveData 方法之后，怎么样保证 saveToRedis 方法执行了呢？可以使用 Mockito 的 verify 方法来验证，代码如下所示。

```java
    String str = "abc";
    Mockito.doNothing().when(testMockBean).saveToRedis(str);
    testSpyBean.saveData(str);
Mockito.verify(testSpyBean).saveData(str); // 默认验证调用了一次
Mockito.verify(testMockBean,Mockito.times(1)).saveToRedis(str);
// 还可以指定验证调用了多少次，如果测试的代码中有 for 循环可以指定调用的次数
```

5．使用 PowerMock 指定静态方法返回值

Mockito 目前还不支持对静态方法的行为进行 mock，可以使用它的增强版 PowerMockito 来实现这个目的，使用 PowerMockito 需要添加新的依赖，在 my-game-server 的 pom.xml 中添加，配置如下所示。

```xml
    <dependency>
      <groupId>org.powermock</groupId>
      <artifactId>powermock-module-testng</artifactId>
      <version>2.0.0-beta.5</version>
      <scope>test</scope>
      <exclusions>
          <exclusion><!--去掉重复的依赖 -->
              <groupId>org.testng</groupId>
              <artifactId>testng</artifactId>
          </exclusion>
```

```xml
            </exclusions>
        </dependency>
        <dependency>
            <groupId>org.powermock</groupId>
            <artifactId>powermock-core</artifactId>
            <version>2.0.0-beta.5</version>
            <scope>test</scope>
            <exclusions>
                <exclusion><!--去掉不需要的依赖 -->
                    <groupId>org.javassist</groupId>
                    <artifactId>javassist</artifactId>
                </exclusion>
            </exclusions>
        </dependency>
        <dependency>
            <groupId>org.powermock</groupId>
            <artifactId>powermock-api-mockito2</artifactId>
            <version>2.0.0-beta.5</version>
            <exclusions>
                <exclusion><!--去掉重复的依赖 -->
                    <groupId>org.mockito</groupId>
                    <artifactId>mockito-core</artifactId>
                </exclusion>
            </exclusions>
            <scope>test</scope>
        </dependency>
```

在mock静态方法时，需要在测试类上面添加一些其他的注解和一个Factory方法，代码如下所示。

```java
    @TestExecutionListeners(listeners = MockitoTestExecutionListener.class)
    // 必须有这个注解，否则@SpyBean和@MockBean标记的类会为null
    @PowerMockIgnore({"org.springframework.*","javax.*","org.mockito.*"})
    @PrepareForTest({TestSpyBean.class})
    @SpringBootTest(classes = {TestMockBean.class,TestSpyBean.class})
    public class SpringBeanTest extends AbstractTestNGSpringContextTests{
        @ObjectFactory
        public IObjectFactory getObjectFactory() {/** 在使用Powermock的时候，必须添加这个方法**/
            return new org.powermock.modules.testng.PowerMockObjectFactory();
        }
    }
```

@PowerMockIgnore 里指定的包路径下面的类都不会被 PowerMockito 的 Classloader 加载，避免出现由于 Classloader 不同而导致的错误。要测试的静态方法在 TestSpyBean 类之中，要在 @PrepareForTest 中指定这个类，然后就可以 mock 静态方法了，代码如下所示。

```
PowerMockito.mockStatic(TestSpyBean.class);  //mock 静态方法
PowerMockito.when(TestSpyBean.queryValue()).thenReturn(200);  /** 指定返回值 **/
value = TestSpyBean.queryValue();
assertEquals(value, 200);
```

6．使用 Powermock 测试私有方法

Mockito 本身是不能直接测试私有方法的。使用 PowerMockito 测试私有方法的时候，被测试类也必须在 @PrepareForTest 中指定，另外测试类必须使用 PowerMockito.spy 方法重新 mock，代码如下所示。

```
@Test
public void getName() throws Exception {// 测试私有方法时，会有异常检查
  String value = "adssfd";
  testSpyBean = PowerMockito.spy(applicationContext.getBean(TestSpyBean. class));
    // 这里必须重新 Spy，否则不会返回指定的值
     PowerMockito.doReturn(value).when(testSpyBean,"getName2",Mockito.anyInt());
    String name = Whitebox.invokeMethod(testSpyBean, "getName2",1);
    // 调用私有方法
    assertEquals(name, value);
}
```

7．使用 PowerMock 验证私有方法是否执行

这个和使用 Mockito 类似，代码如下所示。

```
PowerMockito.verifyPrivate(testSpyBean).invoke("getName",1);/** 验证执行了一次 **/
PowerMockito.verifyPrivate(testSpyBean,Mockito.times(1)).invoke("getName",1);
```

```
// 在 times 中指定要验证的执行次数
```

8. 使用 PowerMock 验证静态方法是否执行

验证静态方法是否执行需要分成两步,第一步是指定要验证的静态方法所在的类,第二步是调用验证的静态方法,代码如下所示。

```
PowerMockito.mockStatic(TestSpyBean.class); //mock 静态方法
PowerMockito.when(TestSpyBean.queryValue()).thenReturn(200);
value = TestSpyBean.queryValue();
assertEquals(value, 200);
PowerMockito.verifyStatic(TestSpyBean.class);// 验证静态方法是否执行到
TestSpyBean.queryValue();// 要验证的静态方法
```

9. 使用 DoAnswer 验证方法的参数

有时候,有一些方法没有返回值,并且会将计算结果传给其他的方法,代码如下所示。

```
public void calculate(int a) {
    int value = (a + 3) *2;// 计算出结果,并将结果传给其他的方法
    this.getName(value);
}
```

这时,想要验证计算的 value 值是否正确,可以使用 DoAnswer 方法,代码如下所示。

```
@Test
public void testDoAnswer() throws Exception {
    testSpyBean = PowerMockito.spy(applicationContext.getBean
(TestSpyBean.class));
        // 因为测试的是私有方法,这里必须重新 spy 一次
        PowerMockito.doAnswer(answer->{
            int value = answer.getArgument(0);// 获取方法的参数值
            assertEquals(value, 12);// 判断是否正确
            return null;
        }).when(testSpyBean,"getName",Mockito.anyInt());
        testSpyBean.calculate(3);
}
```

10．重置 mock 对象

如果一个测试类里面，有多个不同的测试方法，某个测试方法对测试对象进行了 mock 操作，那么在另外一个测试方法运行的时候，也会受到 mock 的影响。导致单独运行一个测试方法的时候没有错误，可能全部通过，而如果所有的测试方法一起运行，就会出现某些测试失败的现象。代码如下所示。

```java
@SpringBootTest(classes = {TestSpyBean.class})
@TestExecutionListeners(listeners = MockitoTestExecutionListener.class)
// 必须有这个注解，否则 @SpyBean 和 @MockBean 标记的类会为 null
@PowerMockIgnore({"org.springframework.*","javax.*","org.mockito.*"})
@PrepareForTest(TestSpyBean.class)
public class ResetMockTest extends AbstractTestNGSpringContextTests{
    @SpyBean
    private TestSpyBean testSpyBean;// 注入要测试的类，使用 SpyBean 标记
    @AfterMethod
    public void setUp() {
        Mockito.reset(testSpyBean);
    }
    @Test
    public void testGetValue() {
        // 不指定返回值，直接调用
        int value = testSpyBean.getValue();
        assertEquals(value, 3);
        int value2 = testMockBean.getValue();
        assertEquals(value2, 0);
    }
    @Test
    public void testGetSpecialValue() {
        PowerMockito.doReturn(30).when(testSpyBean).getValue();
        int value = testSpyBean.getValue();
        assertEquals(value, 30);
    }
}
```

同时执行所有的测试方法，会报以下异常。

```
PASSED: testGetSpecialValue
FAILED: testGetValue
java.lang.AssertionError: expected [3] but found [30]
 at org.testng.Assert.fail(Assert.java:94)
 at org.testng.Assert.failNotEquals(Assert.java:513)
 at org.testng.Assert.assertEqualsImpl(Assert.java:135)
 at org.testng.Assert.assertEquals(Assert.java:116)
 at org.testng.Assert.assertEquals(Assert.java:389)
 at org.testng.Assert.assertEquals(Assert.java:399)
 at com.mygame.xinyue.service.ResetMockTest.testGetValue(ResetMockTest.
java:36)
```

这是因为，在 Spring 中，现在指定的被测试类 TestSpyBean 的实例是以单例的方式存在的，每次 mock 的都是类的同一个实例，这个时候，只要在每个测试方法执行完之后，添加 mock 的重置即可。代码如下所示。

```
@AfterMethod
public void setUp() {
 Mockito.reset(testSpyBean);
}
```

这表示在每个测试方法结束之后，重置 Mockito 的 mock 行为，去掉其他测试用例对新的测试用例的影响。

12.2.4　服务器集成测试实现

在单元测试之后，就是功能的集成测试。它用来测试各个方法之间的衔接是否正确，流程是否完整，预期的条件是否能够完成。一般来说，功能的集成测试都是在一个单独的配置环境中进行的。功能系统的测试，模拟的就是真实的客户端请求，从某种意义上来说，是黑盒测试的一种自动化测试。

正常使用黑盒测试方法测试一个功能是否正确的时候，测试人员在终端设备上（手机或 PC）手动安装好对应版本的客户端，登录进入游戏；然后手动单击相应的按钮，向服务器发送请求，根据响应结果，人为地判断游戏行为是否正确。

第一遍测试完全通过了，如果过段时间，有个功能的需求进行了变更，或服务器开发人员对某些代码进行了优化。为了保证功能的正确性，不仅需要测试人员再手动地测试一遍这个功能，其他的相关的功能都应该再测试一次，因为不确定这个修改会不会影响别的功能。这个也叫回归测试，以确认修改没有引入新的错误或导致其他的代码产生错误。这种方式不仅是一种重复劳动，还增加了沟通成本。

为了解决这一现象，在游戏服务器本身我们可以实现这种方式的自动化测试，只需要测试人员编写一次测试代码，后面就可以随时随地地运行测试，检测功能是否正确。在固定的环境，每当开发人员提交代码时，还可以自动运行这些测试用例。如果出现测试不通过的现象，会主动通知开发人员进行修正。这样既可以减少测试人员的重复劳动，又可以增加开发效率。

为了实现自动化测试，还是需要依赖于自动化测试框架，本书使用的是 TestNG。一般来说，单元测试是由功能的开发人员自己编写的，这也是对自己的代码进行的二次验证和优化。而功能集成测试是由专门的测试人员开发的，所以需要明确的需求文档，从需求文档中整理出详细的测试用例。

在运行的时候，先运行单元测试，如果单元测试都通过了，再运行功能集成测试。为了区分和指定这两种运行的模式，可以使用 TestNG 的套件（suite）配置文件。将单元测试的类和功能集成测试类分别单独配置在不同的测试套件配置文件中，可以使用命令的方式指定要运行的测试套件配置文件，在不同的测试环境中执行对应的测试套件配置。

既然功能集成的自动化测试是模拟客户端的操作，那么就可以绕过网络请求部分。在消息分发时，直接模拟客户端发送客户端的请求命令，然后接收处理完请求返回的响应消息，并对响应消息进行验证。这样不再依赖于网络通信，整个测试流程在服务器就可以完成。

为了使测试更加方便，对测试代码进行一些优化，把一些公共部分提取出来，放到抽象类中，在开发测试用例时，只需要继承抽象类即可。另外，由于这些测试公共代码是很多项目共用的，所以，这里单独添加一个子项目 my-game-test-start，然后添加抽象类。

```
public class AbstractXinyueIntegrationTest<T> extends AbstractXinyueUnitTest {
    @Autowired
    private DispatchGameMessageService dispatchGameMessageService;/**
消息转化到执行方法的 service 类，这个类在项目中是接收完客户端消息之后，在 Channel 的
Pipeline 中最后一个 Handler 中分发消息的 **/
    @Autowired
    private ServerConfig serverConfig; // 服务本地配置
```

```java
        private int seqId; // 消息发送的序列 ID
        @BeforeClass
        public void superInit() {/** 在测试类启动的时候,先扫描服务中的请求类和处理类的映射 **/
            DispatchGameMessageService.scanGameMessages(applicationContext, 0, "com.mygame");// 扫描此服务可以处理的消息
        }
        public void sendGameMessage(long playerId,T data,IGameMessage request,Consumer<IGameMessage> responseConsumer) {
            GameMessageHeader header = request.getHeader();
            header.setPlayerId(playerId);
            header.setClientSeqId(this.seqId ++);
            header.setClientSendTime(System.currentTimeMillis());
            header.setFromServerId(serverConfig.getServerId());
            CountDownLatch countDownLatch = new CountDownLatch(1);/** 因为发送消息是异常的,所以这里使用 CountDownLatch 保证测试代码的同步性 **/
            AbstractGameChannelHandlerContext gameChannelHandlerContext = Mockito.mock(AbstractGameChannelHandlerContext.class);
    //mock 一下 Channel 的上下文在 doAnswer 中验证结果
            GatewayMessageContext<T> stx = new GatewayMessageContext<>(data, null, null, request, gameChannelHandlerContext);
            Mockito.doAnswer(c->{// 验证请求的返回结果
                IGameMessage gameMessage = c.getArgument(0);
                responseConsumer.accept(gameMessage);
                countDownLatch.countDown();// 当消息返回时,放开下面 await 的阻塞
                return null;
            }).when(gameChannelHandlerContext).writeAndFlush(Mockito.any());
            // 对这个方法进行 mock,当处理完消息,向客户端返回时,在 doAnswer 中验证返回结果
            dispatchGameMessageService.callMethod(request, stx);/** 调用处理消息的方法 **/
            try {
                boolean result = countDownLatch.await(30,TimeUnit.SECONDS);
    // 这里阻塞 30s,等待处理结果返回
                if(!result) {
                    fail("请求超时,超时时间 30s,请求: " + request.getClass().getName());
                }
            } catch (InterruptedException e) {// 如果异常,则测试失败
                fail("测试失败", e);
            }
        }
    }
```

这段代码实现的就是绕过客户端的网络请求，直接将请求消息分发到处理消息的方法之后；然后阻塞等待响应，接收到响应消息之后，在回调方法中验证响应的数据是否正确。上面代码中的 AbstractXinyueUnitTest 是单元测试的公共抽象类，代码如下所示。

```
@TestExecutionListeners(listeners = MockitoTestExecutionListener.
class)
// 必须有这个注解，否则 @SpyBean 和 @MockBean 标记的类会为 null
@PowerMockIgnore({"org.springframework.*","javax.*","org.mockito.*"})
public abstract class AbstractXinyueUnitTest extends AbstractTestNG
SpringContextTests{
    @ObjectFactory
    public IObjectFactory getObjectFactory() {
        return new org.powermock.modules.testng.PowerMockObjectFactory();
    }
}
```

在开发单元测试的时候，可以直接继承这个类，减少重复代码。

下面介绍一个功能集成测试的例子。因为集成测试会引用很多模块类，所以不能像单元测试那样，可以方便地指定要测试的是哪些类。所以在功能集成测试时，需要像真实启动游戏服务一样，加载所有的 Spring Bean 类。代码如下所示。

```
@SpringBootTest(classes=XinyueGameServerMain.class)
public class EnterGameTest extends AbstractXinyueIntegrationTest<
PlayerManager>{
    private long playerId = 1;
    private Player player;// 构造数据信息
    private PlayerManager playerManager;
    @BeforeMethod
    public void init() {// 在每个测试方法执行之前都重置数据对象
        player = new Player();
        player.setPlayerId(1);
        playerManager = new PlayerManager(player);
    }
    @Test(description = " 正常进入游戏测试 ")
    public void enterGameOk() {
        EnterGameMsgRequest request = new EnterGameMsgRequest();
        this.sendGameMessage(playerId,playerManager, request,c->{
            EnterGameMsgResponse response = (EnterGameMsgResponse) c;
            assertEquals(response.getHeader().getPlayerId(),playerId);
```

```
                assertEquals(response.getBodyObj().getPlayerId(), playerId);
        });
    }
}
```

在 @SpringBootTest 中指定服务的启动类 XinyueGameServerMain，因为这个类上面标记了 @SpringBootApplication 注解，所以测试框架在启动的时候，会和服务真实启动时一样，扫描加载所有的 Spring Bean 类。然后运行测试方法 enterGameOk，在控制台可以看到，首先是 Spring Boot 启动的日志信息，最后输出的是测试结果，日志如下所示。

```
12:08:07 main-1 INFO   com.mygame.xinyue.logic.PlayerLogicHandler
 - 接收到客户端进入游戏请求: 1
PASSED: enterGameOk
        正常进入游戏测试

===============================================
    Default test
Tests run: 1, Failures: 0, Skips: 0
```

这表示模拟的消息正常到达处理消息的方法那里了。可以完整地测试这个请求在服务器的执行是否正确。

12.2.5 使用 TestNG 配置文件区分不同的测试环境

在项目开发中，单元测试和功能集成测试属于两种不同的测试方案，它们运行的时机和环境也不相同。一般来说，单元测试不会依赖于配置环境，而功能集成测试会依赖于配置环境，比如数据库、配置数值表、网络通信。功能集成测试除了不用接收客户端的请求之外，在测试时执行的功能和在真实环境下执行的逻辑功能是一样的。

为了区别执行单元测试和功能集成测试，可以将它们分别配置在不同的套件配置文件中。配置如下所示。

单元测试配置 suite：game-unit-test-suite.xml 的内容如下。

```
<?xml version="1.0" encoding="UTF-8"?>
<!DOCTYPE suite SYSTEM "http://testng.org/testng-1.0.dtd" >
```

```xml
<suite name=" 游戏核心服务单元测试 ">
 <test name = " 基本单元测试 ">
     <packages>
        <package name = "com.mygame.xinyue.service.*"/>
        <!-- 配置测试要执行的包,这里可以配置多个 -->
     </packages>
 </test>
</suite>
```

集成测试配置的 suite:game-integration-test-suite.xml 内容如下。

```xml
<?xml version="1.0" encoding="UTF-8"?>
<!DOCTYPE suite SYSTEM "http://testng.org/testng-1.0.dtd" >
<suite name=" 游戏核心服务集成测试 ">
 <test name = " 基本功能集成测试 ">
     <packages>
        <package name = "com.mygame.client.*"/>
        <!-- 配置测试要执行的包,这里可以配置多个 -->
     </packages>
 </test>
</suite>
```

game-unit-test-suite.xml(单元测试配置)和 game-integration-test-suite.xml(集成测试配置)分别配置了两个不同的包下面的自动化测试。然后在 my-game-xinyue 项目的 pom.xml 中添加如下配置,用于接收 maven 的测试命令。

```xml
<build>
 <plugins>
     <plugin>
         <groupId>org.apache.maven.plugins</groupId>
         <artifactId>maven-surefire-plugin</artifactId>
     </plugin>
 </plugins>
</build>
```

保存之后,就可以在命令窗口中执行指定的测试套件了。

执行单元测试命令如下。

```
mvn clean test -Dsurefire.suiteXmlFiles=src/test/java/game-unit-
test-suite.xml
```

执行集成测试命令如下。

```
mvn clean test -Dsurefire.suiteXmlFiles=src/test/java/game-
integration-test-suite.xml
```

同时执行单元测试和集成测试命令如下。

```
mvn clean test -Dsurefire.suiteXmlFiles=src/test/java/game-unit-
test-suite.xml,src/test/java/game-integration-test-suite.xml
```

这样，可以在打包和部署前执行一次自动化测试，如果有测试不能通过，则会打包失败。也可以配合 Jenkins 实现更加方便的自动化，比如在提交代码之后，就立刻执行一次自动化测试，如果有测试失败的用例，可以通过邮件或 IM 通知开发者。具体的使用请参考相关的专业资料。

12.3 本章总结

本章主要介绍了自动化测试的重要性，以及 TestNG 测试框架的简单使用；并列举了一些单元测试中常见的 mock 方式；并通过测试配置文件的分享，在命令中指定要运行的测试用例。在项目开发过程中，一定要制定自动化测试的规则和方案，这样可以更好地保证项目的代码质量，减少重复劳动。特别是功能集成测试，它需要把 TestNG 测试框架融入自己的服务器框架之中。

根据以往的经验，一个功能开发需要的时间是很少的，但是后期测试、需求变更、代码优化等所需要的时间较多。如果前期不准备好基础，在后期所花费的代价会更大。因此建议在项目中一定要实现项目的自动化测试。

第13章 服务器开发实例——世界聊天系统

在游戏中，世界聊天系统是必不可少的一个重要功能。世界聊天是指服务器中每个用户发送的消息都能被其他的用户看到，不同的客户端用户可以使用聊天系统沟通，交流游戏体验等。聊天系统看似简单，但是在服务器实现起来也是要费一番功夫的，它包括网络通信、在线用户管理、消息转发等。如果是分布式系统，还包括集群部署。本章主要实现以下两种不同部署模式的世界聊天系统。

- 单服世界聊天系统。
- 分布式世界聊天系统。

13.1 单服世界聊天系统实现

单服世界聊天系统是指所有的客户端连接都在同一台物理服务器的同一个进程中。这样某个客户端发送世界聊天信息时，就可以方便地遍历所有的客户端连接，将这条聊天消息转发到不同的客户端上面显示，如图 13.1 所示。

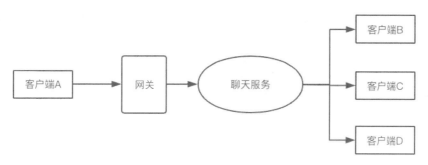

图 13.1 单服聊天消息转发

13.1.1 添加客户端命令

为了模拟游戏世界聊天信息的发送和接收，这里使用 my-game-client 模拟游戏用户登录、角色创建、网关选择、聊天消息发送功能。在 my-game-client 中添加新的命令实现类，IMClientCommand，代码如下所示。

```
@ShellMethod(" 登录账号 , 格式：login [userName]") // 连接服务器命令
    public void login(@ShellOption String userName) {
        playerInfo.setUserName(userName);
        playerInfo.setPassword(userName);
        String webGatewayUrl = gameClientConfig.getGameCenterUrl() +
"/request/" + MessageCode.USER_LOGIN; /** 从配置中获取游戏用户中心的 url，拼接
HTTP 请求地址 **/
        JSONObject params = new JSONObject();
        params.put("openId", userName);
        params.put("token", userName);
        /** 构造请求参数，并发送 HTTP 请求登录，如果 userName 不存在，服务器会
创建新的账号，如果已存在，返回已存在的 userId**/
        String result = GameHttpClient.post(webGatewayUrl, params);
        JSONObject  responseJson = JSONObject.parseObject(result);
        // 从返回消息中获取 userId 和 token，记录下来，为以后的命令使用
        long userId = responseJson.getJSONObject("data").getLongValue
("userId");
        String token = responseJson.getJSONObject("data").getString
("token");
        playerInfo.setUserId(userId);
        playerInfo.setToken(token);
        /** 将 token 验证放在 HTTP 的 Header 里面，以后有命令请求 HTTP 的时候，
需要携带，做权限验证 **/
        header = new BasicHeader("token",token);
        logger.info(" 账号登录成功：{}",result);
    }
    @ShellMethod(" 创建角色信息： create-player [ 昵称 ]")
    public void createPlayer(@ShellOption String nickName) {
        CreatePlayerParam param = new CreatePlayerParam();
        param.setNickName(nickName);
        param.setZoneId(zoneId);
        String webGatewayUrl = gameClientConfig.getGameCenterUrl() +
CommonField.GAME_CENTER_PATH + MessageCode.CREATE_PLAYER;
```

```java
            String result = GameHttpClient.post(webGatewayUrl, param,header);
            //请求创建角色信息
            logger.info("创建角色返回:{}",result);
            JSONObject responseJson = JSONObject.parseObject(result);
            long playerId = responseJson.getJSONObject("data").getLongValue("playerId");
            playerInfo.setPlayerId(playerId);
            this.nickName = nickName;
            logger.info("创建角色成功: {}",playerId);
    }
    @ShellMethod("选择连接的网关: select-gateway")
    public void selectGateway() {
        try {
            String webGatewayUrl = gameClientConfig.getGameCenterUrl() + CommonField.GAME_CENTER_PATH + MessageCode.SELECT_GAME_GATEWAY;
            SelectGameGatewayParam param = new SelectGameGatewayParam();
            param.setOpenId(playerInfo.getUserName());
            param.setPlayerId(playerInfo.getPlayerId());
            param.setUserId(playerInfo.getUserId());
            param.setZoneId(zoneId);
            //从用户服务中心选择一个网关，获取网关的连接信息
            String result = GameHttpClient.post(webGatewayUrl, param,header);
            GameGatewayInfoMsg gameGatewayInfoMsg = ResponseEntity.parseObject(result, GameGatewayInfoMsg.class).getData();
            playerInfo.setGameGatewayInfoMsg(gameGatewayInfoMsg);
            gameClientConfig.setRsaPrivateKey(gameGatewayInfoMsg.getRsaPrivateKey());
            gameClientConfig.setGatewayToken(gameGatewayInfoMsg.getToken());
            gameClientConfig.setDefaultGameGatewayHost(gameGatewayInfoMsg.getIp());
            gameClientConfig.setDefaultGameGatewayPort(gameGatewayInfoMsg.getPort());
            logger.info("开始连接网关-{}:{}",gameGatewayInfoMsg.getIp(), gameGatewayInfoMsg.getPort());
            gameClientBoot.launch();//启动客户端，连接网关
            try {
                Thread.sleep(3000);
            } catch (InterruptedException e) {
                e.printStackTrace();
            }
            logger.info("开始发送验证信息……");
```

```
            ConfirmMesgRequest request = new ConfirmMesgRequest();
            request.getBodyObj().setToken(gameClientConfig.getGatewayToken());
            // 发送连接验证，保证连接的正确性
            gameClientBoot.getChannel().writeAndFlush(request);
        }catch (Exception e) {
            logger.error(" 选择网关失败 ",e);
        }
    }
    @ShellMethod(" 发送单服世界聊天信息: send [chat msg]")
    public void send(@ShellOption String chatMsg) {
      SendIMMsgRequest request = new SendIMMsgRequest();
      request.getBodyObj().setChat(chatMsg);
      // 向 my-game-xinyue 服务器发送聊天信息
      gameClientBoot.getChannel().writeAndFlush(request);

    }
```

这段代码使用 SpringShell 创建了四个客户端命令，输入格式如下所示。

（1）客户端用户登录命令：login test001（如果服务器不存在用户 test001，会自动创建）。

（2）登录成功之后创建角色：create-player DaMao （创建角色，昵称为 DaMao，不要使用中文）。

（3）选择和连接网关：select-gateway（选择一个网关，并自动创建和认证连接）。

（4）发送聊天信息：send hello，world（向服务器发送聊天信息 hello，world）。

为了向网关发送客户端的聊天消息和接收网关响应的消息，需要添加请求消息类和响应消息类，代码如下所示。

```
    // 请求消息类 -------------
    @GameMessageMetadata(messageId = 311, messageType = EnumMesasageType.
REQUEST, serviceId = 101)
    public class SendIMMsgRequest  extends AbstractJsonGameMessage<Send
IMMsgBody>{
        public static class SendIMMsgBody {
            private String chat;

            public String getChat() {
                return chat;
```

```java
        }
        public void setChat(String chat) {
            this.chat = chat;
        }
    }
    @Override
    protected Class<SendIMMsgBody> getBodyObjClass() {
        return SendIMMsgBody.class;
    }
}
// 响应消息类 ---------------
@GameMessageMetadata(messageId = 311, messageType = EnumMesasageType.RESPONSE, serviceId = 101)
public class SendIMMsgeResponse extends AbstractJsonGameMessage<IMMsgBody>{
    public static class IMMsgBody {
        private String chat;
        private String sender;
        public String getSender() {
            return sender;
        }
        public void setSender(String sender) {
            this.sender = sender;
        }
        public String getChat() {
            return chat;
        }
        public void setChat(String chat) {
            this.chat = chat;
        }
    }
    @Override
    protected Class<IMMsgBody> getBodyObjClass() {
        return IMMsgBody.class;
    }
}
```

这里需要注意的是 @GameMessageMetadata 中的信息需要配置正确，服务器使用 my-game-xinyue 项目转发聊天消息，它的 serviceId 是 101，所以在 @GameMessageMetadata 中也需要配置 serviceId 为 101。否则消息会无法从网关转发到 my-game-xinyue 服务，其他的客户端也就无法收到消息了。然后在 my-game-client 项目中的 EnterGameHandler 类中添加接收服务器转发的聊天信息，代码如下所示。

```
@GameMessageMapping(SendIMMsgeResponse.class)
    public void chatMsg(SendIMMsgeResponse response,GameClientChannelContext ctx) {
        logger.info(" 聊天信息-{} 说：{}",response.getBodyObj().getSender(),response.getBodyObj().getChat());
    }
```

这样，收到服务器转发的聊天信息之后，会显示在客户端的命令窗口中，方便查看聊天记录。

13.1.2 服务器实现消息转发

当服务器收到某个客户端发送的聊天消息时，需要将此消息转发到其他所有在线的游戏客户端。在服务器，每个 GameChannel 实例就代表一个客户端连接，它们可以将消息发送到网关，由网关再转发到客户端。这一过程叫作消息广播，为了方便广播消息，将广播消息的方法封装到 GatewayMessageContext，代码如下所示。

```
public void broadcastMessage(IGameMessage message) {
        if(message != null) {
            ctx.gameChannel().getEventDispathService().broadcastMessage(message);
        }
    }
```

这里会调用 GameMessageEventDispatchService 中的 broadcastMessage 方法，遍历所有的 GameChannel 实例，将消息发送到 GameChannel，通过 GameChannel 的 GameChannelPipeline 的 writeAndFlush 方法将消息转发到网关。

在 my-game-xinyue 中添加聊天处理类 GameIMHandler，代码如下所示。

```
@GameMessageHandler
public class GameIMHandler {
```

```
    @GameMessageMapping(SendIMMsgRequest.class)
    public void sendMsg(SendIMMsgRequest request,GatewayMessageCon-
text<PlayerManager> ctx) {
        String chat = request.getBodyObj().getChat();
        String sender = ctx.getPlayerManager().getPlayer().getNickName();
        SendIMMsgeResponse response = new SendIMMsgeResponse();
        response.getBodyObj().setChat(chat);
        response.getBodyObj().setSender(sender);
        ctx.broadcastMessage(response);
    }
}
```

这段代码主要实现了接收客户端发送的世界聊天信息，然后将聊天信息广播到其他的所有在线客户端。

13.1.3 单服世界聊天测试

为了完整地测试整个服务器系统，需要启动 6 个服务。Web 服务器网关（my-game-web-gateway），游戏服务中心服务（my-game-center），游戏长连接网关服务（my-game-gateway），游戏服务（my-game-xinyue）。这些服务可以在 Eclipse 中直接运行，也可以打包成可运行的 Jar 包，使用命令运行。另外还要启动 Kafka 服务（先启动 zookeeper，再启动 Kafka 服务）和 Consul 服务。虽然服务看起来有点多，但是 Kafka 服务、Consul 服务、Web 服务器网关和游戏服务器网关服务都是常驻服务。如果运行环境稳定的话，它们只需要启动一次，也不会被频繁地重启，所以经常被修改和更新的只有业务服务。

为了方便模拟多个客户端，我们把 my-game-client 项目使用 Maven 打包成可运行的 Jar 包。为了实现这个目的，需要在 my-game-client 的 pom.xml 中添加打包 Build，配置如下所示。

```
<build>
    <plugins>
        <plugin>
            <groupId>org.springframework.boot</groupId>
            <artifactId>spring-boot-maven-plugin</artifactId>
            <configuration>
```

```xml
            <!-- 工程主入口,在这里指定项目的main所在的类完整路径名 -->
                <mainClass>com.mygame.client.GameClientMain</mainClass>
            </configuration>
            <executions>
                <execution>
                    <goals>
                        <goal>repackage</goal>
                    </goals>
                </execution>
            </executions>
        </plugin>
    </plugins>
</build>
```

注意,在上面的配置中最主要的是配置正确的 main 方法所在的类完整路径名,否则,在启动的时候会找不到程序入口。配置完成之后,需要在 my-game-server 目录下面执行如下命令。

```
mvn clean install -Dmaven.test.skip=true
```

这个命令会对所有的项目操作,先清理 target 目录,然后跳过单元测试,编译、打包,并将 Jar 包安装到本地的 Maven 仓库中心。输出下面日志表示执行成功。

```
[INFO] my-game-server 0.0.1-SNAPSHOT .................... SUCCESS [  0.569 s]
[INFO] my-game-common ..................................... SUCCESS [  4.254 s]
[INFO] my-game-network-param .............................. SUCCESS [  1.909 s]
[INFO] my-game-gateway .................................... SUCCESS [  1.978 s]
[INFO] my-game-dao ........................................ SUCCESS [  0.618 s]
[INFO] my-game-center ..................................... SUCCESS [  0.497 s]
[INFO] my-game-web-gateway ................................ SUCCESS [  1.108 s]
[INFO] my-game-client ..................................... SUCCESS [  1.017 s]
[INFO] my-game-config-server .............................. SUCCESS [  0.398 s]
[INFO] my-game-gateway-message-starter .................... SUCCESS [  0.806 s]
[INFO] my-game-test-start ................................. SUCCESS [  0.434 s]
[INFO] my-game-xinyue ..................................... SUCCESS [  0.791 s]
[INFO] my-game-arena ...................................... SUCCESS [  0.442 s]
[INFO] my-game-im 0.0.1-SNAPSHOT .......................... SUCCESS [  0.791 s]
[INFO] ------------------------------------------------------------------------
[INFO] BUILD SUCCESS
```

```
[INFO] ------------------------------------------------------------
[INFO] Total time: 16.954 s
[INFO] Finished at: 2019-07-29T22:42:10+08:00
```

然后在 my-game-client 项目下的 target 目录中获得可运行的 Jar 包：my-game-client-0.0.1-SNAPSHOT.jar。因为这个 Jar 包运行时需要依赖 config 里面的配置文件，所以需要把它和 config 文件夹放在同一个目录下面，目录结构如下所示。

```
├── config
│   ├── application.yml
│   └── log4j2.xml
└── my-game-client-0.0.1-SNAPSHOT.jar
```

然后打开命令窗口，进入 my-game-client-0.0.1-SNAPSHOT.jar 的所在的目录，执行如下命令。

```
java -jar my-game-client-0.0.1-SNAPSHOT.jar
```

执行两次这个命令，就可以启动两个不同的客户端了，输出如下日志表示执行成功。

```
2019-07-29 23:20:51 INFO   org.springframework.boot.StartupInfoLogger.
logStarted(StartupInfoLogger.java:59) - Started GameClientMain in 12.2 seconds
(JVM running for 13.854)
    shell:>
```

如果服务器所有的服务已启动成功，分别在客户端中执行如下命令。

（1）客户端用户登录命令 login test001（如果服务器不存在用户 test001，会自动创建，两个不同的客户端登录名不能一样，比如另一个可以为 test002）。

```
shell:>login test001
另一个客户端：
shell:>login test002
```

（2）登录成功之后创建角色 create-player DaMao（创建角色，昵称为 DaMao，这里不要使用中文，昵称也不能相同，比如另一个客户端可以输入 XiaoMing）。

```
shell:>create-player DaMao
```
另一个客户端：
```
shell:>create-player XiaoMing
```

（3）选择和连接网关：select-gateway（选择一个网关，并自动创建和认证连接）。

```
shell:>select-gateway
```

等日志中输出连接认证成功之后，就可以使用 send 命令发送聊天信息了，比如 send hello。可以看到两个客户端同时输出了这句聊天信息，表示客户端发送的消息在服务器转发成功。

13.2 分布式世界聊天系统实现

在 13.1 节中，所有参与聊天的客户端必须连接同一个聊天服务器，而且这个聊天服务只能启动一个实例。显然，它同时支持的在线客户端数量是有限的。如果客户端同时在线数量增多，只能通过提高服务器物理配置增加承载量，这样也只是治标不治本。要解决这个问题，只能使用集群部署，实现负载均衡，最终实现分而治之的策略。

13.2.1 分布式世界聊天系统设计

分布式世界聊天系统最主要的问题是，所有的客户端目标服务并不是在同一个聊天服务实例上面。假如聊天服务的实例有两个或两个以上，根据负载均衡的算法，不同的客户端发送的消息会到达不同的聊天服务上面，在这个聊天服务上面转发的聊天信息，只能被这个服务上面的其他客户端接收。单服转发聊天消息如图 13.2 所示。

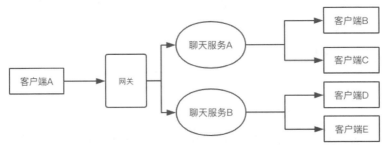

图 13.2　单服转发聊天信息

客户端 A 发送一条聊天信息，被网关负载到聊天服务 A 上面，由聊天服务 A 转发，那么客户端 B 和客户端 C 会收到消息，而客户端 D 和客户端 E 就收不到消息了。

要解决这个问题有两种方案。一是改造网关，当收到聊天消息的时候，将此消息负载到所有的聊天服务实例上面，然后每个聊天服务实例再将消息转发到各自服务的客户端上面。二是在聊天服务上面处理，某一个聊天服务收到客户端消息时，先不立即转发消息，而是将消息发布到所有的聊天服务上面，聊天服务收到发布的消息之后，再将消息转发到各自服务的客户端上面。

先看第一种方案，网关是一个公共的组件，它应该只负责自己的职责而不需要关心业务逻辑的实现。业务是千差万别的，不能因为业务的变更而影响到网关的功能。所以为了实现聊天功能而去修改网关的代码是不合适的。

第二种方案就比较灵活。聊天服务的业务实现只在聊天服务代码中。某个聊天服务收到一个客户端的聊天信息时，向消息总线中固定的一个聊天消息发布 Topic，所有的聊天服务都会监听这个 Topic，收到消息之后，再将消息转发到服务的客户端上面。分布式聊天服务系统如图 13.3 所示。

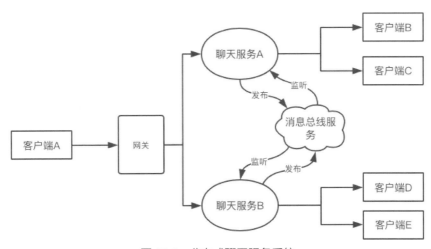

图 13.3　分布式聊天服务系统

比如客户端 A 发送一条聊天消息，被网关负载到聊天服务 A 了，这个时候，A 并不会立刻将聊天消息转发到客户端 B 和客户端 C，而是先将聊天消息发布到消息总线服务，这时聊天服务 A 和聊天服务 B 会监听到发布的聊天消息，这时聊天服务 A 和聊天服务 B 才将聊天消息转发到所有的客户端上面。

13.2.2 创建单独的聊天项目

为了方便说明分布式世界聊天系统的开发与应用，这里单独创建一个聊天项目，后期可以打包为可运行的 Jar 包，启动多个服务实例。在 my-game-server 项目中创建子项目 my-game-im，从 my-game-xinyue 项目中复制一份 config 配置，因为是一个新的项目，需要修改端口号（同一台机器端口号不能重复），spring.application.name 为 game-im（区别不同的项目），service-id 为 103（和其他服务不能重复），server-id 为 10301。在 pom.xml 中添加如下依赖和配置。

```xml
<dependencies>
    <dependency>
        <groupId>com.game</groupId>
        <artifactId>my-game-gateway-message-starter</artifactId>
        <version>0.0.1-SNAPSHOT</version>
    </dependency>
</dependencies>
<build>
    <plugins>
        <plugin>
            <groupId>org.springframework.boot</groupId>
            <artifactId>spring-boot-maven-plugin</artifactId>
            <configuration>
                <!-- 在这里配置main方法所在的类 -->
                <mainClass>com.mygame.im.GameIMMain</mainClass>
            </configuration>
            <executions>
                <execution>
                    <goals>
                        <goal>repackage</goal>
                    </goals>
                </execution>
            </executions>
        </plugin>
    </plugins>
</build>
```

添加 Build 之后，就可以将 my-game-im 打包为可运行的 Jar 包。

由于新添加了聊天服务，所以客户端发送聊天的消息类也需要重新创建，为了区别之前的例子，这里使用 IMSendIMMsgRequest，代码如下所示。

```java
@GameMessageMetadata(messageId = 312, messageType = EnumMesasageType.REQUEST, serviceId = 103)
public class IMSendIMMsgRequest extends AbstractJsonGameMessage<SendIMMsgBody> {
    public static class SendIMMsgBody {
        private String chat;
        private String sender;
        public String getSender() {
            return sender;
        }
        public void setSender(String sender) {
            this.sender = sender;
        }
        public String getChat() {
            return chat;
        }
        public void setChat(String chat) {
            this.chat = chat;
        }
    }
    @Override
    protected Class<SendIMMsgBody> getBodyObjClass() {
        return SendIMMsgBody.class;
    }
}
```

这里需要注意的是 messageId 和 serviceId，messageId 不能和其他的 messageId 重复，serviceId 必须是 my-game-im 项目配置的 service-id。这样网关才能将客户端的请求消息负载到聊天服务上面。

为了区别之前单服发送聊天消息的命令，在 my-game-client 的类 IMClientCommand 中添加一个新的命令，用于发送分布式聊天消息，代码如下所示。

```java
@ShellMethod("send-chat chatmsg")
public void sendChat(@ShellOption String chatMsg) {
```

```
        IMSendIMMsgRequest request = new IMSendIMMsgRequest();
        request.getBodyObj().setChat(chatMsg);
        request.getBodyObj().setSender(nickName);
        gameClientBoot.getChannel().writeAndFlush(request);
    }
```

然后在类 EnterGameHandler 添加接收分布式聊天服务转发的聊天消息，代码如下所示。

```
    @GameMessageMapping(IMSendIMMsgeResponse.class)
    public void chatMsgIM(IMSendIMMsgeResponse response,GameClientChannel
Context ctx) {
        logger.info("聊天消息-{}说：{}",response.getBodyObj().getSender(),
response.getBodyObj().getChat());
    }
```

13.2.3 实现聊天消息的发布与转发

添加一个新项目之后，首先是添加一个 Handler，用于处理 GameChannel 的初始化，和收到客户端消息之后调用对应的处理方法。这里添加 GameIMHandler 类，继承 Abstract GameMessageDispatchHandler，代码如下所示。

```
    public class GameIMHandler extends AbstractGameMessageDispatchHandler
<IMManager>{
        private IMManager imManager;
        public GameIMHandler(ApplicationContext applicationContext) {
            super(applicationContext);
        }
        @Override
        protected IMManager getDataManager() {
            return imManager;
        }
        @Override
        protected Future<Boolean> updateToRedis(Promise<Boolean> promise) {
            promise.setSuccess(true);
            return promise;
        }
```

```java
    @Override
    protected Future<Boolean> updateToDB(Promise<Boolean> promise) {
        promise.setSuccess(true);
        return promise;
    }
    @Override
    protected void initData(AbstractGameChannelHandlerContext ctx,
long playerId, GameChannelPromise promise) {
        imManager = new IMManager();
        promise.setSuccess();
    }
}
```

因为目前聊天服务不需要初始化任何用户的数据，所以上面的代码中的方法都返回成功，创建一个空的 IMManager 实例。将来如果有需要缓存的数据，可以放在 IMManager 类中。

然后添加 IMLogicHandler 类，用于接收客户端的消息。当收到客户端的消息之后，将消息封装，发送到 Kafka 服务，并另外监听发布的消息。代码如下所示。

```java
@GameMessageHandler
public class IMLogicHandler {
    @Autowired
    private KafkaTemplate<String, byte[]> kafkaTemplate;
    private final static String IM_TOPIC = "game-im-topic";
    @Autowired
    private GatewayMessageConsumerService gatewayMessageConsumerService;
    //发布消息到Kafka服务中
    private void publishMessage(ChatMessage chatMessage) {
        String json = JSON.toJSONString(chatMessage);
        try {
            byte[] message = json.getBytes("utf8");
            ProducerRecord<String, byte[]> record = new ProducerRecord<String, byte[]>(IM_TOPIC, "IM", message);
            kafkaTemplate.send(record);
        } catch (UnsupportedEncodingException e) {
            e.printStackTrace();
        }
    }
```

```java
        /** 这里需要注意的是 groupId 一定要不一样，因为 Kafka 的机制是一个消息只能
被同一个消费者组下的某个消费者消费一次。不同的服务实例的 serverId 不一样 **/
        @KafkaListener(topics = {IM_TOPIC},groupId= "IM-SERVER-" +
"${game.server.config.server-id}")
        public void messageListener(ConsumerRecord<String, byte[]> record) {
            // 监听聊天服务发布的信息，收到消息之后，将聊天消息转发到所有的客户端
            byte[] value = record.value();
            try {
                String json = new String(value,"utf8");
                ChatMessage chatMessage = JSON.parseObject(json, ChatMessage.class);
                IMSendIMMsgeResponse response = new IMSendIMMsgeResponse();
                response.getBodyObj().setChat(chatMessage.getChatMessage());
                response.getBodyObj().setSender(chatMessage.getNickName());
       /** 因为这里不再调用 GatewayMessageContext 参数，所以这里使用总的 GameChannel
管理类，将消息广播出去 **/
            gatewayMessageConsumerService.getGameMessageEventDispatchService().broadcastMessage(response);
            } catch (UnsupportedEncodingException e) {
                e.printStackTrace();
            }
        }
        @GameMessageMapping(IMSendIMMsgRequest.class)/** 在这里接收客户端
发送的聊天消息 **/
        public void chatMsg(IMSendIMMsgRequest request,GatewayMessageContext<IMManager> ctx) {
            ChatMessage chatMessage = new ChatMessage();
            chatMessage.setChatMessage(request.getBodyObj().getChat());
            chatMessage.setNickName(request.getBodyObj().getSender());
            chatMessage.setPlayerId(ctx.getPlayerId());
            this.publishMessage(chatMessage);/** 收到客户端的聊天消息之后，
把消息封装，发布到 Kafka 之中 **/
        }
    }
```

从上面的代码可以看出，不管启动多少个聊天服务的实例，客户端发送一条聊天消息，所有的聊天服务实例都可以监听这个消息，然后将此聊天消息转发到每个聊天服务实例上面的所有客户端，这样所有的客户端都可以接收到聊天消息了。

13.2.4 分布式世界聊天服务测试

分布式世界聊天服务测试的时候比 13.1.3 节测试中多启动一个单独的聊天服务。为了测试不同的客户端消息会被负载到不同的聊天服务实例上，需要启动两个或两个以上的聊天服务实例。

在 my-game-server 目录下启动一个命令窗口，执行如下打包命令。

```
mvn clean install -Dmaven.test.skip=true
```

然后就可以在 my-game-im 的 target 目录下找到可执行的 Jar 包：my-game-im-0.0.1-SNAPSHOT.jar。由于此 Jar 包运行的时候，也需要依赖 config 配置，所以把它们复制到同一个目录下面，结构如下所示。

```
├── config
│   ├── application.yml
│   └── log4j2.xml
└── my-game-im-0.0.1-SNAPSHOT.jar
```

然后打开命令窗口，并进入 my-game-im-0.0.1-SNAPSHOT.jar 所在的目录，由于需要在同一台电脑上面启动两个聊天服务实例，所以在启动的时候需要指定不同的端口，如下面命令所示。

```
java -jar my-game-im-0.0.1-SNAPSHOT.jar --server.port=7001
java -jar my-game-im-0.0.1-SNAPSHOT.jar --server.port=7002
```

其他服务的启动可以参考 13.1.3 节。然后再启动两个或两个以上的客户端，保证在不同的聊天服务实例中都会被网关负载到客户端的消息，分别执行如下命令。

（1）客户端用户登录命令：login test001（如果服务器不存在用户 test001，会自动创建，两个不同的客户端登录名不能一样，比如另一个可以为 test002）。

```
shell:>login test001
```
另一个客户端：
```
shell:>login test002
```

（2）登录成功之后创建角色：create-player DaMao（创建角色，昵称为 DaMao，不要使用中文，昵称也不能重复，比如另一个客户端可以输入 XiaoMing）。

```
shell:>create-player DaMao
```
另一个客户端：
```
shell:>create-player XiaoMing
```

（3）选择和连接网关：select-gateway（选择一个网关，并自动创建和认证连接）。

```
shell:>select-gateway
```

等日志中输出连接认证成功之后，使用新的命令发送聊天信息，如下所示。

```
shell>send-chat hello
```

可以看到在所有的客户端都输出了聊天信息，说明消息转发成功。

13.3 本章总结

本章主要使用前面章节讲述的服务架构实现两种不同模式的世界聊天系统，一种是单服的世界聊天系统，一种是分布式的世界聊天系统。在游戏中聊天系统一般是必不可少的，读者可以根据自己的项目需求选择合适的模式。由于架构有灵活的扩展性，可以根据需求创建一个新的服务，合并到主项目之中。

如果不想单独启动 my-game-im，只需要做少量的修改就可以把 my-game-im 项目合并到 my-game-xinyue 主项目中，启动部署多个 my-game-xinyue 服务实例。具体的使用方式还是根据游戏项目需求决定。